本书由清华大学《基于设计学科的色彩艺术与科学应用研究》(2021TSG08202) 项目支持

色彩：艺术、科学与设计

艺术用情感认知解读色彩 科学以理性分析构建色彩

宋立民 宋文雯 ◎ 编著

中国建筑工业出版社

前　言

在人类历史的变迁中，颜色的故事如同颜色自身一样点缀和精彩着整个历史发展的进程。颜色是人类生理和文化层面体验世界的重要途径，是人类最重要的视觉体验之一。在语言还没有诞生之前，人类就用视觉图案进行沟通和表达，而画面中的颜色，则代表着各种今天的我们不得而知的意义，成为视觉中首要的沟通语言。

然而，什么是颜色？颜色从哪里来？

色彩之所以迷人，因为它既是客观的，又是主观性，它甚至不能被定义为一种东西。它是光的产物，又是与我们的眼睛和大脑之间感觉、感知和认知的过程。对于物理学家来说，颜色是物体表面反射的光源特定的电磁波；对化学家来说，颜色是有色物体的微物理特性；生理学家认为颜色存在于检测光能量的眼睛光感受器中；神经生物学家认为颜色是大脑对这些光信号的解读；心理学家认为颜色代表了各种不同的情绪；而对于艺术家来说，颜色是美、是激情……因此，色彩研究，是一个涵盖了物理学、化学、哲学、心理学、生物学、语言学、人类学以及美学等多方位、多学科的综合领域，是一个艺术与科学、人文与技术结合、真与美的碰撞。以一种既适用于艺术、设计和审美，又适用于科学真理的方式来读懂色彩，或许真的是一项艰巨的任务，但色彩组合在一起的美不仅是对于你视觉上的和心理上的感动，更有背后的科学理论，以及各种颜色工具对这些美的形成的直观线索的表达。

在颜色研究的历史进程中，牛顿追踪一束通过棱镜的白光，在折射后将白光分解成七个如同彩虹的颜色；歌德透过棱镜观察，在意的是如何理解眼睛和大脑主观看到的东西。牛顿关心的是描述从观察分析中得出的事实；歌德关心的是现象背后的综合意义。牛顿在意的是对所观察到的现象进行量化；歌德则在意体验，训练"心灵之眼"在主观的想象世界中得以发挥。牛顿遵循的是科学研究之路，而歌德但实际上探究的是创造性设计的核心技能，是这种反复的思考训练造就的想象能力。

长期以来，对颜色科学的研究形成了成熟的、系统的、超前的生态，也被应用于各种行业，但颜色科学在设计领域的应用探索仍然有限。颜色分类标准的确立、颜色差异性的色差计算、整体色貌的测量等，为产业界的颜色复制和沟通奠定了理论依据。色彩设计领域的专攻则更多是基于主观的审美和设计基础。在产业发展日渐成熟的今天，基于理论的实践以及对研究的应用需求越来越受到重视，越来越多的设计师发现他们需要色彩科学的扎实基础以及一种帮助他们所设计的颜色成功实现的方法；在色彩研究和设计应用领域，也通过跨学科借鉴、多专业交融，让色彩成为贯穿产业链始终的重要因素。色彩科学家们积极领会设计环境的语言，为颜色情感、颜色搭配和谐创造量化的工具。1976年，具有时代意义的英国色彩协会主办了一场研讨会，搭建了色彩科学和艺术设计的桥梁。在这之前的二十年，色彩科学在设计中的参与度非常低。随后在设计师、艺术家以及色彩教育者的推动下，国际颜色协会 AIC（Association International de la Couleur）相对之前的致力于纯科学研究，演变成了色彩科学和艺术设计的沟通平台。在学术界和应用领域都走向跨学科、多领域合作的趋势下，色彩理应成为联结科学、技术、心理、生理、审美、设计等多学科的桥梁。

在中国的历史中，色彩以一种观念存在于哲学、政治、社会生活中，也点亮了中国传统艺术的精彩一面。植物和矿物所成就的色彩，虽不及化学工业中色彩的亮丽，却顺应了高度意境化的生命哲学。在西方艺术史中，色彩则见证了时代、技术与艺术的发展，也是艺术家们终极一生探索，用以证明自己的手段。其中，有着划时代的影响的印象派画家们除因感受与感觉获得彻底解放外，还得助于色彩学的科学原理的发现和应用。而现代印刷技术的网点叠印则可以看做点彩派艺术的一种实际应用。现代光学和视觉心理学的进展催生了美国的奥普艺术，而这种艺术又被视觉心理学家当作研究的对象。因此从历史走向未来。科学技术创造着艺术的多元化，给予设计以更多的实现的可能性。

我们在这里探讨的，是在设计的主观创造和最终实现的过程中，颜色是如何科学地作用于我们，作用于生产环节，以及我们每一个人对颜色的感知和心理认知同样重要地作用于颜色科学的研究，作用于最终的市场。设计终究需要一个实证的方法来证明自己的有效性、可落地与可实施性，设计绝不是凭着个人的喜好而采取的行为，设计一定是需要有据可依，并可以用普适的方法得以论证。整个漫长的编撰过程我们经历了不断搭建、推敲、推倒重来、反复论证的过程，祝诗扬、邱丽欣、杨子媛、林家葳更是贡献了大量的时间和精力，感谢大家的热情和努力，让我们的探讨最终能让所有热爱色彩的人受益。

新的时代造就的不仅是技术上的突破，更可贵的是我们每一个人的思维的突破，理性与感性，主观与客观、科学与创意的界限的突破，取决于我们思维的突破。色彩科学与艺术设计互相影响互相作用，严谨科学的方法论和充满想象的审美力，共同加持色彩在产业中转化为生产力。

借用马克·吐温曾经调侃科学的一段话，他说"科学真是迷人，根据零星的事实，增添一点猜想，竟能赢得那么多收获。"我想说的是，"色彩真是迷人，根据事实的需要，增添猜想和实验，就能赢得设计和市场的收获！"

宋文雯

2023 年 8 月 17 日

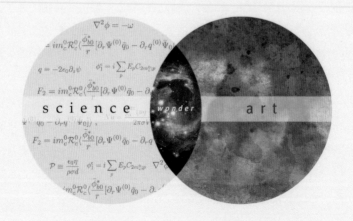

目　录

科学篇

教育篇

概念篇

Concept

色彩既有客观性，又有主观性。颜色的视觉感知包含了三大要素：光源、物体和观察者。在特定的光源下，物体与光产生了吸收、反射、折射等相互作用，而后光刺激信号进入人眼。人眼中的视网膜视觉细胞接收光信号后向大脑发射电信号，位于大脑枕叶部位的"视觉大脑"对这些信号进行解读，最终形成色觉。

在我们的色彩感知中，可以从色相、明度和饱和度三种维度对色彩进行描述。色彩三属性，决定了感知到的色彩的特征和区别。通过调整色相、明度和饱和度的组合，可以创造出丰富多样的色彩表现。

理解这些基础概念，对开展色彩设计、色彩再现、色彩管理等实践工作十分重要。它为我们提供了描述、认知、研究色彩的规律和途径，使我们在创造和传递视觉信息时更加准确、丰富和有效。

第一章

色彩三要素

所谓"有色"物体中的颜色只是物体接受光并将其反射到我们眼睛中的不同方式而已。

——笛卡尔

颜色是光的行为，是光的活动和在光中持久的东西。

——歌德

色彩是我们的头脑和宇宙的相遇之地。

——保罗·塞尚

以我观物，故物皆着我之色彩。

——王国维

色彩到底是什么？

这个有趣又耐人寻味的问题，让古往今来的思想家、艺术家、科学家们不断思考与探索。伴随着人类历史的发展，我们对这一问题的认识也在不断地前进与深入。

在今天的色彩学者看来，颜色的视觉感知包含了三大要素：光源、物体和观察者（图 1.0-1）。在特定的光源下，物体

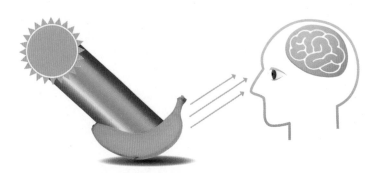

图 1.0-1　色彩三要素：光源、物体和观察者

与光产生了吸收、反射、折射等相互作用，而后光刺激信号进入人眼。人眼中的视网膜视觉细胞接收光信号后向大脑发射电信号，并由位于大脑枕叶部位的"视觉大脑"对这些信号进行解读，最终形成色觉。

1.1 光与色

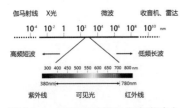

图 1.1-1 可见光波段只是电磁波中的一小段

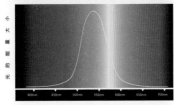

图 1.1-2 红绿灯中的绿灯主要发射绿色波段的光，因此呈绿色

有光才有色，光是颜色产生的先决条件。

光是一种电磁波。可见光是波段位于可见区域的电磁波，一般认为是波长从380到780纳米部分（图 1.1-1）。太阳和星星，城市的路光、街边的霓虹灯等自身会发光的物体的颜色，称之为"光源色"。光源色即为光的颜色，是由光源发出的光的成分决定的（图 1.1-2）。

单一波长的光，按波长由短至长的规律，其色相依"红-橙-黄-绿-青-蓝-紫"的顺序变化。多种波长混合的光，颜色则由占光谱主要成分的光决定。

光源中光的成分变化，会改变光源本身的颜色。同时，由于大部分物体依靠反射光源的光而呈色，因此光源的颜色变化还会带来物体色彩外观的变化。

太阳作为最重要的自然光源，其光谱和亮度往往会随着季节、昼夜、天气的变化发生极大的改变，由此太阳下的颜色也会随之发生相应的改变。同样，烛光、白炽灯、荧光灯、LED灯等人工光源的光谱成分与亮度，也会因其发光原理或产品型号的不同而大不相同。因此，同样的物体在不同光源下常常有着不同的颜色外观（图 1.1-3、图 1.1-4）。

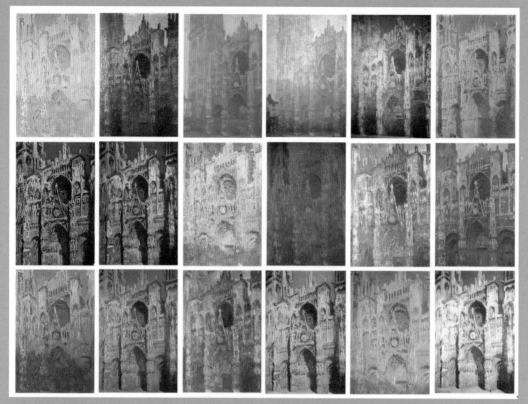

图 1.1-3 奥斯卡 - 克劳德 · 莫奈（Oscar-Claude Monet）是法国最重要的画家之一。他的系列作品《鲁昂大教堂》记录了鲁昂大教堂在不同时间、不同光影下的美

图 1.1-4 清华大学主教学楼不同日期正午 12 点照片

RGB : #454d66
C : 84   M : 65   Y : 15   K : 10
L : 30   a : 1   b : -22

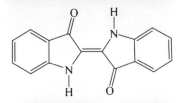

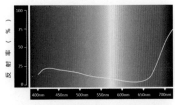

图 1.2-1 靛蓝是最常见的天然蓝色染料，可以从蓼蓝以及菘蓝、木蓝、马蓝等植物中提取发酵而成。左下图：靛蓝染料的化学结构。右下图：靛蓝染料对不同波长的反射率，可见光波段的波峰主要位于蓝色波段，呈现蓝色

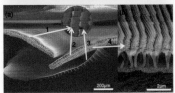

图 1.2-2 蓝色大闪蝶（morpho didius）（上），以及蝶翅复杂的脊状薄片结构（下）：（a）蝴蝶翅膀鳞片横截面微观结构的高倍 FESEM 图像。其配置的多层结构清晰可见。箭头 1 和箭头 2 是带蓝色的底层鳞片，箭头 3 则是不带颜色的表层鳞片；（b）底层鳞片的多层结构如箭头 4 所示（邬文俊，谢恒峰，2016）

1.2　物与色

天空与飞鸟，山海与湖泊，物体由于被光照射而呈现的颜色称为"物体色"。物体会和光发生相互作用：吸收、反射、透射、折射、干涉、衍射、散射，乃至辐射。由此带来物体的光谱改变，进而被人眼捕捉，形成了我们眼中色彩斑斓的美丽世界。

其中物体对光的吸收与反射最为常见。不同的物体对光源光谱的反射、吸收性能不同，会形成不同的能量谱。不同的能量谱进入眼睛，从而使人感知到不同的颜色。

图 1.2-1 展示了靛蓝染料的反射谱。从反射曲线可以看到，靛蓝染料主要在蓝色波段有着较高的反射率，因此主要呈现蓝色。我们看到的蓝色，是由靛蓝染料分子对光线的选择性吸收和反射造成的。

分布在南美和中美的蓝色大闪蝶，也拥有十分璀璨美丽的蓝色。但与靛蓝染料不同，它的蓝色来源于翅膀鳞片的特殊结构。光在多层片状薄膜中经过干涉、衍射和散射，最后也形成了对光线的选择性反射，由此呈现这样奇异的蓝色。此类因特殊的微观结构而呈现的颜色，被称为"结构色"。

同时，蓝色大闪蝶翅膀特殊的微观结构还使得它对周围介质有着高度的敏感性，会在水蒸气、乙醚蒸气和乙醇蒸气中呈现出不同的颜色。科学家们正以此为灵感，研究开发高灵敏度的光学气体传感器（图 1.2-2）。

当荧光材料接受紫外光照射时，会产生受激辐射现象，从而产生荧光色。荧光材料的颜色可能与光源颜色完全不同，同时比普通的反射材料更亮。这样的特性使得荧光材料在防伪、工程安全等领域有着广泛的应用（图 1.2-3）。有时，艺术家也用荧光色来表达一些特殊的视觉效果。

日常生活中，印刷、打印、涂料、冲印照片、颜料绘画、纺织品印染等应用场景的呈色，都依靠色料对光的吸收和反射，都是减法色。色料的混合原理遵循减法混合原理：将两种或多种色料混合在一起，形成新的颜色。色料之所以能呈现不同的颜色，是因为色料会在可见光波段对入射光进行选择性吸收，并反射其他色光到人眼中。因此在减法色混色中，混合的颜色越多，吸收的光就越多，因此颜色越暗，越接近黑色（图 1.2-4a）。

显示器、投影仪等电子显示设备中带有光源，依靠不同颜色的光混合而呈现不同的颜色，因此是一种加法色。在加法色混色中，混合的颜色越多，光的能量越强，因此颜色越亮、越接近白色（图 1.2-4b）。

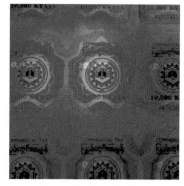

图 1.2-3　荧光材料在票据防伪中的应用

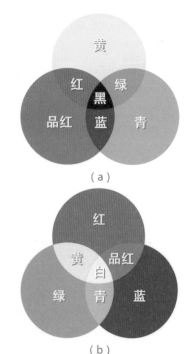

（a）

（b）

图 1.2-4　减法色（a）与加法色（b）混色规律

1.3　人的视色觉

当物体的反射光或辐射光进入人眼后，光信号被人的视网膜光感受器捕捉，并产生基础的视觉信号。人眼有两种感知细胞：锥状细胞（cones）与杆状细胞（rods）（图 1.3-1）。在亮视觉条件下，完全由锥状细胞输出包含色度的信号。在暗视觉条件下，则由杆状细胞输出不含色度，仅含亮度信息的信号。因此，色彩首先是由锥状细胞传递的信号（图 1.3-2）。

人类平均有近1400万个细胞专门用于解释颜色。相比之下，人类只有10000个用于味觉的细胞，而每个手指只有3000个用于解释触觉的细胞。这一现象反映了颜色信号对人类感知世界的重要性。对颜色的感知，不仅是为了生存，也是为了观念的沟通和情感的表达。

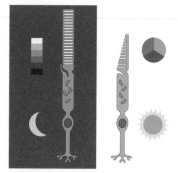

图 1.3-1　眼睛与视网膜的结构，感应色彩的锥状细胞（cones）与感应亮度的杆状细胞（rods）

色彩：艺术、科学与设计

图 1.3-2　一位艺术家描绘了人类视网膜中央凹中视锥细胞的分布，中央凹是视网膜的一小部分，颜色检测细胞最集中。红点代表长波长敏感的锥体感光细胞（L锥），绿点代表中波长敏感锥（M锥），蓝色代表短波长敏感圆锥体（S锥）。在视网膜中心的红色视锥细胞含量丰富，而蓝色视锥细胞多分布于中心的四周

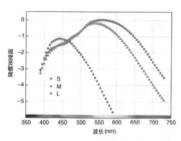

图 1.3-3　以量子单位测量的三种视锥的光谱灵敏度（为获得能量单位，取对数 log（λ）并归一化）。在眼角膜处测量，因此包含了眼介质和黄斑色素的过滤效果。根据 L 型、M 型和S 型锥体的平均相对数量调整灵敏度（分别为 56%、37% 和 7%）[1]

1.3.1　视锥细胞

锥状细胞有三种类型：L 型、M 型和S 型。每个视锥细胞都可对特定范围的光波长作出反应。它们对不同波段的光的响应曲线见图 1.3-3。L 型响应峰值为565nm，是对长波长敏感的锥体感光细胞；M 型响应峰值为540nm，是对中波长敏感的锥体感光细胞；S 型响应峰值为454nm，是对短波长敏感的椎体感光细胞。

当适当波长的光穿过眼睛并撞击视网膜时，负责的视锥细胞被"点亮"并向大脑发送信号，传达感知颜色的强度、相对位置和质量。当一个人未能发育出一种或多种类型的视锥细胞时，就无法从这些波长的光中接收信号，从而导致色盲。

从图 1.3-3 可知，视锥细胞对光谱的响应频段是"宽带型"响应，L、M、S 型细胞的响应会出现重叠。因此，人类的视觉系统并非直接"测量"红、绿、蓝光的信号，而是有着更加复杂的视觉传导系统。

1.3.2　视色觉

目前色度学通常采用对立学说（colour-opponent signals）理论来解释色觉：L 型、M 型和S 型锥的光谱带提供了三种初始颜色信号。这些初始颜色信号经由神经网络计算出两种颜色信号：1）色度信号（chromatic signals）：红色-绿色通道和黄色- 蓝色通道；2）无色度的亮度信号或亮度通道（luminance signal）（图 1.3-4）。

在此过程中，颜色的初始信号形成了"红- 绿""黄- 蓝"的色度信息，以及"亮- 暗"的亮度信息。进一步被传输至大脑的视觉皮层（visual cortex），最后变为颜色感知与认知。

色彩视觉（colour vision）是一项高度复杂和结构化的任务，它发生在从眼睛到大脑的视觉路径中。颜色的同时对比、颜色同化、颜色恒常性等视错觉现象、颜色的心理联觉现象都向我们揭示了这种复杂性。同时，这些现象也在色彩的审美性、舒适性、情感性等方向影响着人的认知甚至行为。

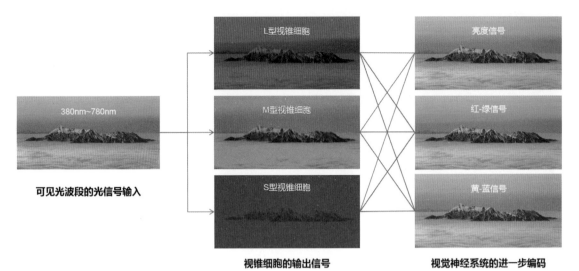

可见光波段的光信号输入　　　　　视锥细胞的输出信号　　　　　视觉神经系统的进一步编码

图 1.3-4　人类视觉系统中将视锥信号编码为对立颜色通道信号的示意图

1.3.3　色彩的视错觉

同时对比

同时对比（simultaneous contrast）是同时看到并置的两种颜色所产生的视错觉现象。

两种颜色并列放置在一起时，两种颜色的对应颜色属性（色相、明度、饱和度）都将分别出现相反倾向上加强刺激强度的现象。例如，当色相各异的颜色配制在一起，每一颜色的色调都会在其周围诱导出互补色。如果两种颜色是互补色，则彼此加强饱和度，使对比变得更加强烈。明度不同的色彩一起配置时，明者更明、暗者更暗。饱和度不同的两个（类似色）色彩一起配置时，饱和度高的颜色会显得更鲜艳，饱和度低的则显得更加浑浊（图 1.3-5）。

一般而言，同时对比的结果会使相邻颜色间的差异得到增强。如马赫带错觉（mach band illusion）和柯恩斯威特错觉（cornsweet illusion）现象中，可以观察到明暗不同的色块边界将受到增强，被称为"边界对比"（图 1.3-6）。目前科学家认为，这一现象的发生是视网膜细胞对大脑视觉信号的响应机制造成的，受光中心细胞与受光中心附近的视网膜细胞产生了所谓的抗结作用，通过增强对边缘的检测来增加视觉反应

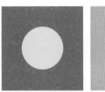

色相同时对比

明度同时对比

饱和度同时对比

图 1.3-5　颜色的同时对比现象

马赫带错觉

柯恩斯威特错觉

图 1.3-6 马赫带错觉会让观察者在明暗缓慢变化的边界处看到一个更加锐利的边界。柯恩斯威特错觉则会让明暗出现跳变的边界变化幅度更大。

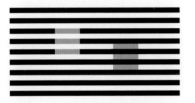

图 1.3-7 颜色同化的怀特效应（white's effect）：灰色区域相同，但左边的灰色区域，主要被白色条纹包围并穿插，显得颜色较浅，而右边的灰色区域，结构相反，被黑色条纹包围并穿插，则显得颜色较深。

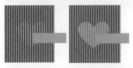

图 1.3-8 由日本心理学家肥塚喜多冈（Kitaoka Hitoshi）发现的颜色同化现象案例：紫罗兰和橙色的垂直条纹背景中有黄色和蓝色的心形。但其实心形部分的颜色是相同的。是向蓝偏色还是向黄偏色，取决于穿插其间的竖直条纹的颜色。

的对比（图 1.3-6）。

颜色同化

颜色同化（assimilation）是一种会减弱前景色与背景色差异的视错觉现象，其效果与同时对比正相反。例如当灰色色块被浅色色带覆盖时，整体颜色会变浅，而当它被深色色带覆盖时，整体颜色会变深（图 1.3-7）。

颜色恒常性colour constancy

上文提到光源的变化会带来颜色的变化，但这样的变化在日常生活中却比较难以察觉。这是因为我们在不同的光照条件下，视觉系统能够自动地调整、校正颜色的感知，以使得在不同的光照条件下，我们所看到的物体颜色保持一致。这就叫作颜色的恒常性（colour constancy）。

颜色恒常性使得人类在多变的光源环境下"抛开现象看本质"保持对物体固有色的稳定感知。例如，一张由烛光照亮的白纸，即使呈现明显的黄色，我们仍然能认识到纸是白色的。这样的机制，意味着人对光源与物体的固有色有着综合性的认知，人对物体的固有色判断结合了对光源的经验判断（图 1.3-9）。

颜色亮度错觉

对亮度的感知是颜色感知研究中的重难点，对物体亮度的感知源于大脑中多个处理级别的复杂交互。一个物体的亮度取决于它的空间上下文，它可以包括感知组织，场景解释，三维解释，阴影，时间特性和其他高级感知（图 1.3-10）。

亮度视错觉现象（lightness illusion），向我们揭示着人类色觉的复杂性和综合性，它与人对内容的形状/尺寸、场景的空间/时间判断是高度相关的。即，对亮度的判断是综合了光源条件、背景、物体的形状、肌理、透明度等等影响因素的综合性判断。

总之，光源色以及光源色与物体色、背景色的相互关系，是影响在色彩艺术作品和色彩设计产品美感、舒适感、真实感或功能性的重要因素。此外，在服装、空间、视觉传达等色彩应用领域，同时对比、颜色恒常性等视错觉现象也使得目视方法难以精确评价颜色，因此科学的色彩管理工作在色彩应用产业链中具有十分重要的作用。

1.3.4 色缺陷

在色彩设计的实践中，服务对象是广大的用户人群，色觉的个体间差异也不可忽略。除了在正常范围内的色觉感知波动以外，在现实中，有些观察者还会出现色觉异常或不足的现象。按色觉异常的不同程度，可以分为全色盲（单色觉异常）、部分色盲（二色觉异常）和色弱（三色觉异常）。

全色盲能区分颜色的明暗差异，而无法区分颜色的彩色差异。七彩世界在他们眼中只有黑、白、灰。

部分色盲不能识别某一种颜色，例如红色盲、绿色盲、黄蓝色盲等。色盲的人会在区分红色、绿色和蓝色等情况时遇到困难。红色盲与绿色盲在临床上常统称为红绿色盲，在部分色盲中最为常见。

色弱则仍具有三色视觉，只是对某些颜色的辨别能力较弱。在某些特定光线条件下，对颜色的区分度会进一步降低。

色盲产生的原因主要在于视锥细胞的异常。如一些观察者的 L 型、M 型或 S 型视锥细胞较少，表现出为红色（protanope）、绿色（deuteranopia）或蓝色（tritanope）类型色盲或色弱。色盲多为先天性遗传所致，少数为视路传导系统障碍所致。一般是女性传递，男性表现。统计数据显示，男性色盲发病率（5%）高于女性（1%）。

在面向公众的功能性色彩设计中（如移动终端的UX界面），应对色彩的视缺陷因素予以重视。可以运用明度对比等方法，缓解因色相对比不足带来的可读性、可识别性下降，从而为不同需求的人群都能提供更加舒适有效、更人性化的使用体验。

（a）

（b）

（c）

图 1.3-9 （a）为原图，（b）与（c）为用蓝紫色滤镜调色后的图像。（b）图中滤镜仅覆盖黄色枕头部分，使其变为浅紫色。当滤镜覆盖整个图像（c）时，图像发生了整体的色彩偏移，但黄色枕头的颜色在色觉感知中保持不变。在（b）和（c）中，来自枕头的色值是相同的，但由于整体的空间色彩的影响，对内容的判断产生了差异[2]

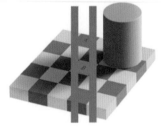

图 1.3-10 阿德森棋盘阴影错觉（adelson's checker-shadow）。A 与 B 处的棋盘格填充的其实是同样的颜色，但由于亮度视错觉效应，B 显得比 A 颜色浅。

第二章

色彩三属性

第一章介绍了色彩三要素：光、物、人，说明了色彩现象既有客观性，又有主观性。现在，色彩科学家们把"颜色"概念细化为"颜色刺激"与"感知颜色"。"颜色刺激（color stimulus）"是指能唤起颜色感知的物理信号，即进入人眼的光信号，它体现了色彩的客观性。"感知颜色（perceived color）"则是人对颜色刺激信号的色觉感知，它体现了色彩的主观性。

光有不同的波长，但是哪种波长对应哪种颜色，完全取决于人的主观判断，而不是光本身的性质。在物理学定义的"真实"世界中，物体并没有固有的颜色。相反，它们含有吸收某些波长并反射其他波长的物质。我们的眼睛接收反射的光波，并通过三种颜色感受器将光信号转换为电信号。最后，我们的大脑将这些信号转换成了对颜色的感知。

许多鸟类、爬行类动物以及昆虫有四种颜色感受器，有的动物如鸽子、蝴蝶等有五种颜色感受器。由于颜色感知系统的不同，同样的颜色刺激下，它们将看到和人类不同的风景。所以当我们讨论"颜色"时，首先要分清是在讨论"颜色刺激"还是在讨论"颜色感知"，而"颜色感知"往往特指人的颜色感知。

对颜色的感知发生在人的眼睛与大脑中，视色觉系统以锥状细胞对光信号的响应为基础，在大脑中形成了对颜色的色相、明度、饱和度的感知，它们被称为颜色的三大基础属性。颜色三属性，是现代色彩设计、应用行业中对颜色进行描述与沟通的重要基础概念。

任何一种颜色都具备这三个属性，并且这三个属性相互独立。只有当三个物理量都确定时，才能表达一个固定的颜色。

2.1 色相

色相是指一种颜色固有的基本特征，一种颜色区别于另一种颜色的表象特征，即颜色的相貌。例如，赤橙黄绿青蓝紫，称呼的就是颜色的"色相"。

从光谱的角度而言，在电磁波的可见光波段，每一处特定的波长都对应着特定的色相。例如，波长555nm的电磁波为绿色，波长650nm的电磁波为红色。这样的由单一波长电磁波形成的颜色，被称为"光谱色"。如果一个颜色刺激包含着多种不同波长的电磁波信号，其色相一般由占光谱主要成分的主波长决定。

黑色、灰色、白色这样的颜色没有色相，被称为无彩色（achromatic color）。相对的，可以分辨出色相的颜色则被称为有彩色（chromatic color）。例如日常生活中常见的浅红、深绿、明黄等颜色，即为有彩色。"浅、深、明"是描述颜色明度、饱和度的修饰词，"红、绿、黄"则指明了颜色的色相。

为了直观地表示色相，可以将光谱色形成的色带作弧状弯曲，这就形成了一个色相环（图 2.1-1）。我们可以通过色相环直观地探讨不同色相之间的关系，因此色相环在色彩和谐理论中有着重要的位置。

有的学者经过研究，认为人眼可以分辨的光谱色色相有100 多种，谱外色（紫色和紫红色）约30 多种。对色彩高度敏感的人群，色相的识别能力会超过130 种。人对色相的识别能力可以通过训练而获得提升。因此，色彩工作者可以在学习与工作中，有意识地通过色感训练工具以及不断的色彩实践提高对颜色变化的敏感性。

色相在色彩文化中是一种非常重要的概念。颜色的名字和种类，多数是以色相为基础命名或划分的，如茜草红、深蓝、泰尔紫等。不同种类的色彩，在不同社会背景和历史时期的文

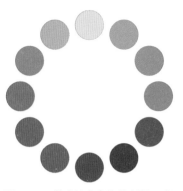

图 2.1-1 艺术教育家约翰内斯·伊顿（Johannes Itten）创立的 12 色色相环

化中，常常被赋予独特而鲜明的含义，成为象征某种社会身份或文化意向的视觉语言。

2.2　明度

明度是指人对颜色刺激的明亮程度的感知。明度最高的颜色是白色，最低的是黑色。如果在一种颜料色中添加白色颜料，该颜料色的明度就会随之上升。而如果添加的是黑色颜料，则明度下降。因此，可以用距离黑色与白色的距离来判断明度的高低（图 2.2-1）。

图 2.2-1　上图色块中，明度从左向右依次增加。左端为黑色，右端为白色

明度与颜色刺激的亮度有关，但并不等同于亮度（luminance）。亮度与光能量的大小有关，明度则是对光的能量大小的主观感知。它还与观察环境等因素有关。例如，一个在白色背景下的灰色，其明度感知比在黑色背景中低（图 2.2-2）。

图 2.2-2　物体的明度与其自身的亮度有关，也与周围的观察环境有关

2.3　饱和度

饱和度又称为颜色的纯度或彩度，是指颜色的纯粹程度。更通俗一点说，就是一个颜色的鲜艳程度。一个颜色的饱和度越高，颜色越鲜艳；饱和度越低，越接近灰色（图 2.3-1）。

饱和度减少 ←————————————— 饱和度增加 —————————————→

图 2.3-1　上图色块中，饱和度从左向右依次增加。左端为灰色，右端为纯红色

　　从光谱角度而言，单色光由于成分最为单一，其色相最容易被识别，所以具有最饱和的颜色。当不同单色光混合到一起，光谱成分复杂后，色相不易分辨，饱和度就会随之下降。当各种波长成分的占比非常均衡时，就会形成无色相的黑白灰无彩色，饱和度下降为零。在颜料等色料的调色中，添加黑色、白色、灰色以及互补色，都会降低原色彩的饱和度。

　　此外，物体表面的颜色饱和度还会受到表面肌理的影响。如果物体表面光滑，光在物体表面呈镜面反射，物体的饱和度就高。如果物体表面粗糙，表面的光呈现漫反射，饱和度就会相对较低。

　　颜色的三要素，是应用颜色过程中最基本也是最重要的知识。色彩的描述与沟通、色彩的和谐搭配、色调的情感表达等，都将基于色相、明度、饱和度这三个基础点展开。

第三章

色调

颜色是视觉系统中最直接的沟通语言，不同的颜色所唤起的人类情感，以潜移默化的方式契合着消费者的心理需求。色彩是产品打动人心、链接品牌与用户的重要桥梁。

近年来，对色彩与情感之相互关系的探索，让我们对色彩的认识更加深入、明晰。色彩的明度与饱和度，被发现对人的情绪反应会产生显著的影响：亮度和饱和度越大，颜色的愉悦感越强，并且明度的影响比饱和度更大；唤起度与优势度则与亮度增加呈负相关，亮度越高唤起度越低，与饱和度则呈正相关，饱和度越高唤起度越高[3]。

色调（tone）即为基于颜色明度和饱和度而分类出来的色彩群。色调的研究在国际上已形成不同的体系并各自有成熟的应用，例如由日本色彩研究所的PCCS（Practical Color Coordinate System）系统、美国色彩研究学会的ISCC-NBS（Inter-Society Color Council National Bereau of Standand）色名体系。不过，过去的色彩与情感认知研究多针对欧美国家人群展开调研，针对中国文化背景的被试研究成果则较少。此外，对色彩的情感认知除了情绪维度的影响外，也有一些学者将很多其他"非情绪"的形容词，如"清澈""华丽""优雅"等纳入颜色与情感的研究中。这些形容词与设计表达的风格、人们对色彩的喜好度等高度相关，对色彩设计应用实践极具指导性，这一类关联维度的色彩体验也是值得研究的重难点。

因此，针对中国这个庞大的设计、产业、教育市场，更需要建立起一个针对中国人独特的情感形容词与色彩解读的对应系统。近年来，清华大学艺术与科学研究中心色彩研究所对这一领域不断地深入开展研究，积累了丰富的研究数据与成果，揭示并完善了中国人情感色调的认知规律。中国人情感色调认知系统参考了ISCC-NBS色名体系与PCCS色彩体系，并根据多年的色彩应用实践经验，基于中国人独特的视觉感知对有彩色的明度与饱和度进行色调划分，并依据中国文化特征为色调命名（图3.0-1）：

进一步，在中国人特定的情感词词库中选词，并展开用户调研实验，研究情感形容词与色调的匹配关系（表3.0-1）。研究数据表明，"苍"色调处于明度最高，饱和度最低的位置，最容易给人带来圣洁、清凉、清淡和清明之感。"苍"色调明度降低形成"烟"色调，使"烟"色调中的颜色带有一点点的灰色，给人带来朦胧、淡雅和柔和之感。"烟"色调中明度降低形成"幽"色调，使"幽"色调中的颜色中灰色含量较高，给人带来幽静、保守和古朴之感。明度最低的"乌"色调，给人带来坚硬、深沉和沉重之感。在饱和度增加的横轴上，略带色相的"浅"色调，给人带来轻快、轻盈和秀气的感

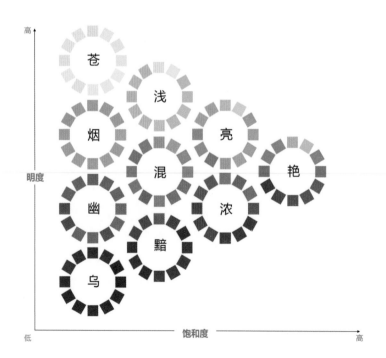

图 3.0-1　中国人情感色调系统十大色调

觉。随着明度的逐渐递减，"混"色调、"黯"色调给人带来温和、温馨、舒适、沉稳、幽暗之感。饱和度高、明度适中的"亮"色调、"浓"色调，色相感更加清晰，给人带来活泼、愉快、活力、浓厚、丰厚和浓郁的感受。而"艳"色调，是饱和度最高且明度中等的色调，势必给人带来艳丽、热情和兴奋之感。

中国人情感色调系统十大色调对应的形容词　　　　表 3.0-1

色调	形容词
苍	明快、细腻、清亮、朦胧、稚气、女性化、轻松、镇静、纯净、清爽、整洁、轻盈、清新、明朗、宁静、清净、安宁、单纯、清澈、宽敞、透明、清淡、清凉、圣洁
烟	幽静、朴实、镇静、典雅、雅致、文雅、祥和、恬静、高雅、优雅、清凉、秀气、清净、乖巧、安宁、柔美、恬淡、含蓄、细腻、透明、温和、温柔、安静、舒适、素雅、清淡、平缓、淡泊、柔和、淡雅、朦胧
幽	平缓、舒适、温和、淡雅、文雅、素雅、理智、安宁、典雅、雅致、朦胧、老实、稳重、安静、宁静、传统、深邃、淳朴、简朴、清静、冷峻、幽雅、镇静、幽暗、含蓄、沉着、朴素、朴实、保守、幽静、古朴、冷静
乌	朴实、壮丽、粗犷、冷峻、古朴、老练、传统、浓郁、浓厚、稳重、沉稳、幽暗、厚重、深邃、保守、男性化、坚固、凝重、坚实、沉重、坚硬、深沉
浅	秀丽、美好、愉快、秀美、温柔、娇嫩、清澈、清新、活泼、稚嫩、柔和、稚气、年轻、单纯、芳香、恬淡、清淡、鲜嫩、明快、甘甜、可爱、女性化、轻松、秀气、柔美、清丽、清爽、清亮、轻盈、轻快
混	安静、舒畅、整洁、美好、芬芳、温暖、细腻、雍容、优雅、安宁、高雅、幽雅
黯	祥和、细致、端庄、文雅、温柔、韵味、恬静、雅致、舒适、简朴、温馨、温和、保守、坚硬、坚固、淳朴、传统、深邃、贵重、从容、朴实、深沉、粗犷、沉着、男性化、沉重、老练、古典、浓郁、浓厚、成熟、凝重、厚重、稳重、幽暗、沉稳
亮	瑰丽、芳香、精致、艳丽、辉煌、单纯、清新、富丽、温暖、浪漫、鲜艳、时尚、稚气、清丽、轻快、秀丽、芬芳、秀美、热情、纯净、健康、可爱、舒畅、甜蜜、兴奋、生动、甜美、新鲜、女性化、鲜嫩、美好、清亮、年轻、运动、积极、乐观、娇嫩、朝气、动感、青春、欢快、欢喜、明朗、愉快、活力、明媚、鲜明、明快、活泼
浓	秀丽、壮丽、粗犷、传统、华丽、瑰丽、富贵、富丽、旺盛、温暖、贵重、成熟、丰厚、充实、浓郁、浓厚
艳	舒畅、芬芳、明朗、高贵、丰厚、可爱、甜蜜、女性化、年轻、秀丽、美好、明媚、新鲜、生动、愉快、动感、壮丽、欢喜、辉煌、吉祥、乐观、活泼、时尚、活力、青春、运动、积极、富贵、富丽、朝气、旺盛、华丽、欢快、鲜明、兴奋、鲜艳、瑰丽、热情、艳丽

研究表明，相比较色相的影响，在明度和饱和度变化下的色调能带给人更多的情感反应。同时，这种心理感受是形象且直观的。建立在中国人的视觉感知和中国人的情感表达基础上的中国人情感色调系统，可以帮助设计师了解了情感与色调的认知对应关系，为设计师精准了解用户对色彩的诉求以及向用户传递色彩信息提供了便捷有效的工具。

历史篇

History

无论是东方还是西方，色彩文化都是人们对世界的感知和体验的一种呈现。红、白、紫、蓝等色彩融入了历史长河，承载着国家和民族的情感与认同。

红色的喜庆和热烈，白色的高贵与纯洁，蓝色的信任和忠诚……色彩被赋予的人文意向，是审美意识的凝聚。从五行、五方、五色，到对颜色本源的探索，是中西方思想家对宇宙本源、内在规律的苦苦思索。

这些色彩所蕴含的理性与浪漫，构成了中西方丰富而独特的色彩文化，影响并驱动着人们对自然、社会以及自身的思考和理解。色彩文化发展的历史，更是一段人类心灵发展的历史，为人们把握世界的多样性与和谐性提供了启迪。

第四章

历史中的色彩文化

　　色彩的文化性是一个相对较大的概念，学者在探讨色彩文化时，往往以特定的时间和空间的关系来探讨，而色彩文化在这两个维度上的联系既反映了不同的颜色现象又表现出了文化的链接。对于色彩文化的研究其价值不仅体现在本体论层面，也同样影响特定时间和空间下的绘画、建筑、服饰和人的审美等。

　　在西方数千年的色彩文化史中，色彩与感知、发展、生产和交易的息息相关；人们总是从政治、宗教、表演、艺术方面讨论色彩，并从食物和自然、室内和建筑、艺术和装饰等方面感受欧美国家历史中的色彩文化内涵[4]。

　　在中国，有关中国传统色文化、观念、理念和色彩系统的研究成果丰硕，从时间的维度对传统色的历史发展演变展开，色彩在中国传统文化社会和人们精神思想中的重要地位，色彩与文化、审美的融合在人们心中潜移默化地形成了中国特有的色彩观念，在不同时期色彩也发生着不同的作用和影响。中华传统五色文化被分为色相、色类、色兆和色界四方面，从古代名著和出土文献中发现中国古人在意识文化、生活起居及不同朝代对色彩的崇拜的集体表现[5]。如《周易》《淮南子》《黄帝素问》等传世名著中，记载着特定时期人们对色彩观念的认知都各不相同，在不同时期，色彩与社会体制、人们生活的种种表现都有着千丝万缕的关联。关于中国色彩文化这一话题多针对中国古代色彩史和色彩观的演变，以及文化精神角度层面关于中国传统色彩体系的探讨。中国传统色彩在工艺美术、服饰、绘画、建筑等领域的应用同样具有重要的研究价值，其中不仅包括皇家和文武百官的用色制度，同时也有民间艺术的色彩特征与搭配语义，揭示了中国从古沿用至今的色彩艺术。对于传统色彩在艺术领域的应用研究至今有诸多成果，其中以针对特定时期的陶瓷、服装、绘画等方面的研究为主。从古至今，颜色相关的历史片段、口口相传的传说故事，都影响着中国人色彩审美的历史、文化、民族、社会和信仰[6]；佛教色彩的哲学、道德含义，以及佛教经典中对佛教崇拜偶像色彩、佛教服装色彩都指明了，佛教色彩在中国传统的阴阳、五行理论的影响下，逐步形成中国传统的颜色系统[7]。

21世纪以来，人们开始通过科学技术手段的介入，更加深入地探讨色彩与文化。与以往借助古代文献为依据不同，如今在讨论色彩文化时，已经将颜色的感知模式、语言表达和颜色科学等多方面纳入考量范围，从而展开对色彩文化解读。对历代色彩进行实物样本收集，通过色彩词汇和实物的对比，以及如今色彩测量记录技术手段对古代资料记载的色彩进行计算机复原，以探索色彩的总体面貌、运用特征及规律[8]。

4.1 中国色彩文化

4.1.1 五色观

在古代，五这个数字具有观念性意义。殷商时期已经有了"五方""五帝"的观念。春秋战国时期，"气生五行"的观念开始流行。

"五色"之说，可以追溯到《尚书·益稷》中"以五采章施于五色"。何为五色？《周礼·考工记》载："画缋之事，杂五色。东方谓之青，南方谓之赤，西方谓之白，北方谓之黑，天谓之玄，地谓之黄。"（图4.1-1）

随着时间的推移，人们对于阴阳与五行的阐述日益丰满，形成了系统的"阴阳五行说"。其中一个关键人物是战国时期的阴阳学者邹衍，他提出了"五行生克"的概念。这个观点包含两方面：第一是"五行相生"，即木生火、火生土、土生金、

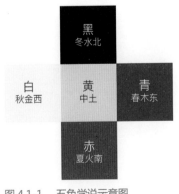

图4.1-1　五色学说示意图

金生水、水生木；第二是"五行相克"，也就是水克火、火克金、金克木、木克土、土克水[9]。

邹衍将解释宇宙自然的"阴阳五行说"与人类历史相融合，发展出了"五德终始说"。所谓"五德"即为"五行"的德行与应用，意味着人类历史也遵循"五行相生"的关系，此消彼长，循环往复。根据这一理论，邹衍认为历史上的黄帝代表土德，其颜色为黄；夏禹以木取代土，颜色为青；商汤以金克制夏禹的木，颜色为白；周以火克制商汤的金，颜色为赤。如此一来，人类历史便被纳入了阴阳五行相生相克的动态变化之中。

4.1.2　中国色名释义及色尚

在中国古代，色彩作为观念之色，色名在沟通交流中起了重要的作用。中国传统色，拥有丰富的色名，甚至可以形容出细微的色彩变化。在中国古代典籍中，便记载有许多中国传统色色名，如唐朝张彦远的《历代名画记》、元朝陶宗仪的《辍耕录》、明朝宋应星的《天工开物》、明朝李时珍的《本草纲目》、清朝迮朗的《绘事琐言》、清朝曹雪芹的《红楼梦》等，均记述了许多中国传统色色名。

从有文字记载开始，人类的词语中就出现了色彩词。在甲骨文里，单纯表示色彩的词有幽、白、赤、黄四个，常用来描写牲口的颜色，这与古代社会的生活方式有直接关系。字的原则是一物一字，所以单字色名非常多，其中大部分都被时代淘汰，而代之以复词色名。色彩词的增加、发展的直接原因是我国纺织业的发展。在中国古代第一部诗歌总集《豳风·七月》中关于纺织的描写中出现了玄、黄、朱三色。到了周朝时产生了丰富的色名，《礼记·月令》篇中出现了红、黄、青、黑、白五色。

我国第一部词典《尔雅》中有："一染谓之縓，再染谓之赪，三染谓之纁。"又《周礼·考工记》："三入为纁，五入为緅，七入为缁。"可以看出，"縓、赪、纁""纁、緅、缁"这些糸部字，最初是特指用颜料将丝帛染上各种深浅的红色，后才用来泛指一般的红色相的颜色的。如《诗经》中的红色也

有多个色名，如除描写马毛色的骓、骝、騢、驈外，还有赫、赨、赭、赤、朱、缬、彤、玄等八字[10]。

随着染色工艺的提高，颜色逐渐增多，色名也随之大量增加。如《碎金》"彩色篇"中褐色的色名有"金茶褐、秋茶褐、酱茶褐"等。《天工开物》"彰施篇"中具体介绍了二十多种颜色的配方和染法，大红色、莲红色、蛋青色、藕褐色，等等。《蚕柔萃编》"辨水色"篇中列举出各地上品颜色。由此可见，由于古代纺织业的发展，出现了大量的色名。

我国不仅有发达的纺织业，还有发达的陶瓷业。原始瓷的主要着色剂是铁呈现出青釉色彩。随着烧瓷工业的发展，矿物着色剂的增加，釉彩也不断增加（图 4.1-2）。汉代的釉彩有翠绿色、黄褐色、棕红色。著名的"唐三彩"呈现了深绿、浅绿、翠绿、蓝、黄、白、赭、褐等多种色彩。宋代的陶瓷釉彩绚丽，有海棠红、玫瑰紫、梅子青、天蓝、天青、月白等色。景泰年间的景泰蓝还有泓治年间黄色釉，都促进了色名的发展。

总之，中国传统色色名的产生和发展与生活方式、政治经济、社会文化、科学技术的进步有密切的关系。复词色名的产生和发展不仅反映了词汇的丰富、纷繁，更说明了人类文明的发展[11]。

对《色谱》《中国惯用色色彩特性及色样选订》《语言的色彩美》提到的中国传统色色名加以分析，发现组成色名的词或词性，包括形容词、基本色名，以及专有名词，其中形容词包含大、中、小、粗、细、淡、深、浅、暗、翠、嫩、苍、鲜、品、焦、老、正等词；基本色名有红、丹、黄、绿、青、蓝、紫、粉、棕、褐、黑、白、灰、茶等词；专有名词来源于动植物、矿物、地理、天文等。

图 4.1-2　不断丰富的釉彩

图 4.1-3　甲骨文"赤"字（左）与小篆"赤"字（右）

4.1.2.1　赤

"赤"的甲骨文和小篆字形，上边是"大"，下边是"火"的变形（图 4.1-3），表示火光笼罩范围内的色泽。"红"这个词出现得比"赤"晚，推测红字大约出现在春秋战国时期，上古时的"红"与"赤"是两个意义不同的色彩词。"赤"字通常是和比较正式一点的物体结合使用，如皇帝使用的赤旗、赤璋、赤幡等。红字则出现比较女性化的，用以形容女性的婉约、温柔、浪漫，或是对景物抒情性的描述时通常也比较会出现红字。

中国传统色中表示赤的词很多，按颜色深浅排列起来顺序：縓（赤黄色）、红（粉红、桃红）、丹、赤、赪、赧、赭、赫、茜、绯、纁（浅绛色）、朱、绛（大赤）。

传统色中，比较常用的是"赤""丹""朱""绛"等色名。如一般"面颜"用丹、朱，"太阳""火"的颜色用朱，"嘴唇"的颜色用绛、朱（图4.1-4），写"桂花"用朱，"狐狸"用赤。

图4.1-4　唐 佚名 《唐人宫乐图》绢本

唐代以后，"红"的使用频率提高，渐渐替代"朱、赤、丹、绛"，词义也随之产生变化。从文学家对 "太阳'"面颜""云霞"的色彩描写的用词上，看到"红"与"朱、丹、赤"已构成同义，"红"的意义范围渐渐在扩大，它不再是"粉红、桃红"的意思，而是代表了红色的色相。

历史上对红色的崇尚以及将红色视为尊贵之色的做法由来已久。在远古社会，红色是火的象征，崇拜火是原始人的重要信仰，也因此红色具有了神圣的意义，如古代传说中的"赤鸟""赤兔"和"赤鲤"等都被视为吉祥之物，古代中国亦被称为"赤县神州"来比喻吉祥福地。

在楚国贵族墓葬中发现的纺织品中，红色是主要的颜色，这与楚人的信仰密切相关。两千多年前的楚国文化与中原文化紧密相连，当时的楚人崇拜太阳神和火神，他们将火神祝融视为自己的祖先，因此楚人尚红的传统由来已久。

汉朝崇尚火德，红色便成为统治者和民众所推崇的颜色。从汉代开始，各地的尚红风俗逐渐趋同，并随着时间的推移而传承至今。汉朝对红色的崇尚为红色赋予了特殊的象征意义，使它成了一种代表吉祥、喜庆和权力的颜色[12]。这种风俗在中国的历史长河中得以延续，使红色在中国文化中具有极为重要的地位。

在达官显贵之间，红色不仅用于区分身份等级，也象征着富裕和特权[13]。例如，在官员的服饰上，通常只有五品及以上的官员才能穿红色。因此，在民间，正红色通常不会随意使用，而只在喜庆场合出现。在明清时期，呈给皇帝的奏折必须使用红色，皇帝审阅并批准的奏折由内阁用红色墨书

图 4.1-5　故宫

图 4.1-6　春节中的红色

图 4.1-7　西周金文"青"字

写，称为"红本"。红色成为皇帝批阅奏折的专用颜色，被称为"朱批"，代表着皇帝的至高权威。这种权威性一直延续至今。在古代宫殿的建造中也是如此，红色的宫墙、红色的宫门和红色的门窗给人带来强烈的视觉冲击，突显了皇家权力和威严（图 4.1-5）。

在日常生活中，红色是吉利和祥瑞的象征。在中国文化中，如春节为了营造喜庆祥和的氛围，所有的仪式和祈愿都离不开红色的装点。这一天，每个家庭都被红色所包围，春联和象征团圆的大红灯笼挂满了家门（图 4.1-6）。婚娶一直是一件吉祥的大事，红色被视为主要的颜色，如红盖头、大红花轿、红双喜、红喜床和红蜡烛等。中国少数民族中的彝族也喜爱红色。

4.1.2.2　青

"青"字最早见于西周金文（图 4.1-7），早期由"生"和"井"构成，意指井边草，象征着生命开端的颜色，代表了生命与希望。

"青"是古代青类色的代表词。色彩词中，"青"的意义最多，有蓝、绿、黑（图 4.1-8）三个意义，如"青苔""青草""青山""豆青""青天""青丝"等。

"青"类的词，还有"碧"（浅青）和"苍"（深青）。有趣的是"碧"和"苍"与"青"一样，也有"绿"和"蓝"的意义。如"碧草""碧柳""苍松"中的"碧"和"苍"，指绿色；"碧海""碧落""苍天"中的"碧"和"苍"指蓝色。

"碧""青""苍"一组词都有"绿"和"蓝"的意义，这种语义关系，正是"绿""蓝"取代"青"的基础。

"青"还有"黑"的意义，如"青丝"指黑发，"青衣"指黑色衣服。

青，虽然是正色之一，但原料易得，成本极低，因此底层百姓服饰多为青色，故青在历代地位较低，在春秋战国时期，士兵大多用青布裹头，称为"苍头"。由于这些士兵多数出身为奴隶或庶民，因此后来以"苍头"来称呼普通百姓。唐宋时期的青色官服也代表了青色的地位，如初唐规定："三品以上服紫，四品以下服绯，六品七品以绿，八品九品以青。"

道家实现了对青色的救赎，在他们看来，青色代表着"生旺之气"，隐藏着性命双修的含义，所以在道家的画卷中，老子骑青牛，道士穿青袍，祭祀居住在青宫碧落神仙的书信，要写在青藤纸上，唤作青词。

除了道家，还有一类具有强大话语权的群体——文人，对"青"这一色名情有独钟。有资料统计，在《全唐诗》中，与青色相关的色彩词，占到了所有颜色词的三分之一。

图 4.1-8　青色

4.1.2.3　蓝

"蓝"上面的"艹"表示与草木有关（图 4.1-9），表示"蓼蓝"的一种植物。荀子《劝学》："青取之于蓝而青于蓝。"所以"青、蓝"两色比较接近。唐以后常用"蓝"描述水色，例如："日出江花红胜火，春来江水绿如蓝。"（白居易《忆江南》）。"蓝"最开始用于描述蓝色出现在"上有蔚蓝天，垂光抱琼台。"（杜甫《冬到金华山观》）

陆放翁《老学庵笔记》："蔚蓝，乃隐语天名"以及韩驹："'水色天光共蔚蓝'，直谓天水之色具如蓝耳。"的描述，从而可以看出 "蔚蓝天"有两种解释，一种是"天名"隐语，另一种是写"天之青色"。《辞海》中"蔚蓝"、《词源》中的"蔚蓝天"的解释都是"深蓝的天空"。"蓝、蔚蓝"描写天色、水色之后，"青"在描述天色和水色方面就慢慢转让给"蓝"。

蓝色是元朝崇尚的色彩，元代的皇宫建筑都盖以蓝色的琉

图 4.1-9 篆体"蓝"字

璃屋顶。盛产于元代、明代的青花瓷，是代表精湛工艺烧瓷技术的颜色。蓝色在佛教中是代表明净圣洁的颜色。

在色彩与中国传统节日的关联研究中，清华大学艺术与科学研究中心色彩研究所使用搜索引擎、大数据、自然语言处理以及内隐联想等方法得出中秋节与蓝色的关联性最高。

4.1.2.4 绿

图 4.1-10 篆体"绿"字

"绿"左边的绞丝旁表示与丝有关，右边的"录"表示它的读音，"绿"音通"菉"（草名，即荩草，传统染黄绿色布帛的染材），《本草纲目》中有："此草绿色，可染黄，故曰黄、曰绿也"，《诗经》中有："终朝采绿，不盈一掬"，可见绿色，作为固有颜色名词，是指植物叶子的色泽。

《说文解字》中有"绿，帛青黄色也"（图 4.1-10），宋代理学宗师朱熹在《诗集传》中有："绿，苍胜黄之间色"，即是说绿色是黄与青（蓝）之间偏向青色的混合色，属间色。

绿色是象征大自然万物生长，草木欣欣向荣的生机与美好光景的色彩。绿色会令文人联想到青春与盎然的春色，如"人静鸟鸢自乐，小桥外、新绿溅溅"（周邦彦《满庭芳》），诗中的新绿是指春天的潺潺水色。"绿"还用来描述生命的美好，"红男绿女"中的绿女是形容青春貌美的女子；"绿纱窗"是指少女的闺房；"惨绿少年"是形容身穿华衣，意气风发的青年才俊；"碧血丹心"，意指满腔正义的热血与赤忱忠诚的心。

在传统的五色观和方位学说中，绿色最开始被纳入青色系列，位处东方，属木，是太阳始升于此，万物随之茂衍，时序为春的颜色。但在汉民族的色彩史上，绿色又曾属于贱色，是代表社会阶层中地位最低下的颜色。绿色代表社会地位低贱的颜色大约始于唐代，当时法典以绿色作为侮学与惩罚犯人的一种颜色标记：规定犯罪者要用碧头巾裹头以达到羞辱的目的。

绿色也是古时中下层官吏的官袍服色，标明芝麻小官的权位与官阶。在唐代六、七品小官的官服为绿色；明制则八、九品官为绿袍。

4.1.2.5　橙

现代色彩描述中的基础色名之一，中国传统色中虽然没有"橙"这个名字，但是并不能说明古人对橙色没有感觉能力。古代也有表达"橙"的"縓"和"緹"。但是在古代文学家描写的柑桔中，找不到作为形容词的"橙"。例如："青黄杂糅，文章烂兮。""江南有丹桔，经冬犹绿林。""凝霜渐渐水，庭橘似悬金。""白鱼如切玉、朱橘不论钱。"等。

古代写"甘（柑）"和"橙"的颜色，都用"黄"；"橘"则用"青""黄""丹""朱"四种色彩描述。青橘是未成熟的橘子，"黄""丹""朱"色描写成熟的橘子。

那么"橙"在中国什么时候具有颜色意义呢？最早记载"橙"是颜色词的词典是1936年出版的《国语辞典》，"橙"有两个释义，包含"颜色名，黄而微赤"的释义。由此可以确定，在中国"橙"作为颜色词是出现在现代。

图 4.1-11　小篆"黄"字

图 4.1-12　金文"黄"字

图 4.1-13　甲骨文"黄"字

4.1.2.6　黄

《说文解字》中有："黄，地之色也。"。现代解释为黄金、向日葵或者阳光一样的颜色。黄这个字的由来目前存在着诸多不同的解释和意见。

一种是黄的小篆字形是由"田"和"光"以及古代的一种字形"炗"构成，田表示土地，"炗"表示色泽，合在一起表示土地的颜色（图 4.1-11）。

第二种意见认为"黄"的金文字形（图 4.1-12）描述的是蝗虫，所以最初指的是一种昆虫，后来才用来表示颜色。

第三种意见认为"黄"的甲骨文形式描绘的是整张兽皮的形状，后来才用来表示颜色（图 4.1-13）。

第四种意见是说"黄"指的是中心、中央。如《礼记·郊特牲》有"黄者中也"，按照五行方位与颜色的对应关系，"黄"与中央"土"对应。

第五种意见是从《诗经》里"黄"是黄牛的代称，推断黄牛毛色是古人眼中最初的黄色。

综上描述，传统观念中的"黄"到底取自什么物体的色相，无法确认，但应该不是指现代色相环中的正黄色，可能是偏茶

图 4.1-14 篆体"紫"字

褐的土黄色。

受影视艺术的影响,现代人认为黄色最初可能是皇室专属颜色,但事实并非如此。受五行学说影响,中国古代朝代根据五行相生相克原理,呈现出周期性循环,直到隋唐时期,黄色逐步成为皇室专属颜色。唐高宗执政初期,部分官员和民众仍可穿着普通黄色衣物,但到了中期,禁止官民穿黄,从此,黄色成为皇室真正的专属颜色,象征帝王,代表至高无上的权威[14]。

在古代文人的笔下,"黄"还含有某种消极的情绪,如"秋风起兮白云飞,草木黄落兮雁南归""白菊生新紫,黄芜失旧青"。

在中华传统文化中,女子的妆容中的"额黄"(又称"花黄""约黄"等)是一抹明艳的风景线,有《木兰辞》中的"当窗理云鬓,对镜贴花黄",李商隐《蝶》中的"寿阳公主嫁时妆,八字宫眉捧额黄",不管是平民女子还是皇家千金都是这道风景线中的追逐者。

4.1.2.7 紫

紫和红字一样出现的年代都是稍晚的,推测出现于金文或篆文(图 4.1-14)的春秋战国时期。在《尔雅》中尚未出现紫字,西汉《急就篇》同时收录有红和紫字。紫字是由"茈"字借用来的,古文献中属于通用的,茈是和紫是同义,《山海经·西山经》中,就说明茈草就是染紫色的材料。

在《说文解字》中"紫"的解释为"帛青赤色"。《说文解字注》则进一步解释是"青当作黑",因此,紫色看起来是红色同蓝色、黑色混合后的颜色。

在中国传统色彩中,紫色有高贵优雅并且吉祥的含义,如古代还以紫色云气为祥瑞之气,如"紫气东来"。紫色一度被皇权所用,成为代表权贵的色彩,如"紫禁城"。

春秋战国时期,紫色便出现在了国君的服饰上。南北朝以后,紫袍更是成为贵官的公服。"柴袍新秘监,白首旧书生","紫衣狐裘"成为贵族的代名词。到了唐朝,人们更是崇尚紫色,甚至在服饰中规定亲王及三品官员以紫色为常服。但是紫色也有贬义的一面，根源是紫色并非"正色"。例如刘熙《释名》载："紫，疵也，非正色。五色之疵瑕，以惑人者也"；在《论语·阳货》中载："恶紫之夺朱也，恶郑声之乱雅乐也，恶利口之覆邦家者。"可见孔子把紫色与有悖正统的郑国乐音和损害邦国利益的胡言乱语完全并列在一起，表达对紫色的厌恶。

图 4.1-15　篆体"褐"字

图 4.1-16　金文字形"黑"

4.1.2.8　褐

"褐"字左边的衣字旁表明它与衣物有关（图 4.1-15），最初指的是粗麻织成的袜子或者粗布衣服，例如《豳风·七月》中"无衣无褐，何以卒步"。

褐原指动物褐兔的毛色，唐代李肇《唐国史补》卷下有云："宣州以兔毛为褐，亚于锦绮，复有染丝织者尤妙，故时人以为兔褐真不如假也。"即褐又是颜色名词，可指衣锦或其他物品的一种呈色。由于粗麻的天然色一般都是黄黑、深棕这一类，所以"褐"后来就有了表示这种颜色的意思，例如《大宋宣和遗事》"时方近夏，榆柳夹道，泽中有小萍，褐色不青翠。"

褐色为黄、红与黑三色的调和色，又称棕色，是中华色彩系列中广泛流传且历史悠久的色调之一，为古时下层社会与贫寒之民的衣着代表色。褐衣虽然卑微，但也有内秀、内敛之意，如"被褐怀玉""被褐怀金""被褐藏辉"等说法。

4.1.2.9　黑

"黑"金文字形（图 4.1-16）上面是"烟囱"的"囱"，表示烟火熏过的色泽。《说文解字》对"黑"的解释也是："火所熏之色也"。

黑色是中国历史上单色崇拜时间最长以及含义多元化的一种色彩[15]。

在远古的夏代崇尚黑色，夏人以黑色为贵，凡是上古社会的重大事件、神圣的场合，如丧事会在夜晚进行，征战用的战马、祭祀用的牺牲都是黑色的。

秦始皇在公元前221年统一六国后，依从"五德终始说"，选择黑色作为秦朝的代表色，并尊崇北方为水德，五正色观也

图 4.1-17　甲骨文字形 "白"

开启了历朝皇帝的选色崇拜，并与政治及社会的尊卑地位连上了关系。

在秦始皇时期，人民也被称为 "黔首"，这与头巾也有关系，因为 "黔首" 指的是黑色的头巾。在少数民族的服饰中，黎族喜欢用黑色作为服饰的主色调，傣族崇尚黑白。

老子认为 "五色令人目盲"，但黑色让人心静目正，"知其白、守其黑"，因此老子选择黑色这种带有玄妙和深度的颜色作为 "道" 的象征。

黑色也是中国古代的 "时尚" 色彩，黛色是古代流行的画眉美色。在唐代还有另类的涂唇化妆术，乌黑色脂膏抹唇的黑唇妆。古人曾有 "面如凝脂，眼如点漆，此神仙中人" 来形容美人。

在传统的戏曲舞台上，黑色的脸谱象征着正义清廉与大公无私。在古代的年画中，黑色也曾是财神爷的颜色。至今，中国人认为黑色的食物，如黑米、黑芝麻、黑豆、乌鸡等黑色的食物，是传统食补中的上品。

4.1.2.10　白

白的甲骨文字形，像一颗小小的火苗（图 4.1-17）。对于这一字形的解读，语言学家主要有两种意见：一种意见认为是烛光，白字行若烛火，中心是灯芯或烛心。另一种意见认为是日光，即为太阳发出光芒，所以 "日" 上加个尖即为 "白"。

不论烛光还是日光，"白" 最初为明亮之意。其后，"白" 由明亮之意引申为如霜雪一般、完全反射光线而形成的颜色——白色。

在中国古代的五方说中，白色代表着西方，而西方则被认为是刑天杀神，属白虎，主宰肃杀之秋季。因此传统观念认为白色代表着死亡和凶兆，成为中国丧葬仪式中的传统色彩。

"殷路车为善，而色尚白。" 殷商人将白色当作神圣的颜色，这是中国传统观念中的一个特例，也成了商朝的一个特点。

白色有不染纤尘、贤明清正之意。白族人民以 "心白" "白心白肝" 形容人心地善良；藏族人民崇尚白色，有 "我的心是白色的" 的说法，以强调自己的诚实可信；蒙古族人民也将善心称为 "白心"，在元代更是将白色推向了崇高的地位。

4.1.2.11 灰

"灰"字原指物质燃烧后残余的粉状物（图 4.1-18），一般情况下，炭火燃烧之后的残渣大致呈现出暗淡无光泽的色彩，介于黑白两色之间的中间色，色感给人低沉与混浊不清的感觉。因此，后来用"灰"表示这类中间色的意思。

从古人有关灰色的描述中，灰色多用来代表消极、负面、情绪低落的心理状态，如灰念（懊丧）、灰气（丧气）；"万念俱灰"和"心灰意冷"等都是在描述心情低落到极点，失去希望，难以振作的心境。灰色的杉袍是清代男士流行穿着的服色，是温文儒雅与廉洁的表征。灰色又是现代佛教僧侣的常用服色之一[16]。

图 4.1-18　小篆"灰"字

4.2　西方色彩文化

西方色彩理论起源于古希腊，希腊哲学家斐洛（Philo of Alexandria）在公元1世纪时就惊叹于鸟类羽毛的迷人光泽，也许就在那一刻，古人开启了对色彩的追问。从古至今，从艺术到科学，我们都希望了解它的起源。

最早提出对颜色思考的都是哲学家。其中，德谟克利特（Democritus）认为有四种基本的颜色（黑、红、白、绿），所有其他的颜色都是从这四种颜色中衍生出来的。恩培多克勒（Empedocles)认为万物都是由四种基本元素组成的：空气、水、火和土。他认为万物都是有颜色的，因为它们是由这四种元素组成的，这四种元素本身也是有颜色的，并且把白色与火联系在一起，把黑色与水联系在一起。万物的四种元素与四种颜色（红、黑、白、黄）联系在一起。希波克拉底（Hippocrates）描述了四种体液: 黑胆汁、血液、黄胆汁、痰，有时与四种颜色有关。柏拉图（Plato）保留了这四种基本颜色（白色、黑色、红色和"鲜艳"），对他来说颜色基本上是美的元素。很明显，古希腊认为数字"4"是重要的，比如"4 个季节"。然而，亚里士多德（Aristotle）指出，所有的颜色都来自两个极端——白色和黑色。他创造了一个由七种颜色组成的调性音阶（黑色、紫色、蓝色、绿色、黄色、红色和白色）。在古代的西方，数字"7"和数字"4"一样具有特殊的重要性，比如太阳系中有七个天体，一周有七天。伊斯兰传统上的颜色是基于七这个系统（每个颜色与太阳系的七个天体之一有关），但可以分解成"3"这个系统（白色、檀香和黑色，代表身体、心智和灵魂）和"4"这个系统（四个元素红、黄、绿、蓝）。亚里士多德认为光本身就是无色的，光只是可以看到颜色的媒介，实际上是对象拥有的那些颜色。阿维森纳（Avicenna）对黑暗盛行色彩的存在提出了质疑，因为如果没有光，生命力的"纯色"就不会出现。他的对手阿尔哈曾（Alhazen）则认为颜色确实存在于黑暗中，但伸手不可及。

在欧洲中世纪，罗杰·培根（Roger Bacon）再度研究了颜色的问题，他认为光和色只有在结合时才会出现。他强烈反对亚里斯多德提出的颜色名称及其翻译。培根提出了白色、红色、绿色和黑色这些术语，还有他称之为"glaucitas"的第五种颜色，或许是表示明亮的蓝色。

然而，一位布里克森主教尼古拉乌斯·库萨努斯（Nikolaus Cusanus）第一次提出重要的观点：光并不能像物体本身创造颜色那样显露出物体的颜色。根据库萨努斯的观察，世间万物在改变自身时会改变其颜色。因此他得出结论，色彩的目的是在视觉上展示"变成"的能力。因此，颜色，是可以表明生活中的一切事物。

我们将按照时间的线索，一起看看颜色被认知的故事。

公元前350年~公元1500年期间，关于颜色的最早已知理论之一就是古希腊的亚里士多德的《论色彩》（On Colors）。他根据颜色在自然界中存在方式的现象，认为所有颜色都存在于黑暗与光明之间的光线中。亚里士多德认为蓝色和黄色是真正的原色，因为它们与生活的极性有关：太阳和月亮，雄性和雌性，刺激和镇静，膨胀和收缩。此外，他将颜色与四个元素关联：火、水、土和空气。当时的这些观察是有道理的：植物在地面上是绿色的，其根部是白色的，因此颜色必须来自太阳。同样，干燥的植物将失去鲜艳的色彩，因此水也可以提供色彩。他观察了一天中光线变化的方式，并根据这项研究开发了一种线性颜色系统，其范围从午间的白光到午夜的黑光。这个理论是几个世纪以来颜色理论家如何使用颜色建立宇宙一般理论的典型代表。《论色彩》有一系列重要的发现，例如他通过观察云层变厚如何推动发现"黑暗根本不是一种颜色，而只是没有光"。

亚里士多德在他的论文《感性与感性之物》（*On Sense and Sensible Objects*）中明确指出，黑白两色之间是七种颜色（图 4.2-1）。

亚里士多德对颜色的理论一直影响后世并应用了两千年，直到艾萨克·牛顿（Isaac Newton）在17世纪的光学物理发现取代了之前的色彩理论。15世纪时，随着人本主义思想和马丁·路德（Martin Luther）的出现，教堂失去了对知识的控制，许多学科"走了自己的路"，导致艺术与科学的虚拟分离。色彩的进一步研究似乎已经放在"科学"阵营中。艺术家一直被认为具有天生的本能，直到19世纪艺术家主动拥抱颜色科学，同时又有生理学家、心理学家的贡献，才使得颜色的科学与应用能如此完美地与艺术结合。

1230年，罗伯特·格洛斯泰斯特（Robert Grosseteste），牛津大学的第一任负责人，为颜色的历史贡献了一本书，名为《颜色》（De Colore），赋予了颜色新的维度。格洛斯泰斯特翻译了亚里士多德的著作并提出了自己的观点，他开发了一种色彩系统，即当今我们所知的"光的形而上学诠释"的观点。他提出，作为"本原"，光为颜色提供了第一种物理形式，而空间可以通过颜色来感知。格洛斯泰斯特也是第一个区分现在被称为无彩色（即黑色、灰色和白色）和有彩色（所有其他颜色）的人（图 4.2-2）。

同时期，建筑师里昂·巴蒂斯塔·阿尔贝蒂（Leon Battista Alberti）在1435年推出黄色、绿色、蓝色、红色四种颜色构成的一个矩形和一个双金字塔颜色系统（图 4.2-3）。

1510年左右列奥纳多·达·芬奇（Leonardo da Vinci）发表了《六种颜色》（*Colori Semplici*），通过混合黄色和蓝色得到了绿色，是颜色混合的雏形。

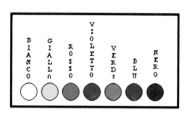

图 4.2-1 亚里士多德指出的七种色彩

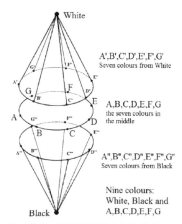

图 4.2-2 格洛斯泰斯特颜色系统

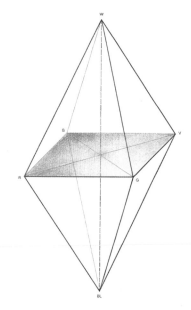

图 4.2-3 阿尔贝蒂颜色系统

色彩：艺术、科学与设计

可以说，17 世纪以前的色彩理念都是主观的，是哲学、神学、宗教的概念，是我们对颜色文化的理解，毕竟现代科学的诞生大约是在16 世纪才初现端倪。对于什么是科学方法的最简单、最优雅的描述是物理学家里查德（Richard Feynman）在一次演讲中说过的一段表述："总的来说，我们通过以下过程寻找一条新的（科学）定律：首先假设。然后通过计算来看我们假设的结果，最后将计算结果与自然实验或与观察结果直接比较，如果不一致，它就是错的"。这句话描述了科学这个概念的关键。即，一个假设的观点无关乎是谁提出的，只要和实验结果不符，那就是错的。

所以，重点在于"观察"。在色彩科学研究的历程中，在牛顿的著作问世之前，可以说都是缺乏真正意义的色彩理论的。正是牛顿，引领了一种更理性思考颜色的方式，一种基于观察而非意识形态的方式。

第五章

色彩科学的历史

在西方，人们对色彩的理解要追溯到希腊时期，那时有关色彩的辩论集中在哲学的层次上，而焦点集中在色彩是否以客观真实的世界为基准，还是以观察者的个人为依据的争论之中。哲学家兼数学家柏拉图在对话录中就色彩进行了更细致的探讨，并提出了颜色是怎样混合的，又是用什么来构成的[17]。希腊哲学家亚里士多德首先提出了色彩的学说，认为色彩是上天透过天光而产生的。他所撰写的《论色彩》（On Colors）被认为是关于色彩最早已知理论之一，在他的论文中阐述了介于黑白之间有七种不同的颜色[18]。亚里士多德的色彩理论一直持续了两千多年，直到后来被牛顿实验式的理论突破所代替。

中世纪时期，埃及科学家克劳迪亚斯·托勒密（Claudius Ptolemaeus）最早描绘了色彩混杂的现象，他提出了光线通过眼睛传播并形成一个圆锥。托勒密《光学》（Optics）一书中论述了光的性质，对颜色、反射、折射以及不同形状的反射镜的研究[19]。13世纪之初英国罗伯特·格罗斯泰斯特作为中世纪牛津科学思想传统的真正奠基人所撰写的《颜色》使人们对色彩的认知达到新的维度，他提出一种色彩系统，也被如今的人们认为是对"光"形而上学的解释，他认为光为色彩提供了第一种物理形式，并通过空间来感受到色彩[20]。另一位先驱迪特里希是一位神学家。他解释了彩虹的颜色并研究了水对光的折射，他发表的三篇文章对于彩虹的认知，"关于彩虹和辐射造成的印痕"（On the rainbow and impressions created by radiation）、"关于颜色"（On colors）、"关于光和它的起源"（*On light and its origin*）使得当时科学界对于光学的认识有了新的理解。在《彩虹的起源》（*De Coloribus*）一书中，迪特里希提出了光学领域独立的并得到实验支持的假说[21]。

16世纪的工业革命迅速发展，将新的理念注入科学中，而工业化的发明和创造则加速了人们对世界的认识。牛顿于1704年发表的《光学》（*Optics*）是一部重要的科学著作，它为人类认识色彩开辟了新的一页，这本书记录了牛顿让光线穿过三棱镜时所得到的效果。牛顿在色彩知识系统中有着举足轻重的地位，其科学试验至今仍然深刻地影响着人类对色彩和光线的认识：组成可见光的颜色由红、橙、黄、绿、蓝、靛蓝、紫组成[22]。冯·歌德是一位诗人和博物学者，他系统地运用颜色来表现特定的伦理价值。歌德起初对色彩产生兴趣源于对达·芬奇的绘画手稿，他的第一份关于颜色的文章《对色彩的贡献》（*Contributions to chromatics*）要追溯到1791年，在之后的三年中，他又相继发表了《关于色彩阴影》（*Concerning colored shadows*），以及《试图发现色彩理论的元素》（*Attempt at discovering the elements of color theory*），他的《色彩论》（*Farbenlehre*）一书于1810年正式出版。托马斯·杨（Thomas Young）在1802年出版《关于光和颜色的理论》（*On the theory of light and colours*）假设视觉是由三种"神经纤维"分别感知红绿蓝三种颜色，这是最早关于"三色视觉"基本性质的陈述之一，表明人类对光谱辨别的特征[23]。

1923年，加拿大雕塑家米歇尔·雅各布（Michelle Jacobs）撰写了《色彩的艺术》（*The Art of Color*）一书，在书中阐述了关于色彩和谐的个人观点，并强调了心理意义的颜色组合[24]。奥地利化学家、调色师马克斯·贝克（Max Becke）于1924年在维也纳发表了他的"自然色彩理论"阐明材料着色和颜色效应的规律[25]。1948年，作为柯达公司色彩技术部门主管拉尔夫·埃文斯出版的《色彩概论》（*An Introduction to Color*）讲述了包括如光源、照明、色彩测量等研究颜色的科学方法。

近现代研究色彩理论发展的史论著作多从以下几方面展开：古希腊的视觉和色彩观念；阿拉伯科学的贡献；17世纪牛顿的科学革命；三色假说的早期历史；三色理论和缺陷色觉；以及歌德、叔本华和赫林的理论等。对视网膜和大脑的结构和功能的新认识最终形成了现代色觉科学。从各个科学家的理论研究和科学突破中可以看出，自17世纪以来，300多年间色彩领域取得了重大发展与进步，对以往误解的推翻和颠覆可以感受到科学先驱为色彩科学发展做出的每一分努力。让我们以时间为线索，回溯色彩科学的历史。

1613年，比利时物理学家弗朗西斯·阿奎隆纽斯（Franciscus Aguilonius）曾利对亚里士多德的理论提出异议，提出了红色、黄色和蓝色三原色为最古老的系统。阿奎隆纽斯的弓形颜色系统（图5.0-1）第一次指明混合颜色所带来的可能性。在研究光学教科书（*Opticorum libri sex*）时，阿奎隆纽斯与荷兰画家保罗·鲁本斯（Paul Rubens）合作，研究了巴伐利亚的矿物学家艾尔伯图斯·麦格努斯（Albertus Magnus）在13世纪的论文，认为"白色中包含了所有的颜色，所以人们可以想象地球的样貌"。

同时，也就是在1611年，出生于芬兰的占星家、物理学家阿伦·西格佛里德·福修斯（Aron Sigfrid Forsius）提出颜色可以是有秩序排列的。他开发了一种系统，该系统以红色、黄色、绿色、蓝色和灰色这五种主要的中值颜色开始，并将这些颜色分级为接近白色或黑色，也就是明度的变化（图5.0-2）。

可以说，福修斯创造了第一个绘制的颜色系统，由此为现代色彩系统奠定了基础。这本记录了色球的手稿直到20世纪才在斯德哥尔摩的皇家图书馆中发现，最终在1969年的国际色彩会议上呈现在世人面前。

福修斯是第一个手绘颜色系统的人，第一个印刷的彩色色相环的是英格兰的罗伯特·佛罗德（Robert Fluddy），他于1630年将其印刷在医学期刊上。其色相环以蓝色、绿色、红色和两种黄色这五种颜色组成（图5.0-3），并给出了它们相对于黑白的位置。

1646年，教授数学和希伯来语的德国人亚撒纳修斯·

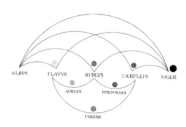

图 5.0-1　阿奎隆纽斯颜色系统

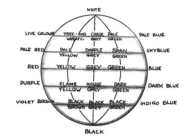

图 5.0-2　福修斯色球

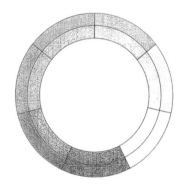

图 5.0-3　佛罗德色相环

色彩：艺术、科学与设计

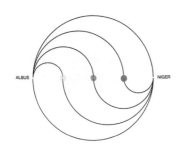

图 5.0-4　基歇色谱

图 5.0-5　牛顿色相环

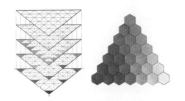

图 5.0-6　梅耶的颜色三角形

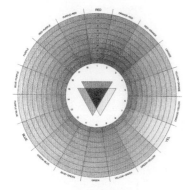

图 5.0-7　哈里斯色相环

基歇（Athanasius Kircher）通过对自然界颜色的研究，将色彩视为"光与影的真正产物"，并补充说色彩是"阴影光"，而"世界上的任何事物都只能通过阴影光才能被看见"。基歇发表了包括红色、黄色、蓝色、黑色和白色的色谱（图 5.0-4）。

深为我们所知的，也是在颜色物理学道路上的里程碑式人物，当属牛顿。他于1672 年提出了"光与色的新理论"。通过光学实验，证明白光的原始成分包含了不同的颜色。牛顿根据乐谱为光谱选择了七种颜色，并根据强度为其分配了面积（图 5.0-5）。

1758 年，德国数学家和天文学家托比亚斯·梅耶（Tobias Mayer）以其精确的测量能力而闻名于天文学领域，他选择红色、黄色和蓝色作为他的基本颜色，还考虑到了黑色、白色的加入会使颜色变暗和变亮。梅耶的色谱反映了91 个色彩三角与明暗的关系，颜色达到910 种（图5.0-6）。

1766 年，即牛顿通过棱镜分离白光的一百年后，一本书名为"自然体系"的书在英格兰出版，其中，英国昆虫学家和雕刻师摩西·哈里斯（Moses Harris）通过研究牛顿的理论，尝试"从材料上或画家的角度"解释颜色原理。哈里斯的研究建立在法国人雅克·克里斯托夫·勒勃朗（Jacob Christoph Le Blon）的发现之上。勒勃朗以彩色印刷的发明而著称。1731 年，在他的工作过程中，他观察到今天我们都熟悉的一个常识：即红色、黄色和蓝色的涂料足以产生所有其他颜色。

哈里斯在1766 年发表了第一个印刷的色相环（图 5.0-7），从红色到紫色一共定义了18 种颜色，加上在混合颜色过程中发现的另外15 种颜色，按照20 个不同的饱和度级别，总共有660 种颜色。哈里斯最重要的观察结果是，黑色是通过红色、黄色和蓝色三种基本颜色的叠加而形成。我们将在后面跟大家详细说明颜色的混合，也就是说，哈里斯提出的观点并不是基于牛顿的光谱混合原理。

德国天文学家海因里希·兰伯特（Johann. Heinrich Lambert）在梅耶色谱的影响下，于1772 年提出了第一个三维色彩系统（图5.0-8）。兰伯特认识到，要扩展梅耶的三角形颜色体系，唯一缺少的就是深度。同样以红色、黄色和蓝色作为基础，兰伯特的金字塔颜色系统总共可以容纳108种颜色。

同年，奥地利自然学家伊格纳兹·席弗米勒（Ignaz Schiffermüller）基于长期以来对动物、植物和矿物质的观察，在维也纳发表了12色的色相环（图5.0-9），他给它们起了一些充满想象的名字：蓝色、海绿色、绿色、橄榄绿色、黄色、橙黄色、火红色、红色、深红色、紫红色、紫蓝色和火蓝色。席弗米勒是最早将互补色彼此相对排列的人之一，蓝色与橙色相对，黄色对应紫色，红色对海绿色。色相环内的太阳强调颜色是由自然的太阳光而来。

1809年，英国人詹姆斯·索尔比（James Sowerby）出版的《颜色的新阐释》（*Shaping Colour*）一书中，以黄、红、蓝三种颜色推出色谱（图 5.0-10），这一理论中的黄色，后来在现代色彩系统中被绿色取代。索尔比的研究基于牛顿的颜色理论，他的颜色系统也受到英国医生和物理学家托马斯·杨在1802年提出的理论影响，杨的理论假设是眼睛中存在三种类型的感光器分别感知红、绿、蓝色。于是光的三原色、物体的三原色、加法混色和减法混色等的研究，从此起步并逐渐得到更多人的证实。

同样受到托马斯·杨理论的影响，1826年，英国建筑师和画家查尔斯·海特（Charles Havter）提出所有颜色可以用红、蓝、黄这三种基本颜色混合得到（图 5.0-11）。

牛顿诞生100年后，约翰·沃尔夫冈·歌德（Johann Wolfgang Goethe）"从艺术的角度"拓展颜色知识。歌德的第一部颜色著作《光学贡献》创作于1791年。1810年出版《颜色理论》。1793年，歌德绘制了色相环（图5.0-12），同时，他用黄色、蓝色和红色画出了若干三角组合，以期望表达出颜色组合的和谐关系。他提出，黄色代表"效果，光，亮度，力，温暖，亲密，排斥"；蓝色带有"剥夺，阴影，黑暗，虚弱，寒冷，距离，吸引力"。歌德主要将颜色理解为"意识范围内的感官品质"，他认为黄色具有"华丽而高贵"的效果，给人

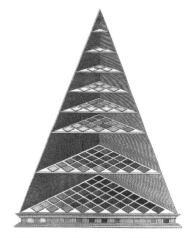

图 5.0-8　兰伯特三维色彩系统

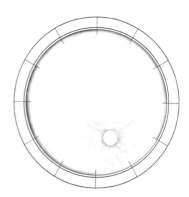

图 5.0-9　席弗米勒色相环

图 5.0-10　索尔比色谱

图 5.0-11　海特色谱

色彩：艺术、科学与设计

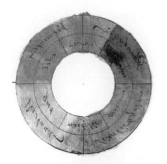

图 5.0-12　歌德色相环

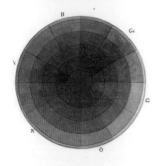

图 5.0-13　朗格色彩模型

"温暖而舒适"的印象，蓝色的"给人一种寒冷的感觉"。可以说，歌德的研究标志着现代色彩心理学的开始。歌德最激进的观点之一是对牛顿关于色谱的观点的驳斥，他认为黑色也是具体的，而不是被动地缺乏光。也许是诗人直觉和一种天生的对审美共同性的联想，才使得歌德专注于探索不同颜色对情绪和情感的心理影响。

同一年，德国画家菲利普·奥托·朗格（Philipp Otto Runge）开发了一个球形的三维色彩模型（图 5.0-13）。朗格关注的是"颜色相互之间的混合的比例以及颜色之间的和谐性。朗格的色彩系统曾经在百科全书中被描述为"科学，数学知识，神秘，魔术组合和符号解释的融合"。他想给所有可能的颜色带来一种秩序感，这种秩序是通过语言以外的其他方式来定义的，因此，朗格当时尝试根据色相和饱和度来排列颜色是一种革命性的方法。

在色彩研究的历程中，有一个人对法国艺术家的影响是他人没有超越过的，那就是法国人米歇尔·欧根·雪佛勒（Michel Eugène Chevreul），他发现很多颜色受相邻色的影响而改变。达·芬奇可能是第一个注意到相邻颜色会相互影响的人。这就是我们现在了解的"同时色对比"，关于这点，我们也会在书后详细展开。1839 年，雪弗勒发表了文章《颜色的和谐规律和颜色对比》，并建立了自己的色彩系统（图5.0-14），该系统的目的就是建立"同时色对比"定律。雪佛勒确信可以通过数字之间的关系来定义许多不同的色相以及颜色的和谐规则，他希望他的色系能够成为所有使用颜料的艺术家创造美妙色彩乐章的乐器。雪佛勒的色彩系统影响了印象派、新印象派和立体派等艺术运动，深深影响了当时的法国画家罗伯特·德劳内（Robert Delaunay）、欧仁·德拉克洛瓦（Eugène Delacroix）和乔治·修拉（Georges Seurat）在色彩和绘画手法上的观点和创新。这是我们第一次知晓了大脑在形成颜色方面的积极作用，让世人了解到，颜色也是在大脑内部世界中创造的。从此，颜色的和谐规律探究来到了颜色的历史故事中。

除了颜色的和谐性，英国化学家乔治·费尔德（George

Field）在1846年出版的有关颜色和谐的著作《色彩》中提出，颜色能够给心理带来不同的感觉以及从生理角度带来变化，红色代表"热"，蓝色代表"冷"，红色"前进"而蓝色"后退"。同样，他发表了自己的颜色系统（图5.0-15）。

1859年是科学史上最伟大的年份之一：英国人查尔斯·达尔文（Charles Darwin）阐述了他对物种起源的看法，从而为进化论开辟了道路。同一年，苏格兰物理学家詹姆斯·克莱克·麦克斯韦（James Clerck Maxwell）提出了"色觉理论"，在他的颜色测量实验中，麦克斯韦让测试对象判断样品的颜色与三种基本颜色的混合进行比较，也就是今天的"颜色匹配"实验，自麦克斯韦时代起就称为"三刺激值"。

这就是是定量色彩测量——色度学的起源。他证明了所有颜色都是由三种光谱颜色红色、绿色和蓝色的混合产生的，并且假设是光刺激可以加减。麦克斯韦的颜色系统是一个基于心理物理测量的系统（图5.0-16），也是当今的国际照明委员会（CIE，International Commission on illumination）系统的鼻祖。值得一提的是，在1861年的色彩理论演讲中，麦克斯韦用展示用红色、绿色和蓝色滤镜分别拍照并叠加，诞生了世界上第一张彩色照片。

德国的赫尔曼·冯·亥姆霍兹（Hermann von Helmholtz）是当时自然科学大师。他于1860年出版了《心理光学手册》，其英文译本出现在60年后，享誉世界。书中，亥姆霍兹介绍了三个我们今天熟知的用于表征颜色的三属性：色相、饱和度和明度。他是第一个明确证明光的混合与色料混合导致的颜色是不一样的人。为了更好地表达光谱上的颜色混合的结果，亥姆霍兹第一次发表了光谱曲线（图5.0-17）。随着当时神经病学等学科的发展，人类对颜色的感知能力逐渐成为重要研究领域。

威廉·冯·贝索德（Wilhelm von Bezold）是慕尼黑的气象学教授，他在1874年发表了专著《艺术中的色彩理论》，创建了基于感知的圆锥形的色彩系统（图5.0-18）。尽管他关注科学和科学量化，但贝索德更希望他的颜色系统能帮助画家和调色师在艺术与设计的领域有所作用。

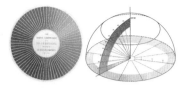

图 5.0-14 雪佛勒的色彩模型

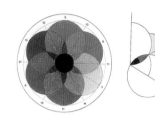

图 5.0-15 费尔德颜色系统

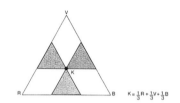

图 5.0-16 麦克斯韦颜色三角形

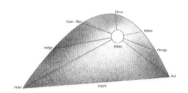

图 5.0-17 亥姆霍兹光谱曲线

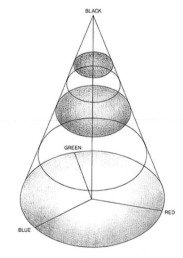

图 5.0-18 贝索德色彩系统

色彩：艺术、科学与设计

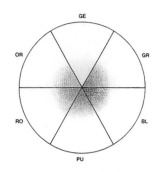

图 5.0-19　温特色彩系统

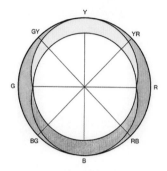

图 5.0-20　赫灵的色彩系统

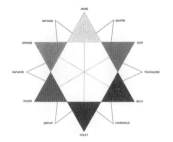

图 5.0-21　布兰克颜色系统

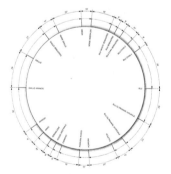

图 5.0-22　罗德色相环

心理学在19世纪末期作为一门新兴科学出现。它的早期先驱之一，德国的心理学家威廉·温特（Wilhelm Wundt）建立了心理学的实验分支，使其成为实证科学，并在研究生涯中为生理心理学奠定了基础。1874年和1893年之间，温特推出了两种不同的色彩系统（图5.0-19）。

到19世纪中叶，基于麦克斯韦和亥姆霍兹的实验，已经揭示了通过三种感应红色、绿色、蓝色的感光体来解释颜色，但依然无法解释为什么人眼可以看到那么多颜色。1878年，生理学家埃瓦尔德·赫灵（Ewald Hering）发表了《对光的敏感性理论》，提出了黑色白色、红色绿色、黄色蓝色"六种基本感觉的合体"，它们相互对立，这个研究结论一直沿用至今。同时，赫灵发表了称其为"自然的色彩感觉系统"的颜色顺序，构成了今天的自然颜色系统（Natural Colour System，NCS）。彩色圆圈的顺序表示四种"基本"颜色的位置，以及任意两种基本颜色可以混合的比例（图5.0-20）。

1880年左右，艺术与科学界之间开始了新的对话，印象派的鼎盛时期即将结束。在接下来的几年中，新印象派画家们为了在艺术理论上有所建树，积极参与颜色科学的探索。而当时亥姆霍兹、贝索德等这些物理学家的成果令当时艺术家探索颜色变得更为方便。1879年，法国艺术评论家查尔斯·布兰克（Charles Blanc）根据雪佛勒的"同时色对比"定律，结合画家欧仁·德拉克洛瓦的想法，推出了一个呈现出六个相对三角形的圆（图5.0-21），包括了加法混色与减法混色的两种三原色。

研究物理学的美国尼古拉斯·奥德根·罗德（Nicholas Odgen Rood）的著作《现代色彩学》（*Modern Chromatics*）于1879年问世，其副标题为"艺术与工业应用"。罗德认为："以简单而全面的方式介绍事实，这是艺术家运用色彩的基础"。在书中，罗德创建了一个科学性的色相环（图5.0-22），在麦克斯韦理论的基础上，通过旋转色环的实验，以数学图表式的精确刻度，表现了一个颜色在其互补色对面的位置。

1890年，法国植物学家和自然主义者查尔斯·拉科特

（Charles Lacoutre）出版了《色彩学》，并创建了一个以红色、蓝色、黄色为三基色，以花瓣状展开的颜色系统来体现颜色的混合，他称之为"三叶花"（图 5.0-23）。

1897 年，奥地利教育家兼哲学家阿洛伊斯·霍夫勒(Alois Höfler) 的教科书《心理学》问世，书中他创建了两个颜色系统，分别是三角形和矩形的金字塔形状。这也是被后来很多心理学教科书引用的颜色系统（图 5.0-24）。

20 世纪伊始，德国认知心理学家赫尔曼·艾宾豪斯（Hermann Ebbinghaus）创建了双金字塔形状的颜色系统。艾宾豪斯于1893 年在《时代心理学》杂志上发表的《色彩视觉理论》指出，色彩感知只能借助"更高的心理过程"来实现。长期以来，艾宾豪斯双金字塔（图 5.0-25）代表着色彩现象学的最后据点，随后，色彩研究的进程中终于确定了颜色不再是物理世界里的简单解释，而是拥有复杂的心理因素的解读。

美国鸟类学家和植物学家罗伯特·里奇韦（Robert Ridgway）在穿越自然世界的探索旅程中，观察到了多种颜色。随着时间的流逝，他意识到只有通过某种形式的标准化，才能科学地、准确地描述颜色。因此，他在1912 年发表了名为"色彩标准和命名"的颜色系统。里奇韦的颜色系统利用了加法混色原理，通过将白色或黑色与整个彩色圆圈中的159 种颜色进行渐进式混合，创建了1113 种颜色，加上两端的黑白，共计1115 种标准颜色的系统（图 5.0-26），这也是现在著名的潘通（Pantone）色卡的前身。

20 世纪颜色的历史故事到这里已经逐渐被我们熟悉，美国画家阿尔伯特·亨利·孟塞尔（Albert H. Munsell）在1915 年初创造了具有历史意义的最重要的彩色体系之一"孟塞尔色立体"。他将色彩空间划分为三个新的维度：色相、明度、饱和度，并以等距离的步长渐变。孟塞尔用数学语言而不是颜色名称来表示颜色在色彩空间中的位置。孟塞尔的色彩体系以前所未有的方式将艺术与科学联系在一起。1942 年，美国标准组织（American Standards Organisation, ASO）推荐将其作为颜色标准，孟塞尔颜色标准，至今依然是众多颜色应用体系的基础。

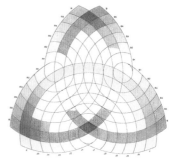

图 5.0-23　拉科特"三叶花"

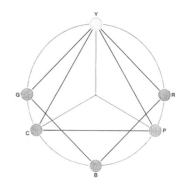

图 5.0-24　霍夫勒颜色系统

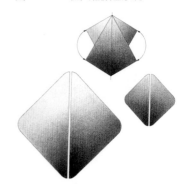

图 5.0-25　艾宾豪斯颜色系统

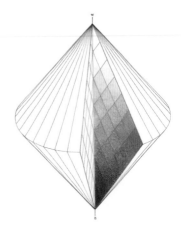

图 5.0-26　里奇韦颜色系统

图 5.0-27　伊顿色星

后来，还有诺贝尔化学奖得主德国的威廉·奥斯特瓦尔德（Wilhelm Ostwald）在1916年出版了《色彩》，展开对色彩和谐的研究；加拿大画家米歇尔·雅各布斯（Michel Jacobs）于1923年撰写了《彩色艺术》；奥地利染色师马克斯·贝克（Max Becke）在1924年出版了《色彩自然理论》；美国色彩理论家亚瑟·波普（Arthur Popel）在1929年创建了实用性色立体；同年，美国心理学家埃德温·鲍林（Edwin G. Boring）提出现象学色彩体系。

人们越来越需要一种确定颜色的客观方法来定义颜色。在颜色感知的研究中，CIE1931XYZ色彩空间（CIE1931色彩空间）是其中一个最先采用数学方式来定义的色彩空间，由国际照明委员会于1931年创立。

关于颜色的历史故事看到这里，我们终于了解了自古以来，颜色就是在主观与客观，艺术与科学，美与秩序的碰撞下活跃着。在近代，不得不提及的是包豪斯学校对色彩教育的贡献。

20世纪初期的许多欧洲艺术运动都对艺术的主观体验产生了浓厚的兴趣，德国的包豪斯学校教职工包括约翰内斯·伊顿（Johannes Itten），约瑟夫·阿尔伯斯（Josef Albers），瓦西里·康定斯基（Vassily Kandinsky），蒙德里安（Mondrian）和保罗·克利（Paul Klee）等名人，引领色彩技术与艺术完美融合。伊顿撰写的《色彩的艺术》和阿尔伯斯撰写的《色彩构成》，至今影响着设计师和艺术家们。

包豪斯学校对色彩的研究和课程是由各种先前发展的艺术、心理学和科学色彩理论构成，并通过实践练习进行了测试和创新。伊顿创建了一个彩色的星星（图 5.0-27），对画家朗格的色球重新诠释，构成了"预备课程"中色彩教学的基础。当然，色星只是包豪斯大师们和学生通过教学交流开发的标准色轮的众多变体之一。

康定斯基来包豪斯之前已经是色彩理论方面的著名专家。他撰写的《艺术中的精神》一书建立了特定颜色和形式之间独特的情感和精神联系。

与康定斯基认为形式和色彩之间有必不可少的联系不同，阿尔伯斯坚持认为，"色彩作为艺术中最相关的媒介，具有无数的面孔或外观。研究他们彼此之间的相互作用，相互依存关系，将丰富我们的‘视线’，我们的世界以及我们自己。"

就像歌德一样，伊顿认为重要的是色彩的主观体验。他的主要贡献就是十二色的色相环，至今还是设计师和艺术家常使用的工具。阿尔伯斯则更关注色彩的高度动态性，以及与人类如何感知色彩的关系。

艺术篇

Art

色彩在艺术中扮演着至关重要的角色，是艺术作品中独特而有力的表现手段之一。无论是绘画、雕塑、摄影还是设计等艺术形式，色彩都具有丰富的表现力和情感传递的力量。

以淡雅的墨色为基调，通过墨、白、淡彩的混搭，追求一种虚实相生、含蓄而富有韵味的中国山水画；通过精细的色彩渲染和光影处理，展现写实、逼真绘画效果的文艺复兴油画；追求捕捉瞬间的光影和色彩变化，创造出光与色彩交织的活力和表现力的印象派……色彩够吸引观者的视线、激发观者的情感，更表达着创作者的思想与意趣、传递文化意义。

古往今来的艺术家，通过巧妙运用色彩，创造出独特而引人入胜的艺术典范。艺术的力量与美，穿越时空，于此交汇。

第六章

中国艺术色彩

中国艺术色彩丰富多彩，经过悠久历史的沉淀和独特文化的熏陶，绘画色彩研究成为一个广泛而重要的领域。中国历史中最早出现的壁画艺术目前被认为是永城芒砀山西汉墓壁画。20 世纪以来，我国考古学家、画家等专业人士根据多年敦煌莫高窟壁画的调查 [26]，从色彩运用的角度将敦煌壁画的发展分为四个阶段：色彩萌芽期北魏经隋时期；发展期初、中唐时期；鼎盛期晚唐时期；五代以后衰退时期 [27]。针对中国绘画色彩研究通常以三方面展开：绘画中的颜料呈色研究、色彩发展在中国绘画中的技法运用，以及中国传统色在审美意识层面的特殊概念 [28]。在古代颜料通常与药材同源，而有关中国画颜料历史、原料制作技艺是一个漫长且繁杂的过程，中国画色彩研究方面亦呈现学科融合的势态。

6.1　多元艺术下的色彩中国

多元艺术下的色彩中国，最早可以追溯到史前时期，考古学家多次在古人的墓葬中发现赭红色粉末，这可能是最早使用的色彩。我国旧石器时代晚期，北京山顶洞人遗址中曾发现用赤铁矿粉末涂成红色的石制品。人类进入新石器时代的重要标志之一就是彩陶的出现，从仰韶文化、大墩子文化、龙山文化等的彩陶中发现了红色、黑色、白色的应用。新石器时代的漆器，是最早发现并使用的天然漆器物，如浙江河姆渡遗址发现

图 6.1-1　朱漆碗

图 6.1-2　东周 金银错铜翼虎

图 6.1-3　战国 龙凤虎纹绣（左图），
彩绘描漆小瑟残片（右图）

图 6.1-4　秦始皇陵兵马俑（左图），
马王堆一号汉墓帛画（右图）

图 6.1-5　东汉 越窑青瓷长颈瓶（左
图），东汉 褐釉五联瓶（右图）

的新石器时代的朱漆碗（图 6.1-1），内外是用生漆调和矿物颜料朱砂涂布而成的朱红色。

先秦时期的青铜器的工艺技术利用材料本身色彩的打造出独特的视觉效果，如金银错（图 6.1-2），呈现出金银交错、富丽华美的色彩效果。

随着石染、植物染技术的进步与发展，色彩也开始丰富起来，如战国龙凤虎纹绣（图 6.1-3），配色选用了红、黄、绿等色，色彩饱和度较高。战国时期，漆器的色彩也不再局限于红、黑两色，出现了红、黄、褐、绿、蓝、白、金色，色彩丰富且分明[29]，如河南信阳长台关楚墓出土的彩绘描漆小瑟残片（图 6.1-3）。

色彩发展到秦汉时期色相和色调更加丰富，如具有奇丽色彩的秦始皇陵兵马俑（图 6.1-4），虽然现在兵马俑的色彩大部分已经脱落或褪色，但仍然可以看到丰富的色彩，红、绿、黑、蓝、紫、白、黄等。尤其是汉代丝织、印染的水平较高，可以生产出丰富色相和色调的染色织物，如马王堆一号汉墓和民丰汉墓出土的各种织物，如不同色调的蓝色、黄色、绿色、紫色、红色等有十种之多。汉代的帛画色彩（图 6.1-4），成为这个时期用色的艺术代表之一，不同亮、暗的朱红色、金色以及白色、青灰色等色彩的运用，使整体色彩表现更加生动和谐。东汉时期出现了科学意义上的真正瓷器，如东汉越窑青瓷长颈瓶和越窑酱釉五联瓶（图 6.1-5）。

魏晋南北朝时期是中国壁画发展的一个特殊阶段，也是中国壁画发展的一个重要转折点。敦煌壁画是世属罕见的绘画艺术宝库，北魏、西魏时期的壁画，如《鹿王本生图》（图6.1-6）色彩以红色为主，还有黄色、绿色、白色等色的应用。魏晋南北朝时期绘画题材扩大，山水画作为一个独立的画种开始登上画坛。其中以顾恺之为代表画家们，为山水画的形成作出了重要的贡献。谢赫的《古画品录》提出关于设色的"随类赋彩"；宗炳的《画山水序》提出"以形写形，以色貌色"；刘勰《文心雕龙》中提出"物色之物，心也摇也"。顾恺之的《洛神赋图》（图 6.1-7）按照客观对象颜色的固有认知，用矿物质颜料进行填充，让形象更加自然、丰富和完整，为

图 6.1-6　北魏 敦煌莫高窟第 257 窟《鹿王 本生图》　　　图 6.1-7　晋 顾恺之《洛神赋图》（宋摹）

图 6.1-8　青釉莲花尊（左图）酱釉四系罐（右图）　　　图 6.1-9　（隋）展子虔《游春图》

后来青绿山水画的发展奠立了用笔用色的技法基础。这个时期画作主要是矿物质原料，石青、石绿、赭石类等颜料，重彩赋色多用原色。北朝时期的青釉莲花尊和东魏时期的酱釉四系罐（图 6.1-8），表现了这一时期瓷器色彩，其中青釉呈现出素雅的淡黄绿色，酱釉色泽柔和、典雅。

隋唐时期，由于佛教艺术的大规模发展，设色技法以及工艺品色彩趋于繁复而多变，这一时期山水画的发展过程按照时期分为二个阶段，第一阶段为隋及初唐，这一阶段青绿山水画的艺术形式由初创逐渐走向成熟，以展子虔《游春图》为代表（图 6.1-9），以线勾描事物，青绿勾填法描写山川，真切的描绘了自然景色。在绘画史上，展子虔的青绿山水，在顾恺之的基础上更有发展，画面更有真实感，开启了真正的山、水、人的认知理念，意境也更为生动。在用色上使山水画步入了"青绿重彩"的新时期。第二阶段为唐中后期，青绿山水在色彩的运用上突破传统、色彩大胆夸张、华丽、热烈、鲜明且厚重、对比强烈呈现出色彩缤纷的视觉效果，给人以强烈的视觉冲击。唐朝后期的用色更是一反自然，追

图 6.1-10 （唐）李思训《江帆楼阁图》（左），（唐）李昭道《明皇幸蜀图》（右）

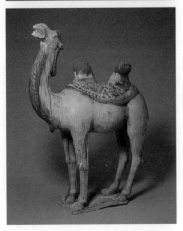

图 6.1-11 越窑秘色瓷八棱净瓶
（上），唐三彩骆驼（下）

求鲜明、夸张和缤纷绚烂的具有视觉冲击力的色彩，给我国本土的五色注入了新鲜的异域色彩，鲜艳的青绿用色风格迎合了皇家贵族的欣赏口味，从而使得这种风格的绘画在当时占主流位置。代表作有李思训的《江帆楼阁图》和李昭道的《明皇幸蜀图》（图6.1-10）。同时期，还出现了淡彩画和水墨画，王维运用水墨表现山川、烟云，成了淡彩，水墨文人画的始祖。

这一时期敦煌莫高窟的颜料增加至11种（朱砂、赭石、胭脂、铅丹、栀黄、石青、靛青、石绿等），如敦煌莫高窟第220窟《帝王图》配色更加鲜艳、生动，石青、石绿的色调从浅到深变得更加丰富。唐代瓷器的质量有了进一步提高，有"南青北白"的说法，即南方越窑生产的青釉瓷，北方邢窑生产的白釉瓷为代表，色彩莹润淡雅。青釉瓷中有一种尊贵的秘色瓷（图 6.1-11），是越窑青瓷中的精品，色彩为淡绿色、淡湖绿色，色彩清亮优雅。具有丰富色彩的唐三彩（图 6.1-11）也是这一时期的艺术佳品，釉面中有多种深浅不一的色相，有黄、褐、绿、蓝、白、黑，色彩华贵、斑驳淋漓、鲜艳瑰丽与唐代青绿重彩的画风相得益彰。

文化艺术的进步成为宋时期文明的最大标志，色彩丰富且细腻的瓷器、花鸟画、人物画都是这个时期文化艺术的代表，也是将古代色彩审美推向高峰的文化体现。宋代的山水画表现自然但又超乎自然，在营造境界方面达到了一个高峰。其所形成的山水画的符号系统和审美规范对中国绘画艺术具有重要的意义。到了宋代水墨画愈来愈受到文人的喜爱，出现了以水墨或浅设色为主的李成、范宽等（图 6.1-12），虽然水墨画登上舞台，但是水墨画并没有完全代替色彩绘画。有画大青绿山水的李唐，王希孟等，王希孟的《千里江山图》将石青、石绿运用出宝石般的亮丽。

宋代是瓷器发展的鼎盛时期，有五大名窑，即官、汝、钧、哥、定窑。汝窑的单色瓷，色彩纯粹、柔和、神秘，有着高贵雍容的气质（图 6.1-13）。钧窑以天青、天蓝、月白色为主，还有以斑斓釉色替代花纹装饰的紫红色窑变，韵味无穷，如钧窑月白釉紫斑莲花式碗，色彩典雅，紫斑灰色，不同深浅的灰色开始受到大众的青睐，色彩意识、审美意识开始转变。哥窑以釉面龟裂、胎质暗灰著名。如图所示，施青灰色釉，釉面开细碎片纹，圈足露胎处呈黑褐色。定窑主要以白釉瓷器为主，纯净优雅（图 6.1-13）。

五代顾闳中的《韩熙载夜宴图》（图 6.1-14）是主题性人物画的代表作，色彩鲜艳夺目，以黑红为主色，黄、青、绿为辅助色，色彩饱和度较高，淡色配色，过渡自然，作者用墨调和朱砂、石绿、石青，色墨相映，对比中有统一，整体视觉明丽古雅。

五彩缤纷的花鸟画在宋代得到了空前的发展，色彩亮丽、艳而不俗，如《芙蓉锦鸡图》（图 6.1-15）中包含了红、黄、

图 6.1-12　（宋）范宽《溪山行旅图》

图 6.1-13　宋代瓷器色彩

图 6.1-14　（五代）顾闳中《韩熙载夜宴图》（宋摹本）

图 6.1-16 （元）赵孟頫 《鹊华秋色图》

图 6.1-15 宋徽宗 赵佶《芙蓉锦鸡图》

图 6.1-17 青花竹石缠枝莲双凤纹带盖执壶（上图），掐丝珐琅缠枝莲纹象耳炉（下图）

白、黑、青五色。

无论是山水、花鸟、人物设色，到了元朝，色彩都表现出清丽淡雅的画风。墨色作为特殊的手段，表现出朴素而单纯的肌理和效果，体现出水墨和淡彩的审美趣味。有"元四家"之称的黄公望、吴镇、倪瓒、王蒙，以水墨或浅绛山水为特色，各自创立自己的风貌。浅绛山水舍弃了覆盖力强的矿物色重彩，更多使用半透明的植物性颜色，设色方式上以淡雅替代了浓艳。浅绛山水在水墨山水的骨体上淡施赭石或花青，表现出质朴、简约，体现出中国文人画"水墨为上、色彩辅助"的色彩审美观。元代的山水画，还出现了不同于之前朝代的特点：一是画上题诗、题文；二是以高逸为尚，画多表达崇尚隐、追求清高的心境。此时的中国山水画的色彩，更注重表达内敛的人生观，开辟了高雅的心灵境界，如赵孟頫的《鹊华秋色图》（图 6.1-16）。明代文征明曰："余闻上古绘画，全尚设色，墨法次之，故多青绿；中古始变浅绛，水墨杂出。"道出了中国山水画色彩的历史演变历程。从魏晋南北朝到元代，山水画从色彩向水墨行进，深邃空灵的水墨色彩正是中国文人追求的淡泊、清幽的表达。

青花与珐琅的色彩是元代，也是中国艺术色彩的瑰宝。青花瓷器中青色浓淡变化，疏密有致，层次丰富，质朴典雅，蓝中有紫，自然雅致（图 6.1-17）。珐琅色彩饱和度较高、对比强烈且色调丰富、艳丽华贵（图 6.1-17）。

山水画经过了元代的繁荣，到了明代早期还是沿袭了之前的特点。直至明代中期江南地区出现了资本主义萌芽，欧洲传教士和商人不断来华，与日本频繁往来，这些都为明代美术的发展注入了一定的活力，并且新的文化意识影响到了文人书画及市民文化层面。形成了明后期注重个性抒发而又具有创造精神的文人画。

明代山水画画派众多，在明代前半期，宫廷绘画在画坛上占据主要地位，山水画形成了浙派。浙派和画院是明初至嘉靖时期最有力量的画派。以苏州为中心的"吴门画派"的出现取代了浙派和画院在画坛上地位，其作品墨色清淡，古雅苍郁（图 6.1-18）。明代中期出现的沈周和文徵明的作品色彩沉郁典雅，特别是文徵明的作品中既有青绿、浅绛，又有浅绛兼青绿（图 6.1-19）。

图 6.1-18　吴门画派色彩特点

这一时期的瓷器有饱含甜美感，通体暖白色的甜白瓷、媲美天然蓝宝石色彩的蓝釉瓷、艳丽的斗彩瓷、色彩浓艳且对比强烈的五彩瓷（图 6.1-20）等。

受到西方艺术的影响，清代瓷器呈现出娇艳的红釉、色泽纯正鲜亮的黄釉、表现力丰富的珐琅彩和粉彩（图 6.1-21）等色彩及工艺手法，特有这一时期的风韵。

图 6.1-19　（明）文徵明 《万壑争流图》（局部）

西方油画开始在康熙年间被内廷重视。西方绘画在应用明暗方法、焦点透视方法，以及色彩关系等方面，丰富了传统中国画的表现技法。清代山水画色彩浓丽而清润，淡雅而富有神韵，将石青、石绿、赭石色和水墨融为一体，形成"色不掩墨、墨不掩色"的艺术效果。

中国山水画开始登上历史舞台时以追求自然的混色调为主；后隋唐时期受到佛家思想、西域文化的影响，色彩饱和度增高，表现出浓色调；宋代水墨画的兴起，以无彩色和饱和度较低的色调为代表；元代，淡泊、文雅的高明度低饱和度色调成为主流；明代山水画既有平淡的苍色调又有色彩沉郁的浓色调；到了清代尤其是清代末期受到西方绘画的影响，展现出浓丽清润的混色调和浓色调。

图 6.1-20　明代瓷器色彩

山水画的设色总结，有唐岱《绘事发微》中《着色》一文 "青绿之色本厚，若过用之，则掩墨光以损笔致。以至赭石合禄，种种水色，亦不宜浓，浓则呆板，反损精神。用色与用墨同，要自淡渐浓，一色之中，更变一色，方得用色之妙，以

色彩：艺术、科学与设计

图 6.1-21　清朝瓷器色彩

色助墨光，以墨显色彩。要之，墨中有色，色中有墨，能参墨色之微，则山水之装饰，无不备矣"，沈宗骞《芥舟学画编》中《设色琐论》一文"又当分作十分看，用重青绿者，三四分是墨，六七分是色；淡青绿者，六七分墨，二三分是色。若浅绛山水，则全以墨为主，而其色无轻重之足关矣"，郑绩《梦幻居学画简明》中《论设色》一文"山水用色，变法不一，要知山石阴阳、天时明晦，参观笔法墨法如何，应赭应绿，应水墨，应白描，随时眼光灵变，乃为生色"等。

　　1840 年后，西方色彩科学文化开始传入中国，1911 年后中国开始进入新的历史时期，色彩的应用和研究也开始随之发展。纵观中国多元艺术下的色彩，从黑、白、到赤色、再到多种色彩表达，都展现了中国艺术的色彩之美。

第七章

西方艺术色彩

色彩在西方艺术中扮演着非常重要的角色。在西方艺术中，色彩被广泛用于表达情感、创造氛围和传达主题。此外，西方艺术中的色彩也经常被用作象征和隐喻，例如绿色通常被视为与自然、生长和新生有关，而黑色则被视为与死亡、哀悼和悲伤有关。艺术家们探索使用各种技巧来控制和运用色彩，留下了许多精美的色彩应用典范。

7.1　西方绘画艺术色彩

西方绘画承载着欧洲文明进程中的社会、人文、科学发展以及解读欧洲历史的手段。其中，色彩的运用则是一个浓缩的表征。（图 7.1-1）

图 7.1-1　胡安·米罗（Joan Miró i Ferrà），《华丽翅膀的微笑》。他写道："我尝试运用色彩，就像塑造诗歌的文字、塑造音乐的音符一样。"

7.1.1　绘画色彩中的历史脚步

在被称为"黑暗时代"的中世纪，出现了无数色彩绚丽夺目的画作，照亮了中世纪人的心灵。中世纪使用颜料的常见成分有黏土、天然矿物和昆虫等，画面中使用的颜料因地理位置、时间段和可用材料而异。中世纪绘画喜欢运用原色，而且平涂，圣像基本用金色涂底，人物的衣着鲜艳，整张画面色调非常饱满，反映出中世纪人对于颜色的珍爱（图 7.1-2）。在一个资源稀缺的社会，染料、颜色都十分昂贵。所以，色彩也是中世纪人欲求的

图 7.1-2　杨·凡·艾克（Jan Van Eyck），《根特祭坛画》

图 7.1-3　提香·韦切利奥（Tiziano Vecellio），《戴安娜和阿克泰翁》

图 7.1-4　尼古拉斯·普桑（Nicolas Poussin），《阿卡迪亚的牧人》（Et in Arcadia Ego）

图 7.1-5　卡拉瓦乔（Michelangelo Merisi da Caravaggio），《圣马太的召唤》

图 7.1-6　委拉斯凯兹（Diego Velazques），《宫娥》

对象，那时的诗歌，对于每种颜色都有最高级的形容词描述。在以服务于宗教的绘画中，中世纪画家非常在意用色，他们选用被视为最贵重的颜色，用以表达高级的事物。

文艺复兴晚期威尼斯画派的提香·韦切利奥（Tiziano Vecellio）开始注重画面中色彩的极端重要性（图 7.1-3）。他从早起肖像画的准确轮廓线，转为如同镶嵌画一样的色彩华丽的画面，被公认为是威尼斯最伟大的色彩画家。受其影响的法国画家普桑（Nicolas Poussin）在《阿卡迪亚牧羊人》中，就明确了红黄蓝三个原色（图 7.1-4）。

将光与色结合的最极致的，是巴洛克绘画代表者卡拉瓦乔。他戏剧性的光线手法让文艺复兴时期就有人使用的用光线让画面产生明暗手法，发展到了最强烈的程度（图 7.1-5）。

同时期的西班牙画家委拉斯凯兹（Diego Velazques）开发出画面的中间地带，不再是边线明确黑白分明，他的暗部使用了丰富的颜色，不像当时很多画作的暗部就是不透气的黑色或者棕色（图 7.1-6）。欧洲绘画在17世纪由此出现了两个概念——"图像真实"和"视觉真实"。委拉斯凯兹则开启了视觉真实的世界。

如果说路易十四成就了法国艺术，使得法国艺术自此引领三百年，那么巴洛克的浮华和奢靡色彩，就是浓色调和金色。而18世纪的洛可可艺术，则以脆弱、优雅的女性色彩象征为代表，粉红、白色的大量运用，也出现在绘画中。华托《登西岱岛》粉红衣裙，纤巧脆弱，也是典型的贵族风俗画。

法国浪漫主义后期出现的欧仁·德拉克洛瓦（Eugene Delacroix）对色彩无比迷恋，他对彼时的画面的过于沉稳提出是因为颜色大都是褐色、赭色等。德拉克洛瓦在作品中大胆使用艳红、翠绿和亮蓝色，直到自己开发新的明黄、辛黄、朱色等颜料。他研究互补色的运用，对异域的光线与色彩产生了浓厚兴趣。他大胆的色彩被称为"绘画的屠杀"（图 7.1-8）。

色彩还被画家用以暗喻时代特征的阶级特征。从米勒和梵高这两幅画作中，就能看出画家用克制的混色调以及黯色调的绿色描绘了农民的生活，传递出朴实的甚至压抑的氛围（图 7.1-9、图7.1-10）。然而皇宫贵族则可以用色彩的符号证明自己。从戈雅对于西班牙国王卡洛斯四世和他的家人的描绘中可以看到，皇室阶层服装的颜色可谓是丰富的。体现贵族生活的，就是沉浸在纯粹色度的奢华之中（图7.1-11、图7.1-12、图7.1-13）。

19世纪的浪漫主义绘画已经有意识地将画板带到室外，去感受变换的自然光线下的景物。写实主义画家柯罗通过色调、白色画纸与不同程度的棕色作对比来寻求画面的平衡，利用这些色彩描绘真实环境中阴影和阳光。虽然仍然描绘着传统人文情怀精神，但这些绘画激发了后世画家对于自然界中光的写照。

人人都知道印象派，而在印象派之前的爱德华·马奈（édouard Manet），把观念的真实换成了视觉真实。在《吹短笛的男孩》画面中，马奈刻意用红色和绿色的互补色关系，体现了视觉的深度（图7.1-14）。

由于对光与影的刻意追求，克劳德·莫奈（Oscar-Claude Monet）和毕沙罗（Camille Pissarr）被认为是印象主义画派的开拓者。古典主义绘画的深色背景的酱油汤色，在印象派中变成了亮色调。当时德拉克洛瓦、库尔贝、柯罗和巴比松派对印象派画家已经有了很深的影响了，而日本的浮世绘让印象派画家们知道还可以不用科学透视来构图，可以使用明亮不混合的色彩，可以大块平面铺色，用线条和色块可以快速地作画。莫奈感叹道："色彩是我一整天的痴迷、欢乐和折磨。"他研究了光如何影响物体的颜色。他在工作室里重新创作了这些画作，同时探索了无数色彩和情绪的结合。在给艺术家提供建议时，他写道，"当你出去画画时，试着忘记你面前有什么物体，一棵树、一栋房子、一块田地或其他什么。只要想象这里有一个蓝色的小正方形，这里有一个粉红色的长方形，这里有一条黄色的条纹，然后按照你看起来的样子涂上它，确切的颜色和形状。"

在《干草》大量精美的笔触中，毕沙罗利用红色阴影与绿色阴影交织在一起，形成视觉冲击（图7.1-15）。世人皆知的文森特·梵高认为，色彩不是为表达真实，而是传递激情的方式（图7.1-16）。现代艺术之父保罗·塞尚（Paul Cezanne）则是用色彩重新构建画面秩序的，提出"让印象派变成耐看的博物馆作品"的人。在《塞尚夫人》画面中，夫人

图 7.1-7 让 - 安托万 · 华托（Jean-Antoine Watteau），《发舟西苔岛》

图 7.1-8 德拉克洛瓦（Eugene Delacroix），《阿尔及尔的女人》

图 7.1-9 让 - 弗朗索瓦 · 米勒（Jean-François Millet），《马铃薯种植机》

图 7.1-10 文森特 · 梵高（Vincent Willem van Gogh），《吃土豆的人》

图 7.1-11 弗朗西斯科 · 戈雅（Francisco de Goya），《西班牙的卡洛斯四世及其家人》

图 7.1-12 让 · 贝罗（Jean Béraud），《红色与金色交响曲》

图 7.1-13 约翰 · 纳什（John Nash）的《皇家行宫景观》（1826）中的布莱顿皇家行宫宴会厅。这幅水彩画描绘的是 1826 年左右布赖顿皇家行宫的宴会厅，用色彩展示了当时富人用餐的富丽堂皇

图 7.1-15 毕沙罗（Camille Pissarro），《干草》

图 7.1-14 爱德华 · 马奈（édouard Manet），《吹笛少年》

的红色衣服与蓝色背景中是黄色的椅子，结实的画面被三个颜色安排的秩序井然（图 7.1-17）。

逐渐远离印象主义，在原始民族寻找视觉灵感的高更（Eugène Henri Paul Gauguin），可以说是色彩中的精神追求和文明思考者。在《死神凝视》一画中，紫色代表死亡，黄色代表生存，引出象征主义、色彩精神和神性的思考（图 7.1-18）。

象征主义的玩味孤独，表现幽冥，追求神秘、晦涩和多义性则是幽色调、黯色调的呈现。例如古斯塔夫·莫罗（Gustave Moreau）的《莎乐美舞蹈》（图 7.1-19）。

野兽派亨利·埃米尔·伯努瓦·马蒂斯（Henri Émile Benoît Matisse），让色彩成为充分表达的武器。他说："色彩的主要功能应该是服务于表达。颜色有助于表达光，不是物理现象，而唯一真正存在的光，即艺术家大脑中的光。" 1905年出现在巴黎秋季沙龙展《为色彩和色彩》主题，体现了色彩应该为画面的精神服务，从而推进绘画的自主，大胆的色彩运用，充分体现了马蒂斯将色彩的运用看作是情感表达的主要手段。野兽派的色彩在他们绘画中的作用不是描述题材，而是表达艺术家对它的感受。这为后代艺术家解放了色彩的使用，并最终赋予了他们探索色彩本身的自由。野兽派运动持续了三年多，可以说是否定了19世纪关于色彩的大部分知识，影响了很多当今的画家（图 7.1-20 ～图7.1-23）。

巴勃罗·毕加索（Pablo Picasso）一生中的蓝色和玫瑰色两个时期完全符合他一生的精神，让人认识到颜色表达情感的能力，正如他所说，"颜色就像特征一样，会随着情绪的变化而变化"。蓝色时期，多以蓝色、深色为主。他画的是穷人、有需要的人和绝望的人。那些孤独地生活在苦难、贫穷和痛苦中的人。事实上，可以说毕加索用蓝色来表现那个时代的悲伤和压抑。此外，一些人认为毕加索蓝色时期的绘画受到了西班牙的影响（图 7.1-24）。随着蓝色时期的过去和1904年玫瑰色的到来，希望和幸福自然地体现在他的作品中。因此，浅色逐渐进入毕加索的调色板。这个时期被称为玫瑰时期。在此期间，毕加索用亮粉色、红色和橙色描绘了小丑和狂欢节音乐家的形象（图 7.1-25）。

抽象主义之父康定斯基（Wassily Wassilyevich

图 7.1-16 梵高（Vincent Willem van Gogh），《画家自画像》

图 7.1-17 塞尚（Paul Cezanne），《在黄色扶手椅的塞尚夫人肖像》

图 7.1-18 高更（Eugène Henri Paul Gauguin），《死神凝视》

图 7.1-19 古斯塔夫·莫罗（Gustave Moreau），《莎乐美舞蹈》

图 7.1-20 马蒂斯（Henri Émile Benoît Matisse），《戴帽子的女人》

图 7.1-21 斯宾塞·戈尔（Spencer Gore），《艾克尼尔之路》

图 7.1-22 艾米丽·卡尔（Emily Car），《法国的秋天》。作品使用大胆而自信的笔触，丰富的原始色彩展现了秋日灿烂阳光下的法国布列塔尼乡村

图 7.1-23 皮埃尔·博纳尔（Pierre Bonnard），《浴缸中的裸女》

图 7.1-24 巴勃罗·毕加索（Pablo Picasso），《十字大道上的女人》

Kandinsky）在《论艺术的精神》一书中提出，红色代表进取，黄色代表世俗、积极和不稳定，蓝色代表天堂，色彩应该表现精神。康定斯基的热抽象，主张感性表达，从他的画作中可以感受到色彩带来的激情。另一位抽象主义画家蒙德里安则属于冷抽象，他的理性表达可以从色彩简化为三原色，或者无彩色的黑白灰来体现，表达了一种纯粹的精神（图 7.1-26）。

现代抽象艺术绘画具有由明亮、大胆的色彩组成的各种形状。灿烂的阳光照亮了城堡和上方的天空，营造出一种深沉而强烈的色彩，主导了整个画面（图 7.1-27）。

立体派艺术家皮特·蒙德里安（Piet Mondrian）的作品大部分采用了他称之为"新造型主义"的几何抽象风格。他喜欢使用棋盘图案，采用黑色线条和原色填充空间。这幅作于 1930 年的《红蓝黄构图 II》是蒙德里安几何抽象风格的代表作之一。粗重的黑色线条控制着七个大小不同的矩形，形成非常简洁的结构。画面主导是右上方那块鲜亮的红色，不仅面积巨大，且色度极为饱和。左下方的一小块蓝色、右下方的一点点黄色与四块灰白色有效配合，制住红色正方形在画面上的平衡。巧妙地分割与组合，使平面抽象成为一个有节奏、有动感的画面，从而实现了他的几何抽象原则，如他所言"借由绘画的基本元素：直线和直角（水平与垂直）、三原色（红黄蓝）和三个无彩色（白、灰、黑），这些有限的图案意义与抽象相互结合，象征构成自然的力量和自然本身。"（图 7.1-28）

二战之后，现代艺术的中心从巴黎转向了美国，其中，抽象表现主义艺术充分体现了美国的现代风格。

POP"波普"艺术家安迪·沃霍尔（Andy Warhol）的作品涵盖多种媒介，包括绘画、丝网印刷、摄影、视频和雕塑，他用饱和的艳色调探讨了 20 世纪 60 年代蓬勃发展的创意表达、广告和名人文化之间的联系（图 7.1-29）。

20 世纪 40 年代和 50 年代在纽约出现了一种被称为"色域"绘画的风格。这种风格的主要特点是大面积的平坦、纯色分布在画布上或染色在画布上。在这个运动中，颜色本身成为主题。色域艺术流派的诞生告诉了世人色彩一种丰富而美丽的艺术语言。马克·罗斯科（Mark Rothko）的《红黄蓝》（Ochre

图 7.1-25　巴勃罗·毕加索（Pablo Picasso），《杂技和年轻的小丑》

图 7.1-26　《黄 - 红 - 蓝》，这幅画由康定斯基于 1925 年创作，以原色与一些最基本的几何形状的有趣组合为特色。康定斯基以巧妙的方式融合了这两个元素，并使用了粗而明确的黑色线条使观看者能够更彻底地关注特定的颜色和形状

图 7.1-27　保罗·克利（Paul Klee），《城堡和太阳》

图 7.1-28　皮特·蒙德里安（Piet Mondrian），《红蓝黄构图 II》

图 7.1-29　安迪·沃霍尔（Andy Warhol），《玛丽莲·梦露双联画》

图 7.1-30 马克·罗斯科（Mark Rothko），《白色中心》。《白色中心》是罗斯科标志性风格的一部分，其中几块分层的颜色在大画布上闪闪发光

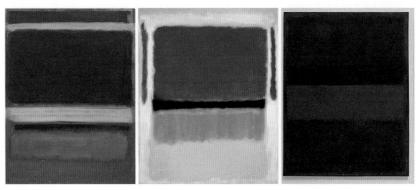

图 7.1-31 马克·罗斯科（Mark Rothko），《No.3/13（洋红色、黑色、橙色上的绿色）》（左），《白色和红色上的紫色、黑色、橙色、黄色》（中），《61号（铁锈色和蓝色）》（右）

and Red on Red），是三原色，它们可以调和成一切颜色。绿橙紫，被称为三间色。由任意两种原色等量调和而成。罗斯科认为颜色是一种具有更大目的的工具，即唤起我们最基本的情感。罗斯科的每件作品都旨在根据观众的不同而唤起不同的含义（图 7.1-30、图7.1-31）。

7.1.2　绘画中的色彩科学

7.1.2.1　颜料

在过去一千年左右的时间里，艺术和科学已经发展到互惠互利的状态。无论是像普鲁士蓝这样的合成颜料、色彩理论，还是现代油画和丙烯颜料，绘画都从化学、物理学和生理学中受益匪浅。西方绘画的色彩历史也是一个化学工业技术发展史的侧面，《色彩力量：欧洲绘画的500年》（*The Power of Color: Five Centuries of European Painting*，2019）对15世纪到19世纪之间的绘画材料和绘画实质、背景和意义进行阐释，并从中探讨了色彩艺术在历史长河中与政治、经济和人类认知的见解[1]。很长一段时间以来，绘画都依赖于天然颜料，第一种真正的合成颜料实际上非常古老，以至于在中世纪就被完全遗忘了。埃及蓝最

---

① HALL M B. The Power of Color: Five Centuries of European Painting[M].2019

早是在公元前3000 年左右通过将石灰石粉、孔雀石和石英砂一起加热形成硅酸铜钙而制成的。直到18 世纪初，人们才合成了一种很快被称为普鲁士蓝的水合六氰基铁酸铁络合物。

在1700 年之前，画家使用的颜料大多数是矿物质提取，而茜草等少数植物提取色必须经过处理（通过用碱浸渍的过程）以提高它们的持久性。1700 ～ 1850 年则见证了第一批人工合成制造的颜料。群青是另一种仍在绘画中使用的最古老的颜料。1803 ～ 1804 年发现了铝酸钴，并合成发明了钴蓝颜料，1806 ～ 1808 年开始出现在油画颜料和水彩画中。

颜料的可用性在很大程度上决定了画面，影响或限制风格的变化。使文艺复兴成为可能的绘画的关键技术之一是油画颜料的发展和广泛使用。尽管文艺复兴时期许多伟大的杰作都是使用蛋彩画或壁画创作的，但复杂的现实主义极大地受益于使用干燥时间更长的油漆。这是一些画家的调色板：

· 丢勒（ Albrecht Dürer ）：赭石黄、朱砂、威尼斯红（大地色）、湖红色、群青、焦棕、铅白、灯黑；

· 伦勃朗·哈尔曼松·凡·莱因 (Rembrandt Harmenszoon Van Rijn)：锑酸铅黄、铅锡黄、赭石黄、朱砂、湖红、赭石红、蓝铜蓝、紫罗兰色、孔雀石绿、焦棕、科隆土、沥青、铅白、灯黑；

· 普桑（ Nicolas Poussin ）：锑酸铅黄、赭石黄、棕粉色（暗橙色）、朱红色、浅红色、深红色湖光、群青、绿土、铅白、藤黑、象牙黑、灯黑（图 7.1-32 ）。

不难想象，如果19 世纪没有明亮色调的合成颜料出现，印象派和新印象派也就无法诞生。例如，安西娅·卡伦（ Anthea Callen ）在她最近的著作《艺术作品》中写道："对

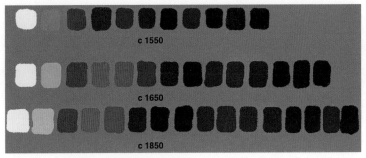

c 1550

c 1650

c 1850

图 7.1-32 文艺复兴时期的调色板示例

于19 世纪的风景画家来说，至关重要的是19 世纪头30 年引入的新蓝色、绿色和黄色颜料，因为早期新古典主义风景画家的主要问题之一是缺乏好的绿色、明亮的蓝色和黄色。"

到19 世纪，炼金术已被新的化学科学所取代，具有良好的理论和实验基础。科学技术也被引入传统工艺，如染色和挂毯制造，这些都促进和发展了色彩理论。

图 7.1-33　克劳德·莫奈（Claude Monet），《伦敦滑铁卢大桥》

7.1.2.2　颜色感知

在 20 世纪之交的三次伦敦之旅中，克劳德·莫奈为一个场景画了 40 多个版本：泰晤士河上的滑铁卢大桥（图 7.1-33）。然而，莫奈的主要主题不是桥本身。最让他着迷的是现场的风景和气氛，以及它转瞬即逝的光与雾。对于该系列中的每一幅画，莫奈都以一种当时科学家还不完全理解的方式来操纵观众的感知。如今，美国罗切斯特大学视觉科学中心分析了莫奈在该画面中使用的有限的色相，通过研究人类视觉系统，阐明了这幅画面如何唤起情感的原因，这就是颜色感知的过程。大脑的分组功能使我们能够在看到莫奈的色彩笔触之前看到桥梁、河流和烟囱的形状。滑铁卢桥本身从不改变颜色，但莫奈通过混合明度和饱和度不同颜料来描绘日出、直射阳光和黄昏。大脑能够吸收整个场景的光照，整合信息并进行推理。当然，还有大脑对于同时色对比的各种理解和想象。

19 世纪见证了色彩理论的兴起以及第一批关于色彩视觉的实验，从光学混色技术，为画家提供了灵感。1884 年，法国画家乔治·修拉（Georges Seurat）发起了一种全新的风格和运动，这是从赫尔曼·冯·亥姆霍兹、詹姆斯·克拉克·麦克斯韦和托马斯·杨的科学研究中发展而来的新印象派、点彩派，或叫作"分裂主义"。这个理论是，颜色的混合会在观察者的视网膜中发生，这是分三个阶段绘制的。首先，修拉使用的点是由可用的和相当传统的颜料混合而成的，普遍较暗。在第二阶段，他使用了数量有限的更高明度的颜料。在第三个也是最后一个阶段，他添加了彩色边框，这使得他的画作与众不同的。这种美术界的新尝试，对后来电视和显示屏的发明也是一种启示。很多艺术家都因点彩方

图 7.1-34 保罗·西涅克（Paul Signac），《圣特罗佩港》

图 7.1-35 西奥·凡·莱西尔伯格（Théo van Rysselberghe），《开花的杏仁树》。作品色彩和野兽派一样强烈。与饱满的红色和蓝色相比，花朵更精致的粉红色显得苍白——甚至连拉着犁的蓝色骏马也显得苍白无力

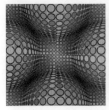
图 7.1-36 维克托·瓦萨雷里（Victor Vasarely），《维加-莱普》（左），《棋盘》（右）

图 7.1-37 康定斯基（Wassily Kandinsky），《同与异》

式的尝试而令画面眼花缭乱（图 7.1-34、图7.1-35）。

利用视觉错觉的艺术手法在20 世纪初的现代艺术中大量涌现。匈牙利裔法国艺术家维克托·瓦萨雷里，被认为是光学艺术（art optique）之父，光学艺术也称为"奥普艺术"（Op Art），又被称为视幻艺术或光效应艺术，是使用光学的技术营造出奇异的视觉艺术效果。奥普艺术作品的内容通常是线条、形状、色彩的周期组合或特殊排列。艺术家利用垂直线、水平线、曲线的交错，以及圆形、弧形、矩形等形状的并置，引起观赏者的视错觉（图 7.1-36）。

7.1.2.3 绘画中的色彩情感

将艺术与音乐联系起来的康定斯基曾说："颜色的声音是如此明确，以至于很难找到任何人能够用基调来表达明亮的黄色，或者用高音来表达深湖色。"他写道："色彩是键盘，眼睛是和声，灵魂是多根琴弦的钢琴。艺术家是一只演奏的手，触摸一个或另一个琴键，引起灵魂的振动。"康定斯基的信念，即颜色和形状可以影响我们的情绪，并激发心灵的振动。"颜色隐藏着一种未知但真实的力量，它作用于人体的每个部分。"

红色——力量、政治

红色一直是强大和力量的象征，现代抽象艺术家还深入探索了红色及其从深红色到浅粉色的所有变化。

康定斯基指出，红色与其他各种色调结合时具有新的含义。当它与黑色搭配时，红色会呈现出更险恶的外观，而当与黄色搭配使用时，它会变成一种温暖、受欢迎的颜色（图 7.1-37）。

沃霍尔在这幅画中使用了明亮、占主导地位的红色，体现了列宁和共产主义思想的链接（图 7.1-38）。

蓝色——忧郁、无限

蓝色被认为是一种表现出平静和放松感的颜色。它令人联想到与夜晚的宁静和海洋的广阔。然而，蓝色也是忧郁的代言，尤其是黯色调和浓色调的蓝。纵观历史，许多艺术家都创作了以蓝色为特色的标志性作品。

1901 年至1904 年间，毕加索以单调的蓝色作画，反映了他低落的心理状态。他这一时期的作品被称为他的"蓝色时

期"。在《悲剧》（1903）中，他使用冷蓝调来唤起这一时期典型阴郁主题的悲伤和绝望的寒意（图7.1-39）。

在大多数古代文化中，金色被认为代表太阳和上帝的精神。当中世纪晚期来自佛罗伦萨的意大利画家和建筑师乔托相信蓝色代表天堂和永恒存在时，情况发生了变化。他对这种颜色着迷，并将斯克罗维尼礼拜堂的天花板漆成了光芒四射的蓝色。这与以前画家使用的与富裕和宏伟相关的黄金完全不同。大教堂中许多场景的大部分都是蓝天，给人一种统一而广阔的感觉，充满了无限的可能性（图7.1-40）。

红橙——焦虑、恐惧、力量

橙色是一种温暖而充满活力的颜色，几个世纪以来，艺术家们一直在使用橙色来在他们的画作中唤起各种情感和情绪。这种充满活力的色调可以营造温暖、兴奋、活力和喜悦的感觉，但也可以传达谨慎、焦虑和恐惧的感觉。例如，亨利·马蒂斯经常在他的画作中使用各种深浅的橙色和红色来营造温暖和亲密的感觉。暖色调的颜色可以营造空间感和距离感，尤其是在绘画背景中使用时。无论是作为主色还是少量使用，橙色都可以增加构图的深度、对比度和视觉趣味。

表现主义画家爱德华·蒙克1893年的标志性画作《呐喊》以红橙色调引发一种压倒性的不确定感。它重现了蒙克与朋友散步时的幻象，他说，"空气变成了血"，并通过红色和橙色的阴影展示了他所感受到的强烈焦虑（图7.1-41）。

在斐迪南（Ferdinand du Puigaudeau）的《日落时的帆船》中，艺术家对橙色的使用营造出一种充满活力、充满活力的基调（图7.1-42）。

《橙与黄》是美国艺术家马克·罗斯科的作品。这幅画是他在20世纪50、60年代创作的大型抽象色域绘画的标志性风格的一部分。这也是罗斯科利用色彩唤起情感的作品。在这幅画中，两个矩形的色域占据了画布的主导地位：底部是明亮、生动的橙色，顶部是深沉、浓郁的黄色。两种颜色在画布中间相互渗透，形成柔和的渐变，模糊了它们之间的界限（图7.1-43）。

黑色——恐惧

黑色绘画通常是为了表达黑暗或伤害的感觉，但现代画家

图7.1-38　安迪·沃霍尔（Andy Warhol），《红色列宁》

图7.1-39　巴勃罗·毕加索（Pablo Picasso），《悲剧》

图7.1-40　乔托（Giotto di Bondone），《帕瓦多的斯科洛文尼教堂》

色彩：艺术、科学与设计

图 7.1-41 爱德华·蒙克（Edvard Munch），《呐喊》

图 7.1-42 斐迪南（Ferdinand du Puigaudeau），《日落时的帆船》

为了表达各种不同的含义而创作了黑色绘画。

西班牙画家弗朗西斯科戈雅（Francisco Goya）在 1819 年至 1823 年间创作了一系列画作，被称为"黑画"。这些画作中使用的黯色调传递出戈雅对拿破仑战争和两种几乎致命的疾病困扰的恐惧和焦虑（图 7.1-44）。

白色 —— 和平

浪漫主义画家阿里·西佛（Ary Scheffer）经常画许多以基督教为主题的作品。他 1854 年的画作《基督的诱惑》展示了使用白色作为清晰与和平的象征（图 7.1-45）。

黄色 —— 希望、喜悦、热情

梵高的《向日葵》用暖黄色创造了一个充满希望和欢乐的充满活力的形象。在画廊的墙上，这幅画被厚厚的深棕色画框包围，从内部像背光图像一样发光（图 7.1-46）。

英国画家特纳（Joseph Mallord William Turner）以其富有表现力的色彩和壮丽的阳光照射的海景而闻名。他对使用黄色有着强烈的热情。他使用的"印度黄"是一种从芒果喂养的牛的尿液中提取的荧光颜料。为了获得更明亮的色调，特纳使用了合成的铬黄，这是一种已知会导致精神错乱的铅基颜料（图 7.1-47）。

绿色 —— 神秘梦幻

绿色一直与自然世界和春天新事物生长联系在一起。在艺术家笔下，它是一种代表生命的颜色，同时也代表着生命的梦幻与神秘。

20 世纪美国画家托马斯·威尔默·杜因（Thomas Wilmer Dewing）以使用特定的绿色创作而闻名。这幅作品与杜因的许多其他画作一样，含有大量的绿色，营造梦幻般的氛围（图 7.1-48）。

惠斯勒（James Abbott McNeill Whistler）是19 世纪调性主义运动的创始艺术家之一。他的作品通常采用压倒性的色调或颜色来描绘某种薄雾。他使用大量的绿色和分散的橙色和黄色来描绘烟花在天空中闪烁的光芒，表达梦幻（图 7.1-49）。

多彩——活力

野兽派画家安德烈·德兰（André Derain，1880～1954)使用对比鲜明的暖色和冷色之间的冲突来表达这个繁忙的船坞

图 7.1-43　马克·罗斯科（Mark Rothko），《橙与黄》

图 7.1-44　弗朗西斯科·戈雅（Francisco Goya），《农神吞噬其子》

图 7.1-45　阿里·西佛（Ary Scheffer），《基督的诱惑》

图 7.1-46　文森特·梵高（Vincent Willem van Gogh），《向日葵》

图 7.1-47　特纳（Joseph Mallord William Turner），《救生艇和搁浅的船》（左），《弗林特城堡》（右）

图 7.1-48 托马斯·威尔默·杜因
（Thomas Wilmer Dewing），《琵琶》

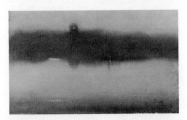

图 7.1-49 惠斯勒（James Abbott McNeill Whistler），《夜曲灰和银色》

图 7.1-50 安德烈·德兰（André Derain），《伦敦港》

的噪音和动感。他在前景中使用较暖的颜色，逐渐向背景变冷，从而在绘画中营造出深度的错觉。风景中这种有组织的色彩排列称为空中透视（图 7.1-50）。

7.1.2.4 绘画中的色彩和谐

互补色配色

约翰·奥弗贝克（Johann Overbeck）于1828 年创作的意大利和日耳曼尼亚画作，画面中红色与绿色形成强烈的对比（图 7.1-51）。那时，歌德已经表达了色彩和谐的观点，就是在他的色环相对两侧的色彩。我们现在知道这是互补色对比（图 7.1-52、图7.1-53）。

三角形配色

爱德华·霍珀（Edward Hopper）的《杂烩》以三种主要颜色为基础，形成一个三角形的配色结构。这种配色方法具有稳定性和和谐性，能够创造出富有活力和对比度的画面（图 7.1-54）。

分离补色配色

梵高曾经写道："没有黄色和橙色就没有蓝色。"，充分体现了分离补色配色的原理和呈现（图7.1-55）。

四边形配色

乔治亚·欧姬芙（Georgia O'Keeffe）的画作《乔治湖倒影》（*Lake George Reflection*），使用相似色和互补色，形成四边形配色，来创造能量和大胆的对比，并具有和谐与平衡感（图7.1-56）。

互补色——红色和绿色的色调——用来表达力量和对比，而类似的颜色——红色对黄色、蓝色对绿色——创造出安静和平静的通道。画面中黑色和白色的使用，令饱和的颜色群安定。

费尔南·莱热（Fernand Léger）在1937 年写道："颜色是至关重要的必需品。它是生命不可缺少的原材料，就像水和火一样。"（图7.1-57）

邻近色配色

梵高的《绿色大地》使用了色轮上距离相近的颜色搭配使用，它们在视觉上给人和谐、平衡、舒适之感（图7.1-58）。

图 7.1-51　约翰·奥弗贝克（Johann Overbeck），《苏拉米斯和玛丽》

图 7.1-52　安娜·安彻（Anna Ancher），《蓝色房间里的阳光》

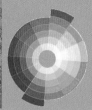

图 7.1-53　梵高（Vincent van Gogh），《中午的工作休息》

图 7.1-54　爱德华·霍珀（Edward Hopper），《中餐厅》

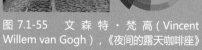

图 7.1-55　文森特·梵高（Vincent Willem van Gogh），《夜间的露天咖啡座》

图 7.1-56　乔治亚·欧姬芙（Georgia O'Keeffe），《乔治湖倒影》

图 7.1-57　费尔南·莱热（Fernand Léger），《骑自行车的人系列之一》

图 7.1-58　文森特·梵高（Vincent Willem van Gogh），《绿色麦田与柏树》

图 7.1-59　惠斯勒（James Abbott McNeill Whistler），《惠斯勒的母亲》

明度渐变

美国画家詹姆斯·阿博特·麦克尼尔·惠斯勒（James Abbott McNeill Whistler）在创作他母亲的肖像时克制地使用黑白灰色的递进关系充满整个画面（图7.1-59）。相似的，还有古斯塔夫·克里姆特（Gustav Klimt）在描绘艾尔敏·加利亚（Ermine Gallia）时的单色渐变（图7.1-60）。

而修拉的这幅作品，则巧妙地利用了颜色同时对比的规则，创造了视觉上的深度（图7.1-61）。

惠斯勒让颜色和谐的方式，是先用灰色铺底，再在其上用稀薄的颜料建立内容，由此，所有的颜色以灰色为调和，形成整体的烟色调（图7.1-62）。

图 7.1-60　古斯塔夫·克里姆特（Gustav Klimt），《艾尔敏·加利亚肖像》

图 7.1-61　修拉（Georges Seura），《黑色结》

图 7.1-62　惠斯勒（James Abbott McNeill Whistler），《惠斯勒在他的工作室》

7.2 色彩风尚

西方艺术史的色彩风尚反映了当时社会、文化和技术发展的趋势，展现出不同的色彩审美观和艺术理念。

与中国多元文化下的色彩一样，西方的艺术最早出现在旧石器时代的洞窟壁画中，可以看到红色、黄色和黑色的应用。

从前文色彩文化的发展可以了解到，古希腊时期的哲学家是最早开始思考色彩与美的人，树立了美的典范。特别是古希腊人在其几何学形体的观念下产生的建筑和雕塑，对后来的罗马文明以至欧洲文明都产生了巨大的影响。如白色的建筑显现出了壮丽与端庄（图7.2-1）。当然也有其他色彩的运用，虽然我们现在博物馆看到的作品色彩有些已褪去，但经过复原发现当时的艺术（图7.2-2）倾向于使用自然的色彩，如蓝色、红色、黄色、绿色等。这些色彩通常被用来表现人物和景物的真实性和自然性。

中世纪艺术一般用来为宗教服务，色彩是富丽堂皇和神圣的（图7.2-3），如紫色、红色、金色等。用来表现宗教和权力的威严。直到文艺复兴时期，开始以对古典文化的复兴和强调人文主义为主要特点，表达真实的情感，涌现出各种美的作品，如色彩丰富、明亮、具有透视感的绘画作品，还有雕塑。

充满激情、活力和动感的巴洛克时期的艺术与强调理性的平静的文艺复兴艺术相比，巴洛克艺术更浓重，颜色和光影的对比更强烈，雕塑和建筑使用华丽繁复的装饰，室内设计中常用金色和浓色调的配合使用呈现出富丽堂皇的视觉冲击（图7.2-4）。洛可可风格是一种从巴洛克发展和衍生出来的风格，同样以豪华、奢侈和浮夸的风格为主要特点。但是巴洛克的色彩相对浓烈，让人感到气势磅礴、充满激情（图7.2-5），而洛可可更喜欢柔和的淡彩，更多以白色、粉色、传递出女性的柔媚，有一种轻松的雅趣（图7.2-6）。

随着资产阶级的革命家对洛可可风格的批判，开始强调波澜壮阔的古典审美，新古典主义开始回归，没有过多的装饰，色彩较为朴素，倾向于使用自然色调和浓色调，强调简洁和对称（图7.2-7、图7.2-8）。

图 7.2-1　雅典娜胜利女神庙

色彩：艺术、科学与设计

在法国动荡中产生了浪漫主义风格，用一种虚实结合、真实而又夸张的方式表达对现实的关怀，尤其是强烈的情绪表现出对传统的尊重以及对田园风光的怀旧。浪漫主义的艺术家对情感和幻想的表达非常重视，使用深沉的色彩表现内心情感，常常使用强烈的色彩对比和鲜明的色彩，以及柔和的色彩渐变来表现情感，如查尔斯·卡尼尔（Charles Garnier）设计的巴黎歌剧院（图 7.2-9）。

19 世纪80 年代受到了威廉·莫里斯（William Morris）设计的作品与约翰·拉斯金（John Ruskin）文章的影响，工艺美术运动在英国兴起。工艺美术运动在美学上简化了图案和色彩，强调工艺和天然材料，以自然的中性色调为主，如奶油色、赤土色、芥末黄、橄榄绿、深蓝和深红都是常用的色彩，强调简洁、优雅和实用（图 7.2-10）。

19 世纪末20 世纪初的欧洲和美国兴起了新艺术运动。受到保罗·高更和亨利德图卢兹洛特累克的线条的影响。部分灵感还受到日本版画(浮世绘)的影响。新艺术运动以倡导自然，注重手工艺，开创出全新的自然装饰风格为特点。色彩上追求自然的、柔和的色调，还有黄铜、铜、金等金属色彩的运用，赋予设计的神秘感与华丽感（图 7.2-11）。

装饰艺术运动则是1925 年在巴黎举行的国际现代和工业装饰艺术展览会上展出的作品的缩影。装饰艺术首次使用铬和不锈钢等人造材料，强调几何形状和流线型设计，追求简洁和现代感，色彩上使用大胆、鲜明和动感的颜色组合，除黑白外还有明亮的红色、黄色、绿色、蓝色等（图 7.2-12）。

20 世纪影响了设计和生活的包豪斯艺术运动出现在了德国现代主义中，虽然包豪斯最著名的是形式和结构，但是色彩常常被用来强调形式和结构。包豪斯运动偏爱使用基本原色红、黄、蓝以及二次色绿、橙、紫；常使用颜色对比来增强视觉效果，例如黑色和白色，红色和绿色等；色彩上追求美观、简约。这一时期出现了多位对现代设计影响较大的优秀代表人物，如瓦尔特·格罗皮乌斯（Walter Gropius）、约翰尼斯·伊顿（Johannes Itten）、约瑟夫·阿尔伯斯（Josef Albers）、瓦西里·康定斯基（Wassily

图 7.2-2　现代复原古希腊文化色彩

图 7.2-3　中世纪色彩

图 7.2-4　凡尔赛宫镜厅

图 7.2-5 巴洛克时期色彩　　　图 7.2-6 洛可可时期色彩

图 7.2-7 新古典主义室内色彩

图 7.2-8 新古典主义时期艺术设计色彩

图 7.2-9 巴黎歌剧院

图 7.2-10 工艺美术运动设
计风格色彩

图 7.2-11 新艺术运动色彩　　图 7.2-12 装饰艺术运动色彩

Wassilyevich Kandinsky）等。格罗皮乌斯提倡将艺术与工业相结合，追求功能性与美学的统一，并推动了建筑、设计和工艺美术之间的跨学科合作。伊顿是包豪斯学院色彩构成与基础教育理论的奠基人，伊顿强调对材料的观察、研究与实际运用，使学生从经验中获得工艺技术上的启发，他提出的七个对比理论对现在的设计色彩应用仍然具有重要的意义。阿尔伯斯探索了不同色彩间的相互作用，从而对色彩在艺术和设计中的使用方式有了新的启示。阿尔伯斯强调了色彩对比对视觉感知的影响，提倡使用色彩对比来增强视觉效果和情感表达。康定斯基对抽象艺术的发展和理论做出了重要贡献，提出"色彩和形式，即便单独使用而没有拟真的对象，仍然能够表达含义，并且更纯粹更有内在驱动力"，来强调形式和色彩的表达。这些色彩理论对这一时期的设计都产生了较大的影响，其中家具设计追求功能至上，桌面、桌腿等通常用简单的几何形状表现（图 7.2-13）。

图 7.2-13　包豪斯色彩

提到德国现代主义设计，就会让人想到柯布西耶（Le Corbusier）的建筑（图 7.2-14），使用象征着纯粹主义的白色。历经现代主义建筑运动以及"白色派"风格为代表的新现代主义运动，白色已然成为现代建筑的一张视觉名片。

图 7.2-14　柯布西耶的建筑

20 世纪50 年代中后期在英国和美国兴起了波普艺术运动。波普艺术的特点就是运用鲜艳和明快的颜色，表现大众流行文化（图 7.2-15）。

色彩在西方的艺术风尚中，起到画龙点睛的作用，这其中不仅有艺术的身影也有技术发展，例如卢米埃尔兄弟（Lumiere brothers）发明了电影和电影放映机、物理学家詹姆斯·克莱克·麦克斯韦（James Clerk Maxwell）发明了世界上第一张彩色照片等。

一般来看，不同的艺术风格都有其独特的色彩特点，发展到现在，多元化和跨界融合成为一种趋势，设计师们和艺术家们正在利用新的技术，尝试创造新的艺术形式和表达方式，如数字艺术、元宇宙。

图 7.2-15　波谱艺术

第八章

空间艺术色彩

在空间设计中，颜色的运用对改变环境特征具有重要作用，不仅可以赋予空间不同的风格和个性，也对人们的情绪、行为、健康等方面有不同程度的影响。色彩在空间中，将以微妙的刺激形式对身处其间的人们产生生理、心理等方面的影响，从而潜移默化地塑造着人们的生活。

空间艺术色彩从空间尺度上来看被分为四种类型，城市色彩、景观色彩、建筑色彩、室内色彩。不同尺度的空间色彩，对个体的视觉体验和情感反应的塑造起着不同的作用。城市色彩注重城市环境的整体构成，例如当地文化、建筑风格和法规制度等，城市色彩的特点包括各种各样的色调，从现代城市中充满活力和大胆的色彩到历史地区更柔和和传统的色调；景观色彩则强调自然环境，受气候、地理位置、季节变化等因素的影响，景观色彩以植物的绿色、泥土的棕色和天空的蓝色为基调，在四季变换之间从春季盛开季节到秋天落叶纷飞体现四季变换；建筑色彩以建筑设计为中心，受建筑风格、使用的材料和文化偏好等因素的影响，建筑色彩的特点可以有很大的不同；室内色彩则侧重于在室内空间内营造特定的氛围，受空间功能、个人喜好和期望的氛围等因素的影响，室内色彩的特点从宁静环境中的中性或平静色调到刺激或表达空间中的大胆或充满活力的色彩。

不同类型的空间中色彩的搭配也对人们的视觉和情绪起到不同作用。结合空间功能和人群需求等，研究色彩对人产生的作用是空间设计中的重要考虑因素。针对不同的空间功能，合理的色彩搭配可以帮助使用者进行空间的认知、情绪的调控等；而在工作空间的色彩应用对于执行者有助于注意力和工作效率的提高。

有关环境色彩对工作绩效的影响、对人的行为影响，以及环境色彩给人产生消极或积极的作用一直是人们关注的话题，科学家已经证实环境颜色与人类行为，特别是对学习活动中学生警觉性（或注意力）具有影响。自20世纪90年代美国科学家就开始了对色彩与生产力关系的研究实验。研究发现，员工的工作效率高低和接触室内颜色时长有关，红色等暖色室内颜色比蓝色、绿色等冷色更能唤起人的反应，红色的"膨胀"视觉效果增加了人对外界刺激的接受度从而引起人的兴奋，相反，冷色的"收缩"效果削减了对外界刺激的反应从而达到舒缓作用[32]。

在室内空间中，将抽象的配色方案和理论转化为真实的材料和纹理图案有助于理解整体色彩材质和纹理所带来的色调对空间个性和创造力的体现[33]。色彩在光和物体表面的物理特征、人对室内空间色彩的感知、光与色的关系等方面都会对人们产生不同程度的影响[34]。

总之，在空间艺术领域，色彩是一种强有力的视觉语言，其不仅能赋予空间美感，同时也能引领人们的情感和心境。在本章中，将从建筑、景观以及室内设计的角度，深度探索空间艺术色彩的独特魅力以及其在实际应用中的具体表现。通过精选案例的分析，读者可以领略到色彩在空间艺术中所展现出的无尽魅力，同时也能了解到这些经典的空间艺术案例是如何巧妙地利用色彩塑造空间的个性与氛围。

8.1 城市色彩

城市色彩规划涉及城市规划、建筑设计、景观设计等多领域，是综合性实践理论研究，内容相对复杂但历史并不长，从色彩学发展进程中看，20世纪70年代作为一个重要的时间节点，设计师将重心从建筑的思考逐渐转向对城市规划更宏观的工作中。如今，城市色彩规划的重点和难点多集中在如何利用科学理性的色彩把控方法，对城市形象在建设中进行优化，从而达到对高品质城市形象的目标[35]。国内外针对城市色彩的研

图 8.1-1　美国纽约 Soho 区格林街

图 8.1-2　日本大阪街景

究主要包括色彩地理学理论研究、城市规划色彩量化与应用、城市规划色彩实践方案评估方法等。

在色彩规划的实践方面，欧美国家如意大利、法国、英国等在19 世纪就开始对城市色彩管理方面从不同维度进行规划（图8.1-1）。作为城市色彩规划的源头，意大利工业城市都灵在18 世纪中期市政府就已颁布城市色彩相关图谱，将黄褐色确定为城市中心区域的颜色；20 世纪韩国、日本等也相继开展城市色彩规划工作并颁布指南和立法等措施限制城市色彩。以色彩调和为核心的色彩规划思想表现在城市的规划目标、建筑材料和立面色彩等方面，也体现在城市景观更迭的历史进程中（图8.1-2）。法国设计师、调色师朗克洛（J.P. Lenclos）在20世纪60 年代首次提出"色彩地理学"概念，重点研究了色彩的地域性，以地方风格文化为背景，以自然色彩（土壤、植被等）和人工色彩（建筑、室内、服饰等）两方面作为对象，提出城市色彩景观的功能区域划分，并在不同区域划分中体现出环境色彩设计的差异性[36]。

20 世纪70 年代日本引进了欧洲关于色彩地理学的思想，其制定的《东京色彩与调研报告》被认为是第一部具有现代意义的城市色彩规划研究。在该项目中，研究者通过城市个性调查制定色谱，将色彩视觉融入日本传统建筑保护的考虑范畴，并结合量化分析和计算机建模等技术展开研究。基于朗克洛的色彩地理学分析方法，日本开展了对各城市传统街道、繁华都市、景观及自然的色彩收集，从中重点体现了城市色彩的研究方法：首先针对现状进行调研，其次结合区域文化历史拟定规划设计方案，而后对实践中的色彩进行提取和整合，进而建立图谱和城市色彩数据库[37]。

英国在20 世纪90 年代针对城市色彩的主题提出"色彩景观（colourscape）"的概念，强调色彩是城市环境中重要的景观元素，从色彩和色彩感知的生物学本质出发，将色彩规划和色彩控制作为当代城市建设的关注点[38]。21 世纪以来，国际对城市色彩设计的话题热议不断，不同地理纬度地区的城市色彩样本，从城市街道、到立面都具有地区差异性[39]。如今，美国景观规划师意识到，城市层面对色彩问题的讨论存在缺口，以往色彩仅被看作装饰意义而其对城市文化、经济、政治等方面的影响常被人忽略，因此从地理学和人类学的角度出发，参考艺术家、设计师、人类学家、地理学家、历史学家和哲学家的观点，对现状色彩在城市规模中的潜力、相互作用，以及在设计中被忽视问题发起挑战[40]。

与欧、美、日等发达国家比较，中国城市色彩规划在20世纪90年代末由西方后现代主义的城市规划和设计理念的引入而被清晰地提出的。经过二十多年的发展，不同学科背景的规划从业者利用不同技术方法对城市色彩规划进行编制与实施[41]。

8.2　景观色彩

对于景观而言，色彩毫无疑问是塑造景观空间氛围、传达设计意图、引导和影响感知的强大工具。不论是自然的风景园林，或是人造的城市公园，色彩都在其中承担着关键的角色。这些色彩如诗人的笔触，描绘出空间的情感和节奏；它们又如作曲家的旋律，诠释了空间的动态与静谧。

各种不同的景观元素形成各异的色彩呈现，自然景观中土壤、天空、植被、花卉、水系、岩石以及人工景观中的建筑、标志、装置等，所有这些颜色都在人类的认知和情感触动中唤起不同的心灵反应。可以说，象征着和平与宁静的蓝色天空、意喻健康与环保的绿色植被是人类的共识，而经过长期发展而形成的不同地域的景观色彩势必会给人们带来不同的心理感受。

在欧洲，"景观"一词最早出现在希伯来文本的《圣经》旧约全书中，它被用来描写梭罗门皇城（耶路撒冷）的瑰丽景色。无论从公元1600年对"景观"一词的解释"体现自然景象绘画"来看，还是1886年对"景观"的解释"拥有独特特征的土地"，其最初的意义都是基于审美层面的视觉体现。

世界上第一份专注于景观的国际性公约《欧洲景观公约》（The European Landscape Convention）将景观定义为："一片被人们所感知的区域，该区域有别于其他区域的特征，是人

图 8.2-1　色相丰富 / 单一的景观

图 8.2-2　巴黎拉维莱特公园（Parc de la Villette）的红色"游乐亭"。此公园位于法国巴黎的 19 区，占地面积 35 公顷，是巴黎最大的城市公园之一。公园内的 35 个红色立方体建筑，被称为"Folies"。这些红色立方体遍布整个公园，充当各种功能设施。红与绿的色相对比，使得红色立方体在公园内更加突出，成为一种视觉焦点。此外，红色立方体的统一色彩风格也有助于增强公园内的空间连贯性

与自然的活动或互动的结果"。从中看出，人类的感知在公约中被特别强调。

从中国文化的角度，景观，即是中国传统意义上的景致、风景、景色。唐代宋之问的《夜饮东亭》一诗中："岑壑景色佳，慰我远游心"，体现出从景色对人的心理感应以及人文哲学观念，已经长期成为中国人景观观念的重要依据。

对于景观的视觉审美价值的评价，已经在哲学家、艺术家、设计师、环境管理者以及政策制定者之间讨论多年。而毫无疑问的是，景观的色彩和谐、色彩情感、色彩意向是景观视觉质量评价中非常重要的一环。

景观的色彩由自然景观与人工景观组成，对其感受以大面积的天空、土壤和植被颜色为基调，同时以花卉、建筑、水体等辅助的颜色形成整体画面感。因此，景观的尺度、观察者的角度以及不同季节和气候条件等，都是影响景观视觉质量评价的外在因素。景观视觉中色彩的评价，是结合了景观特征体现的颜色，结合观察者的心理感受，从而对景观色彩功能性、和谐性、色彩意向性的评价，具体可以体现在色相、色调、背景等几个方面。

8.2.1　色相：丰富 / 单一

景观中的色彩来自于自然或人工，种类丰富，既有天色、水色、植物、花卉等会随着天气、季节变化的动态色彩，也有建筑、铺地、假山、栏杆等外观较为稳定的静态色彩。如果它们之间色相统一，以单一的色相运用为主，会给人平静和安宁的感受。如果由多种色相组成，会在色相之间产生丰富的对比视觉效果，体现欢快、热闹、富有活力的氛围（图 8.2-1）。

因此，随着光线、气候、季节等因素的变化，景观色彩将呈现或洗练素雅，或自由热烈的不同美感。设计师也应该充分考虑天色、水色、植物色的时间性、空间性，选择合适的颜色元素进行搭配和组合，用单色相的统一感增强空间的连贯性，用不同色相的对比凸显视觉焦点，用丰富的色相渲染活力，以创造出具有美感与艺术性、予人慰藉、富有人文底蕴的景观效果。（图 8.2-2、图 8.2-3）

8.2.2　色调：统一 / 凸显

图 8.2-3　苏州拙政园。苏州园林以其精致、淡雅的风格而闻名于世。以拙政园为例，园林四季景色各异，早春桃红柳绿，盛夏满园绿意，秋天则呈现苍绿与枫叶的宁静景象。拙政园内花木搭配充分考虑了色彩和花期，多以红、紫色为主。红色和绿叶的对比强烈，互相映衬，令人心情愉悦

在景观中，微妙的色调差异将带来不同的效果。统一的色调会使不同的景观元素具有相似的明度与饱和度，因此色感接近、产生形与色的相互交融，带来强调融合感的静态氛围。明度、饱和度度差异，与会色相差异一样凸显视觉焦点，用色调的对比带来动态的、富于戏剧性的效果（图 8.2-4）。

不同色调具有不同的气质，会赋予空间独特的氛围。当不同的景观元素因相似的色调而产生融合感，即便色相不同，其色调基调的氛围也会得以凸显。秋冬季，花叶凋零，河流干涸，园林景观多转为浓色调、幽色调、黯色调，给人成熟、沉稳、内敛的色彩印象。春夏季，花叶生发、万物附属，是园林中最为繁华的季节，色彩以浅色调、亮色调、艳色调为主，色感鲜艳明亮、绚丽怡人，给人带来愉悦和舒适的享受。雨后湿润的空气、地面、墙面等，色彩外观会因水对光的折射与吸收而变得更加沉郁、浓艳，转向富有成熟感、华丽感、充实感的浓色调。雪后的大地，皑皑白雪覆盖在植物、建筑和地面上，形成了一片银装素裹的景象，美不胜收。此时景观色彩将主要以白色为主，同时还会因高色温的天空光而呈现出一些淡雅的灰色、淡蓝色等苍色调色彩，给人静谧、优雅、纯净之美。设计师可以根据景观自身特点，其所特有的自然环境与人文历史，创造独具风格的景观色彩表达。（图 8.2-5）

图 8.2-4　色调统一 / 凸显的景观

8.2.3　虚实：清色 / 浊色

由于气候以及季节、空气质量的差异，给景观带来清色和浊色之分。当空气中的水汽凝结成雾，阳光穿过雾中的水珠，并发生散射。散射会使得光线的传播方向发生改变，从而使得原本应该照射到山岩、植被、水面的光线被散射到其他方向，或被部分吸收，导致原本的颜色变白或变淡。此外，气候潮湿或早晨傍晚较冷的气温条件，也会使得水蒸气凝结，使得远处的景观色彩变得柔和、朦胧，远景与近景、

图 8.2-5　伦敦的彩色人行道，饱满纯色带来动感与活力。高饱和度色彩与街景的高度反差，用视觉线索引导空间产生无形的分隔

图 8.2-6　清色与浊色的景观

图 8.2-7　成都"草山海"景观设计。人造雾在景观设计中可以改善空气质量、增加空气的湿度、缓解气候的干燥、防尘消暑，同时使景观色彩产生虚实变化，丰富景观的层次感和氛围感。湿地本身被龙门山脉包围，"草山海"是整个山谷湿地的拟像，为人们提供了"山中山"的互动体验

清色与浊色呈现虚与实的对比，增强景观的层次感与纵深感（图 8.2-6、图 8.2-7）。

8.2.4　调和：分隔 / 渐变

在景观中看到的色彩分隔和有序渐变，是两种不同的色彩和谐原理。这也和景观的观察尺度以及观察者的角度有密切的关系。

不同色相、色调的色彩应用，会因色彩的对比和凸显而实现空间的分区与隔离，或者突出某些造景的元素、丰富景观层次。例如，在花坛中使用明亮的红色花卉和深绿色植物进行对比，可以让花坛显得更加鲜明明亮。在广场上可以使用不同颜色的地砖或地面涂料，将广场划分为不同的色彩区，使得整个广场的色彩更加丰富多样，渲染热闹、欢乐、喜悦的氛围。或者灵活运用与背景形成强烈对比的装置，完成空间功能区域的划分，实现步移景异的观景体验。

也可以将两种或多种不同颜色的相似色彩元素通过一定的方式并置组合，进行色彩的过渡与融合，形成柔和的色彩渐变效果。让景观色彩更加柔和、自然，使人感到放松与舒适，享受宁静之美（图 8.2-8 ～图 8.2-10）。

图 8.2-9　福州青石寨稻亭。胶合木材质的稻亭与稻田色彩相融合，展现人与自然和谐共生、城乡可持续发展的美好愿景

图 8.2-10　位于波兰的一处公园绿地。设计师用混凝土整体平铺地面，强调空间的无障碍性，让婴儿推车、轮椅等能顺利移动。操场、座椅和健身设备点缀其间，用不同颜色完成功能空间的分隔

图 8.2-8　色彩分隔 / 渐变的景观

8.3 建筑色彩

当代建筑的色彩设计充满了无限的可能性，可为建筑注入独特的个性和风格。色彩在建筑设计中起着重要的作用，不仅仅追求美观，更要凸显建筑的特征、功能以及与环境的协调性[42]。通过选择对比色彩、与环境相协调的调色板以及符合人们情感反应的色彩，建筑可以创造出令人难忘的外观和令人愉悦的视觉体验[43]。此外，色彩的选择还需考虑到建筑的可持续性和能源效率，为环境保护贡献一份力量。在当代建筑设计中，色彩是设计的重要元素之一，通过与抽象的几何形态结合，形成色块与层次、渐变与过渡等设计策略，创造引人注目、舒适且富有个性化的建筑形象。

8.3.1 统一与对比

当代建筑常常借助几何形态的抽象色彩组合来表达建筑的概念和意义。通过运用非传统的几何形状和图案，使传统外观模式得以打破，从而创造出引人注目的视觉效果。在色彩设计上，运用大面积纯色设计的建筑立面风格简洁洗练，突显了现代感、工业美感以及色彩的象征意义（图 8.3-1 ~ 图 8.3-5）。而运用不同的色块和层次可以使建筑立面更具层次感和视觉冲击力，明亮或对比强烈的色彩进一步突显建筑设计的独特性，创造出引人入胜的外观效果。

8.3.2 渐变和过渡

渐变和过渡的运用能够赋予建筑立面流动感和动态感，使其呈现生动和充满活力的外观。与其他运用色彩对比手法的建筑设计相比，渐变色通过色彩的有序变化，在活泼、动感的基础上强调了整体性与融合感（图 8.3-6）。通过将色调平滑地过渡或在不同建筑元素之间实现渐进变化，渐变色彩的运用得以实现（图 8.3-7）。

（a） （b） （c）

图 8.3-1 萨伏伊别墅，法国巴黎，1929 年（a）；朗香教堂，法国巴黎，1954 年（b）；斯坦纳住宅，奥地利维也纳，1910 年（c）。历经现代主义建筑运动以及"白色派"风格（The Whites）为代表的新现代主义运动，白色已然成为现代建筑的一张视觉名片[44]

图 8.3-2 红墙（La Muralla Roja）是西班牙建筑设计师博菲尔（Ricardo Bofill）最知名的作品之一，简洁的线条和几何抽象的造型语言，以及大面积的粉红色墙面与蓝色的海洋与天空相映成趣，风格大胆而梦幻

图 8.3-3 深圳坪山中心公园大草坪城市书房。设计为建筑整体赋予了大胆响亮的橙色，单一极限的色彩营造室内外空间的连续性，并与公园中的环境色彩形成强烈自由的反差

图 8.3-4 2022 年度伦敦蛇形画廊展亭"黑教堂（Black Chapel）"，将整栋建筑的内外统一于沉静肃穆的黑色之中，旨在"创造一个人们可以从生活压力中暂时解脱出来的场所，让人可以平静地度过一段时光"

图 8.3-5 波斯湾霍尔木兹岛公共住宅（Presence in Hormuz）。造型设计与色彩运用颇具特色的"球屋"，丰富、跃动的色相对比为建筑增添了色彩趣味，为该岛增添魅力、吸引旅客驻足

图 8.3-6 维也纳经济与商业大学法律学院与中央行政大楼。建筑立面色彩呈现鲜艳、明度渐变的条纹，"为维也纳普拉特区经常灰蒙蒙的天空增添了欢乐"

图 8.3-7 美国堪萨斯州草原之火博物馆（Prairiefire Museum）。该馆建筑外观灵感来自于田野中的炽盛火焰，旨在纪念当地源于堪萨斯的受控大草原燃烧（controlled prairie burns）的传统。多种颜色的炫彩不锈钢砖、变色玻璃与石材形成了丰富的材质对比，分层的色彩形成了一块渐变色谱，创造出颇具流动感、动态感的外观

图 8.3-8 路易威登银座旗舰店（左）。该项目是对 1981 年开业的日本首家 LV 旗舰店的一次改造更新。设计以水面反射时的波光感为灵感，外层弯曲起伏的玻璃立面反射天光与云影，内层的二向色玻璃又渲染出充满变化的新面貌，给人以梦幻般的空间体验。英国达尔斯顿布拉德伯里商业大楼（右）。由老建筑翻新改建的商业大楼保留了原有建筑的主体结构，并赋予了全新质感的建筑外观：纯粹、轻盈且反光的表面质地来源于半透明的聚碳酸酯立面

图 8.3-9 维尔纽斯大学植物园实验室大楼。建筑采用了植物立面，与植物园的自然风格十分契合。在夏季，繁茂的植物减少了圆柱形组件之间的空隙，防止建筑摄入过多热量。而到了冬季，这些组件也可以让建筑保持预期的形象

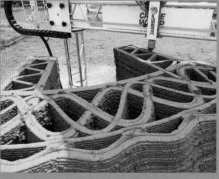

图 8.3-10 "TECLA" 生土圆厅。该项目由可循环的自然生土材料，即未加工过的土壤，由多台 3D 打印机同步运行 200 小时所建造完成。与传统建筑技术相比，它具有耗时少、就地取材、节省原材料，减少建设过程中废弃物排放的优点

8.3.3 反射和透射

反射与透射的运用经常在当代建筑立面设计中扮演重要角色，以增强建筑的外观效果。通过采用具有反射性质的材料或灯光系统，可以在不同光照条件下创造出变幻莫测的色彩效果，使建筑立面更加生动和引人注目。透明、半透明材质的运用，增加了建筑的现代感与神秘感（图8.3-8）。

8.3.4 自然与生态色彩

当代建筑注重与自然环境的融合，因此在立面色彩设计中常常运用自然和生态色彩。这些色彩包括土地的自然色调、植物的绿色和水体的蓝色等，色感朴素、亲和，以创造出和谐、舒适的建筑环境，并传达出可持续、可循环的环保理念（图8.3-9、图8.3-10）。

8.4 室内色彩

色彩是人类视觉中最响亮的语言符号，在空间设计中，色彩也同样是重要的因素：色彩可以调节室内光线强弱、调整空间的远近大小、区分不同的空间功能；色彩也会直接或间接地影响人的情绪、精神和心理活动；此外，色彩的设计在室内装饰中创造或改变着环境的格调与艺术感，表达着人的精神追求、给人以美的享受。色彩在空间中从视觉上可以从功能方面、美感和情感方面第一时间起到与人互动的功能，在室内设计中起着重要的作用。

空间中色彩运用的最高层次是其与材质、肌理一起传递出的情感。其中色相是基础，而由明度和饱和度决定的色调是表达色彩情感的核心。在室内设计中，利用清华大学色彩研究所研究的中国人情感色调系统进行色彩和谐搭配，比较容易描绘设计所要传达的理念及氛围。

"苍"色调，纯色中混合了大量的白色，是以高明度、低饱和度为特点的色调，给人以清静、明快、细腻、清亮、朦胧、稚气、女性化的感觉。"苍"色调常与对比较强的浓色调、艳色调进行搭配，以增加室内空间的立体感（图8.4-1）。

"烟"色调在纯色中混合了大量的白色和少量的灰色，是一种中高明度、低饱和度的色调，仿佛烟雨朦胧的山林清晨，给人以幽静、朴实、镇静、典雅、雅致的感觉。"烟"色调常与对比适中的浓色调或对比较弱的幽色调搭配，增加室内的秩序感（图8.4-2）。

"幽"色调，纯色中混合了大量的灰色，中低明度低饱和度的色调。大量灰色的加入使"幽"色调传递出平缓、舒适、温和、淡雅、文雅、素雅的感觉。"幽"色调常于黯色调、烟色调搭配，形成类似色调调和，使室内空间朴素含蓄（图8.4-3）。

"乌"色调，纯色中混合了黑色，低明度低饱和度的色调。大量的黑色，将原有的色相掩盖，给人带来朴实、壮丽、粗犷、冷峻的感觉。"乌"色调常与高明度无彩色进行搭配，强烈的明暗对比使空间充满硬朗的张力。或者与高饱和度纯色搭配，色感饱满的纯色将在深色空间中被衬托得更加熠熠生辉（图8.4-4）。

"浅"色调，纯色中混合了白色和浅灰色，高明度中低饱和度的色调。浅色调与苍色调相比色相感增强，给人以秀气、清丽、柔美的感觉。"浅"色调常与"苍"色调、"亮"色调进行搭配，增加空间的柔和感（图8.4-5）。

"混"色调，纯色中混合了中灰色，中明度中低饱和度的色调，带来安静、舒畅、整洁、美好的感觉，产生一种舒缓、从容的吸引力（图8.4-6）。

"黯"色调，纯色中混合了少量的黑色，低明度中低饱和度的色调。给人以保守、坚硬、坚固、淳朴的感觉，在室内空间中往往传达出尊严、传统的情绪。"黯"色调常与大面积的白色搭配，增加空间的呼吸感（图8.4-7）。

"亮"色调，纯色中混合了少量的白色，中高明度和饱和度的色调。给人以精致、艳丽、明亮的感觉。"亮"色调通常与大面积的白色搭配，或者作为辅助色调搭配任意一种色调进行使用（图8.4-8）。

图8.4-1 "统一"与"对比"相结合的设计：采用苍色调为主基调，浓色调为辅助，使用"主色与辅助色""明度与饱和度和谐"的色彩和谐理论，综合了"统一"与"对比"两大和谐原则，营造出明快、舒适的室内空间

图8.4-2 以朦胧的烟色调为基调，强调整体配色的统一感与幽静感

图8.4-3 沉静、舒适的幽色调办公空间

图 8.4-4 古朴、老练的"乌"色调室内色彩　　图 8.4-5　大面积运用浅色调蓝色的商业室内空间，充满清爽愉悦的氛围

图 8.4-6　大面积的白色背景，突出了混色调的大地色系区域，相互映衬，带来安静、舒适的环境

图 8.4-7　黯色调室内对比色应用暗示着力量，给人稳重、粗犷之感

图 8.4-8　大面积的色感明快的湖蓝色点缀活泼的亮红色，对比鲜明、充满动感，打造充满现代感、爽利感的音乐工作室空间

"浓"色调，纯色中添加少量的黑色，中低明度中高饱和度的色调常常与壮丽、粗犷、传统、华丽等情感词联系在一起。"浓"色调融合性强，与其他色调易于调和，也常常用不同材质的浓色调搭配，营造出低调而华丽的调性（图 8.4-9）。

　　"艳"色调，纯色色相，中明度高和饱和度的色调。强烈的颜色给人以舒畅、芬芳、明朗、高贵之感。没有一种色调能像"艳"色调这般充满活力。在空间中，最常用的是用"艳"色调进行点缀，抑或是为公共空间提供有趣、大胆的配色方案，从而使空间充满热烈、欢快的氛围（图 8.4-10）。

图 8.4-9　沉浸式空间：不同的浓色调色彩相对比，创造出沉浸又强烈的视觉感受

图 8.4-10　多彩的办公空间，简洁的线条与艳色调搭配，平衡、自由

第九章

摄影与影视色彩

影像作品是基于现实环境色彩，通过拍摄者技巧、时间、角度的调节改变色彩来传递静态或动态的视觉内容的一种形式。影像作品包括摄影、电影、纪录片、动画、戏剧等，在影像艺术作品中，色彩可以通过影像的整体色调、人物、场景、道具等元素来表现，对于整体情感和故事情节有着重要的影响。影像艺术家通常利用色彩的选择和使用来实现他们对影片的意图，并通过色彩的对比和搭配来强调影片的重点。色彩的使用还能通过摄影、灯光和其他技术来控制，从而在影片中创造出特定的效果。此外，色彩也用来提高观众的兴奋度和吸引力，并帮助观众更好地理解故事情节。色彩语言不同于故事文本，通过色彩亮度、色相的细微变化即可传达截然不同的视觉感受从而传递迥然不同的故事含义。色彩在影像艺术中是一个多维度、多功能的元素，对于影片的艺术性、观赏性和历史价值具有重要影响。

1839 年路易斯·达盖尔（Louis J M Daguerre）发明了照相技术，但在最初无法呈现色彩。1861 年英国摄影师麦克斯韦基于三色理论，利用红绿蓝三种颜色的滤镜拍摄出世界上第一张彩色照片，从此摄影艺术开启了新的篇章。在摄影技术取得发展后，彩色摄影已不仅仅是一种描述实物的方式，摄影者们也逐渐从照相的本体论出发，去探寻自己的表达方式，摄影也变成了情绪和艺术表达的手段。

创造经典照片的关键在于构图、曝光、色彩等相关内容 [45]。无论是在光线的背景下，还是在物体上呈现出独特的颜色，颜色的运用会对摄影的成败产生很大的影响。20 世纪

40 年代末，索尔·莱特（Saul Leiter）在纽约开始尝试彩色摄影，他的作品展示出了创新的构图和对色彩的开创性掌握，他运用色彩的敏锐捕捉来营造情绪和表达情感，表现城市景观的独特韵味[46]。美国肖像摄影师安妮·莱博维特（Annie Leibovit）运用光影和色彩进行人物摄影，她的图像具有清晰的焦点、丰富的色彩和动态对比度的特点。1962 年美国风景摄影师乔尔·梅耶罗维茨（Joel Meyerowitz）就开始尝试拍摄彩色照片，当时人们对彩色摄影作为严肃艺术的想法存在强烈抵制，而他作为彩色使用的早期提倡者，通过对色彩的把控，以其精湛的技艺捕捉纽约市日常生活中充满活力、色彩斑斓的戏剧而声名鹊起。盖蒂保护研究所对传统彩色照相过程的历史和技术进行概述，同时讨论了20 世纪最具商业性和历史意义的相片制作过程，例如加色屏幕、颜料、染料吸收、染料偶联、染料破坏、染料扩散和染料媒染和银色调等[47]。《百年彩色摄影》作为中国第一部引进的有关色彩摄影发展历史的著作，利用编年体的形式，收录了自1907 年第一种商业色彩印相法到如今21 世纪色彩数码的三百余幅作品[48]。

1930 年第一部彩色电影《浮华世界》完成了电影影像从黑白到彩色的跨越，标志着一个新的时期的来临。由于屏幕图像发生了质变，彩色图像占据了屏幕的主要空间，而色彩也成了影片中重要的元素。在影片形态研究中，色彩语言在表达方面具有特殊性，主创利用色彩的特性和功能，灵活运用以实现其艺术意图。

9.1 影像中的色彩和谐

影像艺术，是造梦的艺术。以美动人，以美化人，从感官的愉悦到心灵的洗涤，画面的审美性在影像艺术中占据着相当的重要性。形与色是视觉艺术的基础要素，色彩和谐以及形与色的和谐，是画面形式美的重要组成部分。在统一中有变化、

图 9.1-1 《冬天的风暴》。安塞尔·亚当斯的作品中经常出现对比强烈的元素，如黑暗与明亮、平静与动荡等，这种对比加强了作品的视觉效果和情感表达

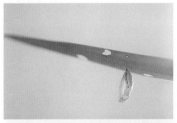

图 9.1-2 川内伦子摄影作品。作者在拍摄时常常运用闪光灯，削减自然的光影效果，使得画面明度对比十分柔和、清淡，产生了迷雾般的独特风格

图 9.1-3 电影《天堂之日》。特伦斯 - 马力克（Terrence Malick）以其利用天空和自然元素的色彩来表现人类存在感和生命的意义，在电影《天堂之日》中，天空和麦田场景色调的冷暖跟随故事情节发展而变换，画面渲染了挽歌般的氛围，也侧面渲染出主人公变换的情绪。男主角在一望无垠的得克萨斯草原上捕捉到了美和孤独

在稳定中展现张力，从黑白写意到五彩斑斓，色彩的美感为视觉作品增添了穿越时空的魅力。

9.1.1 明暗统一与对比

色彩的明暗对比与统一是画面的"骨架"，是摄影、影视、绘画艺术中不可或缺的一个元素，它让作品更加有力地传达出艺术家所要表达的信息和情感。合理的明暗对比塑造了画面的空间感与立体感，可以突出画面中的主题，增强画面的层次感和立体感，使画面更具有冲击力和视觉吸引力。此外，明暗对比还可以用来突显物体的质感和形态，通过对光影的处理来营造出不同的氛围和情感，从而使作品更加生动、有趣。

通过巧妙地运用明暗对比，艺术家可以创造出各种不同的效果，比如把焦点放在画面某个部位，或者营造出某种特定的氛围。强烈的明暗对比带来紧张、矛盾、充满戏剧感和张力的氛围，而趋于统一的明暗对比则会让画面内容相互融合（图 9.1-1、图 9.1-2）。

此外，大面积运用黑色、灰色等低亮度色彩的暗调摄影，强调暗影和阴影的效果，会创造出一种神秘和令人沉思的氛围。而强调白色、高明度色彩的亮调摄影会创造出一种干净、简洁和轻盈的氛围，以达到清晰、锐利和生动的效果。

9.1.2 冷暖统一与对比

视觉艺术中，冷暖对比是一种重要的色彩对比手法。使用蓝色、绿色、紫色冷色统一画面，可以使画面看起来更加深邃和冷静，而使用红色、橙色、黄色等暖色调则可以让画面更加明亮和温暖（图 9.1-3、图 9.1-4）。而通过在画面中运用冷色和暖色的对比，则可以增加画面的层次感和视觉吸引力（图9.1-5）。例如，在一幅风景画中，可以使用冷色调来表现远处的山丘和天空，而使用暖色调来表现前景中的草地和树木，从而使画面更加生动有趣。

冷暖色调也可以表现截然不同的两种情绪氛围。冷色的运用常被用来表示冷静、安宁与邪恶，而在特定场景设置蓝色与绿色也代表着自然环境。

9.1.3 饱和度统一与对比

画面中的色彩饱和度度，可以在从灰色到非常鲜艳的颜色中产生丰富的变化。

当使用高饱和度的颜色时，画面会显得更加明亮和生动，而使用低饱和度的颜色则会使画面看起来更加柔和和安静（图9.1-6、图 9.1-7）。

通过在画面中使用高饱和度和低饱和度的颜色对比，可以增加画面的层次感和视觉效果。例如，可以使用高饱和度的颜色来表现主要物体的轮廓和形状，而使用低饱和度的颜色来表现背景和阴影部分，这样可以让主体更加突出（图9.1-8）。

9.2 影像中的色彩象征

色彩作为影像中的视觉语言元素，其语言修辞功能最常见的方式是象征和隐喻。"象征是表达影片意义的高度凝练而富有潜在的方式[49]"。色彩相比于造型，是一种更加抽象的视觉语言。通过隐喻与象征，激发观众的生活经验、启发联想，从而超越表象的内容、拓展主创的表达空间，让观众获得对作品更具思考性、文学性的认识。

在动作片中，红色和橙色可以用来表示危险和刺激，而在爱情片中，粉色和紫色可以用来表示浪漫和温馨。同时，在影像艺术中，色彩也可以用来反映历史和文化背景。在纪录片中，色彩可以用来反映特定历史时期的文化和社会习俗，并帮助观众更好地理解故事情节（图 9.2-1 ~图 9.2-5）。

图 9.1-4　电影《影》。剧中光线和阴影是以暗色调为主，角色的着装多为黑白灰等深沉的色调，在一场权力斗争中，以最具权势的黑色为主角，同时也为整个画面增添了黑白两颗棋子的对立感，也增添了紧张和惶恐的气氛，利用黑白两色将整个阴谋渲染到了极致

图 9.1-5　摄影师亚历克斯·韦伯（Alex Webb）以复杂而充满活力的彩色摄影著称。强烈的冷暖对比在复杂的画面内容中构建了秩序，并突显了人物的形象与情感

图 9.1-6　电影《布达佩斯大饭店》。高饱和的红色与紫色使画面形成鲜明的对比，色彩的运用使得影片更加有视觉吸引力，并为观众带来愉悦的观赏体验

图 9.1-7　电影《沙丘》。单色系、低饱合度色为主要色彩的美术风格，精心设计的构图、服装、灯光与画面层次，让科幻电影也呈现出史诗般的氛围，展现庄严肃穆之美

色彩：艺术、科学与设计

图 9.1-8 法国摄影师范尼·吉诺克斯（Fanny Genoux）街头摄影。作品中人物只留下步履匆匆的深色剪影，人成为一种意向。而平时易被忽视的墙面、建筑，却因明亮的色彩成为视觉的焦点，凸显了日常生活中隐藏的抽象与秩序

图 9.2-1 电影《英雄》。大面积运用的"黑、红、蓝、白、绿"，对比强烈而充满变化。色彩在电影中具有了剧作意义，"用色彩讲故事"。胡杨林中，红衣女侠在漫天黄叶中生死对决，最后天地化为一片血红。强烈的红色把人物的情绪统统宣泄了出来，其内心状态得以外化[50]。而整体亮、浓、艳的色调运用，又极具感染力，给人直接、强烈的视觉印象

图 9.2-2 电影《幸福的黄手帕》。剧终时挂满整个银幕的黄色手帕的出现，不仅是视觉效果上的明亮与醒目，更揭示出妻子与丈夫之间的情感，暗示了影片美好的结局

图 9.2-3 电影《红白蓝三部曲：蓝》。影片对色彩的运用奠定了感伤而又温情弥漫的蓝色基调。冰蓝色的晶莹灿烂的吊灯，充盈画面的碧蓝色游泳池，攥在手里的亮蓝色糖纸……整部影片运用了丰富的色彩视觉语言，凸显了色彩的哲思和隐喻[51]

图 9.2-4 电影《抛掉书本上街去》。日本电影导演寺山修司将色彩以另类的个人主观的形式进行表达，通过多种色彩滤镜对其作品进行有色处理，利用色彩形式传达出影视故事中的神秘和怪诞，在影片《抛掉书本上街去》中，寺山修司将画面红紫色调处理，渲染出超现实与幻想的意境[52]。画面利用红紫色调处理渲染出超现实与幻想的意境，也充斥着绝望的气息

图 9.2-5 电影《红色沙漠》。黑色带来压抑的气息，也渲染着对机器工业时代悲观失望的情绪[53]

9.3　影像中的色调与情感

色调结合了明度与饱和度概念，不同色调的色彩对人的情绪反应会产生显著的影响。巧妙运用色调的这一特点，色彩的夸张和流动、以情动人，可以为作品创造情感性、主观性的视觉体验。用主观色彩表达作者个性化的感受与创意性体验，将为作品带来具有识别度的独特风格（图 9.3-1 ～ 图 9.3-3 ）。

9.4　数字影像中的调色

随着数字影像技术的快速发展，数字化的摄录、后期加工以及发行放映，正在部分甚至全面替代传统的光学化学或物理处理技术。随着数字技术的广泛应用，影像色彩的调色获得了前所未有的自由，集色彩管理的科学性与色彩表达的艺术性于一体，成为视效工程的重要环节。

数字影像中的调色工作可以在拍摄中及拍摄完成后，通过数字技术对电影电视等影像进行光影的二次处理和色彩倾向调整，目的是将影像的前期视觉设定发挥到极致，同时结合故事氛围、情绪体现等主观因素，进行影像视觉的二次艺术创作（图 9.4-1 ）。

对于电影影像的调光调色，需要与平面照片的调色宗旨区分开。当色彩创作服务于一段连续的动态画面时，那么一切的创作意图将服务于故事。首先，从技术角度来讲，故事片的前期拍摄工业流程决定了一部完成片往往需要多次、多机位甚至跨天、跨景拍摄来完成，那么当这些单独的镜头被剪辑成连续画面时，如何匹配整场戏的光线、色彩风格将极为重要，从而使观众在观影时不会主观感觉跳色、光影不衔接。从艺术角度出发，通过调整画面的对比度、亮度、饱和度、冷暖等参数，影像色彩可以在准确性、叙事性、真实感、整体性、审美性、

色彩：艺术、科学与设计

图 9.3-1 电影《飞屋环游记》。在表现角色快乐、幸福的场景时使用了明亮、色感饱满的亮、艳色调。而表现沮丧、孤独的场景时，采用了乌、幽、黯色调的色彩渲染。色彩像放大器一般，充分展现了人物的内心世界

图 9.3-2 电影《银翼杀手 2049》。满天黄沙将画面笼罩于一片亮色调橙光之中，渲染了干灼、焦躁的视觉氛围，强化了电影的主题和情感

图 9.3-3 电影《星际迷航》。黯色调深蓝色的场景色彩运用，渲染了安定与平静的氛围，暗示了人物此刻沉思的心绪

情感性、意向性、创意性等不同维度提升视觉效果，创造出极具艺术感染力的作品。

数字影像的调色工作通常由专业的调色师来完成，他们会根据导演的要求、作品的类型、定位的风格等，对每个镜头进行从整体到细节的调整：色彩校正通过调整色阶、色温、色调等参数，使得电影的整体色彩在准确性、整体性上达到较为合理的状态；增加或减少对比度和亮度，可以改变电影的明暗效果，增强画面的层次感和立体感；饱和度调整，可以增强或减弱颜色的鲜艳程度，使得电影色彩从丰富生动到沉静内敛变化，产生情感或氛围的流动；特殊效果和滤镜应用，如模糊、蒙尘、颗粒等，可以增加影像的艺术效果和独特风格。

如今，数字影像的调色不仅仅是后期加工工序，以最终效果为导向的后期前置、虚拟拍摄等概念和技术的落地，让影像制作的前后期工作结合更加紧密，利于缩短制作周期、提升制作质量。数字影像调色正以更灵活、更精准、更高效的方式，深刻影响着当代影像作品的制作技术与艺术表达。

图 9.4-1　专业化的数字影像调色，需要搭建标准调色环境以及配置调色软件、调色台等硬件

色彩：艺术、科学与设计

科学篇

Science

色彩科学在现代科学和技术中扮演着重要的角色，它涉及光学、物理学、心理学、生物学等多个学科，在颜色测量、颜色再现、光谱分析、医学成像、计算机视觉等多个领域有着广泛的应用。

色彩科学通过研究光的传播、反射、折射以及光谱分析等，帮助人们理解了色彩形成的物理原理和过程。这不仅对于光学仪器的设计和制造有着积极的影响，也为光通信、光谱分析和光学设备的应用提供了基础理论支持。

色彩科学对人类感知和认知的研究也具有重要意义。通过心理学和神经科学的方法，色彩科学揭示了人类对不同色彩的感知和反应机制。了解人类对色彩的心理和生理反应，为广告设计、室内装饰、医疗等应用领域提供更加科学的依据和指导，创造更美好、更健康的生活环境。

第十章

颜色的命名与沟通

在色彩设计工作中，颜色的准确描述与精准沟通也是一项重要的工作流程。色彩是一种光信号带来的视觉感知，带有主观的个人感受。这对现代工业化生产背景下的色彩设计和供应链管理而言，带来了色彩沟通、色彩再现、色差管理方面的挑战。

10.1 颜色的命名

1969 年，布伦特·柏林（Brent Berlin）和保罗·凯（Paul Kay）首先提出了基本颜色词概念（Basic Color Term, BCT），并从来自一系列语系的二十种不同语言的使用者那里收集的数据。 他们确定了 11 种可能的基本颜色类别：白色、黑色、红色、绿色、黄色、蓝色、棕色、紫色、粉色、橙色和灰色。

特定语言中的颜色词可能会影响人类对颜色的感知。这也许可以解释为什么一些以英语为母语的儿童，熟悉美国蜡笔品牌绘儿乐（Crayola）64 包装中的彩虹色，可以区分"铁锈色"和"砖色"以及"苔藓色"和"鼠尾草色"，而那些使用较少颜色名称的语言长大的儿童则将这些色调混为一谈[54]。以色列语言研究人员撰写的《透过语言玻璃：为什么世界在其他语言中看起来不同》（Through the language glass：why the world looks different in other languages）探讨了语言反映和影响我们文化的多种方式，通过探索语言处理空间、性别和颜色的不同方式，展示了不同语言从根本上改变了不同语言人群对世界的看法[55]。2017 年，美国认知学家发表在《美国国家科学院院刊》的文章"分析色彩的语言"（Analyzing the language of color）中解释，不同语言表示色彩的词汇数量具有差异性。经过对全球100 中语言进行分析，研究者发现大多数语言倾向于将光谱中的暖色部分分成更多的颜色词，如红色、橙色和黄色，而冷色调区域则的词汇包括蓝色和绿色相对较少，这使得使用同一种语言的不同使用者对暖色的标记更加一致[56]。2018 年伯克贝克大学讲师加文·埃文斯（Gavin Evans）出版的《色彩的故事》（The Story of Color）深入探讨了颜色感知的概念，它不仅与人们所看到的事物有关，而且与我们赋予颜色的词语有关。埃文斯通过在纳米比亚的研究支持了这一观点，纳米比亚的原始部落不会用不同的词来区分蓝色和绿色，而英语单词"Blue"通常被认为是部落语言中绿色的变体[57]。

总之，在漫长的历史文化发展中，我们形成了基础的红、黄、蓝、绿等基础色名的共识。在这些基础色名之外，还有其他许多承载着制作工艺、发源地、历史背景等丰富人文内涵的名字。但自然语言中同一名字下的颜色，往往对应着较为宽泛的颜色外观，同时每个人对于同一颜色的感觉、表述可能会有很大的主观差异。

10.2　表色体系

为了让设计师、原料供应商、产品制造商、销售渠道和终端用户之间的颜色沟通准确、畅通，能够精确描述颜色外观的"标准色彩语言"成为一种迫切的需要。在色彩产业的实践中，以颜色三属性为基础的标准色卡以及数字化的颜色测量与评估，是目前常用的、提升颜色描述沟通效率与准确性的工具与方法。

表色体系（Color order system）主要以实物色卡为呈色形式，是将颜色按特定的规则进行有序、合理排列的色彩体系。经过多年研究迭代后的成熟色彩体系，均以"色相、明度、饱和度"的颜色三属性为三维色彩空间的构建维度。在中文资料中，一般将它们翻译为表色体系。

由于表色体系以有序和连续的方式排列颜色，实物色卡的呈色形式又十分直观、易于理解，并便于颜色之间的并置比较，因此在色彩设计的教学活动中，表色体系色卡也是学习和认知颜色的极佳工具。在色彩的设计工作中，色卡有助于快速探讨和定位色彩灵感，可以用作设计端与生产端的快速沟通工具。此外，表色体系可以制作便携式色卡，利于色样的采样和标定。严格按照感知维度排序和标定的表色体系，其色号与CIE 三刺激值有相应的对应关系，具有科学参考性，可以在一定条件下实现不同色彩体系之间的颜色转换与传递。

目前，常见的表色体系有孟塞尔色彩体系、NCS 色彩体系、RAL 色彩体系、PCCS 色彩体系，以及Coloro 色彩体系。

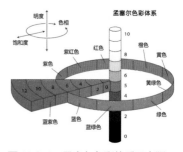

图 10.2-1　孟塞尔色彩体系示意图

Munsell
5R/6/14

图 10.2-2　孟塞尔色彩体系的色号值"5R/6/14"意为该颜色是 5R 的色相值、明度值为 6、饱和度为 14 的鲜艳红色

10.2.1　孟塞尔色彩体系

孟塞尔色彩体系，由美国艺术家孟塞尔创建于1898 年。其主要的原则，在于维持每个不同颜色属性维度（色相、明度、饱和度）上相邻色标的视觉感知变化步长均等。例如，从饱和度维度而言，饱和度为8 的色标与10 的色差差异，与10 和12 的差异一致。同时，饱和度为8 的红色与饱和度为8 的蓝色，其鲜艳程度在视觉感知上一致。

孟塞尔色彩体系将色相称为Hue（缩写为H），明度称为Value（缩写为V），饱和度称为Chroma（缩写为C）。色相（H）由红、绿、黄、蓝、紫5 个基准色和黄红、绿黄、蓝绿、紫蓝、红紫5 个中间色，共计10 个色相类别组成。颜色的明度V 值从0（纯黑）到10（纯白）变化。表示饱和度的C 值从0（无彩色）开始，普通高饱和度颜色的C 值通常在20 以内。某些荧光材料可能具有高达30 的C 值（图 10.2-1）。

孟塞尔色彩体系的色号值格式按"色相- 明度- 饱和度"的顺序从左至右排列：H V/C。例如：5R 6/14，意为该颜色是 5R 的色相值、明度值为 6、饱和度为 14 的鲜艳红色（图 10.2-2）。

图 10.2-3　孟赛尔色彩体系色彩树示意图及实物图

孟塞尔色彩体系的颜色空间中不同色相的高饱和度颜色，其V值和C值并不一致。因此孟赛尔色彩体系的色立体是一种不规则的形状，被称为孟赛尔色彩树（Munsell Color Tree）（图10.2-3）。

孟塞尔色彩体系是目前仍在生产与应用的、历史最为悠久的色彩体系之一。由于它具有视觉均匀的优异特性（单维度均匀，非整体空间均匀），有许多重要的颜色感知实验均采用了孟塞尔色卡作为标准色卡工具使用，例如CIE Lab 颜色空间实验就是在孟塞尔色卡的基础上完成的。因此，为了获得研究结果的延续性，目前许多颜色感知和认知实验仍然以此为研究工具。孟塞尔色卡是横跨颜色艺术与颜色科学的重要桥梁。

10.2.2　NCS 色彩体系

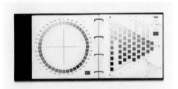

图 10.2-4　NCS 色彩体系示意图

NCS（Natural Color System）自然色彩系统是1964 年由瑞典色彩中心基金会研发的色彩体系。基于赫灵提出的颜色感知学说，有黑、白、红、绿、黄、蓝色六个基本色。

NCS 的色相环包含了40 种高饱和度颜色，由红黄绿蓝四种基础色相构成（图10.2-4）。NCS 三角形（NCS-triangle）则为同一色调颜色的不同色调（明度+ 饱和度）变化。NCS 色号"S 2050-R50B"中的"S"意为"标准"（standard 的缩写）；"2050"代表了纯色颜料与黑白颜料的混合比例，即纯黑占20%，纯彩色占50%（因此白色占30%）；"R50B"则表示色相，此例中色相为50% 红色和50% 的蓝色，因此"S 2050-R50B"为一个中等饱和度度的高明度紫色（图10.2-5）。

NCS
S 2050-R50B

图 10.2-5　"S 2050-R50B"为一个中等饱和度的浅紫色

10.2.3　RAL 色彩体系

RAL 配色系统（Reichs Ausschuss für Lieferbedingungen）是欧洲使用的标准配色系统。它于1927 年在德国首次开发，此后成为欧洲使用最广泛的颜色标准。同时，在标准色彩体系的

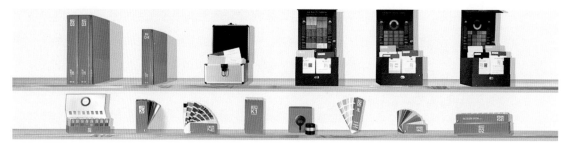

图 10.2-6　RAL 系列色卡

基础上，RAL 还有为不同应用场景而开发的金属色、塑料色以及趋势色等设计用色卡（图 10.2-6）。

有将近100 年历史的RAL 劳尔色彩标准以CIE Lab 1976 标准为基础，包含36 个基础色相，按照等距离排布，并以角度为单位命名。色相环从0°的红色开始，90°时经过黄色，180°时经过绿色，270°时经过蓝色。每个颜色按照色相、明度、饱和度标注数字，便于查找和对照。

该体系的色号由七位数字组成：HHH LL CC。前三位表示色相，以LCH（Lab）显色体系的H 角度值来标注，因此取值范围为0 度到360 度。中间两位代表明度值，即LCH 中的L 值，取值范围为0 到100。最后两位代表饱和度值，即LCH 中的C 值，取值范围为0 至90。例如，"RAL 070 80 60"代表了一个高明度的黄色（图10.2-7）。

图 10.2-7　"RAL 070 80 60"代表了一个高明度的黄色

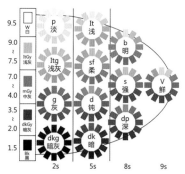

图 10.2-8　PCCS 色彩体系将颜色空间分为 12 种色调

10.2.4　PCCS 色彩体系

PCCS（Practical Color Coordinate System）色彩体系是日本色彩研究所研制的色彩体系，其最大的特点是引入了"色调"来组织明度与饱和度概念，进一步展示了每一个色相的明度和饱和度关系。在PCCS 色调图中，同一色相、不同明度与饱和度度颜色被分为12 种色调。因此，三维的颜色空间可以按12 种色调的色相环排列于二维的色调图中，对色彩应用中的色调调和具有更明确的指导性。此外，PCCS 的24 色色相环同样注重视觉上的等距离差（图10.2-8）。

色彩：艺术、科学与设计

图 10.2-9 COLORO 颜色参考工具
（Workbook）包含共计 3500 个颜色

图 10.2-11 "COLORO 098-59-30" 是一种中等明度和饱和度的蓝色

10.2.5 COLORO 色彩体系

COLORO 色彩体系由中国纺织信息中心联合国内外色彩专家和时尚机构，在中国人视觉实验数据基础上，经过20 年潜心研发建立的中国应用色彩体系。同时，COLORO 色彩体系也是中国纺织服装行业的颜色标准。

COLORO 色彩体系同样也是建立在视觉等色差理论基础上的颜色体系，基于色相、明度、饱和度三大属性，包含160 阶色相、100 阶明度和100 阶彩度。其色号同样按"色相- 明度-饱和度"顺序排列，"COLORO 098-59-30"即为一种中等明度和饱和度的蓝色（图10.2-9 ～图10.2-11）。

除上述色彩体系之外，还有一些色彩产业的常用工具，例如Pantone 色卡、室内涂料领域各品牌研发的色卡等，都能起到方便有效地进行颜色描述与沟通的作用。使用标准颜色系统，可以简单、准确地指定颜色，便于让产业链不同环节的从业者快速、直观地理解颜色外观目标，提高色彩沟通效率。

但表色体系也有不足之处。例如，不同体系的颜色标号难以相互转换、难以通用；颜色样品数量受限，色样之间的变化受限于着色剂限制、不连续；物理色卡样品易受褪色和磨损问题困扰等。另外，随着数字技术的进步与发展，设计产品的使用与展示，逐渐从实物色彩效果向移动端的显示器色彩效果迁移，呈现移动化、数字化的特点。因此，数字化的颜色标准也是一门重要的"标准色彩语言"。

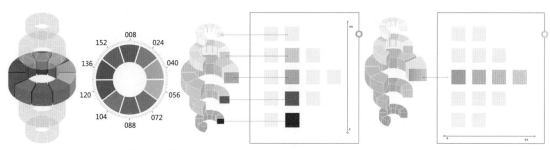

图 10.2-10 COLORO 中国应用色彩体系

第十一章

颜色的测量：色度学

色度学（Colorimetry）是一门研究人类视觉系统对颜色现象的主观感知规律及其客观计量方法的科学，是颜色科学与技术理论体系的重要组成部分。因此，运用色度学的研究成果，可以定量地测量和定义颜色，实现对颜色外观描述与沟通的数字化、精准化、科学化。

自20世纪初发展以来，色度学成为以视觉生理、视觉心理、物理光学、光电子学、电子计算技术等为基础的综合性学科，在照明、显示、摄影、印刷、影像、染织等行业中有着广泛的应用[58]。尤其在产业链的生产实践中，色度学是产品色彩的复现与管理的理论基础。

黄色的日光菊，颜色主要是由花叶对绿色、黄色、红色波段的光进行反射而形成（图 11.0-1）。测量黄色花叶从380nm到780nm 的反射光谱，就可以获取花叶全部的颜色信息。但这样从380nm 到780nm 的光谱分布，是一张包含了400 个数值的数据表。在色彩应用实践中，如果用400 个数据对颜色进行描述，显然是非常不便的。要完成颜色的复现，如果需要对400 个波长进行复现，也是难以完成的任务。

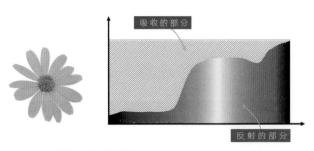

图 11.0-1　日光菊花叶对光的反射与吸收

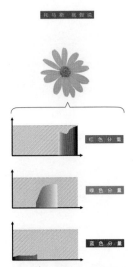

托马斯 杨假说

图 11.1-1 杨氏三原色学说认为视网膜上有三种神经细胞，每种神经细胞的兴奋都会引起对应的原色的感觉。由此，可见光波段的光谱可以被分解为红色分量、绿色分量和蓝色分量

为了能简洁明了地完成颜色信息的数字化描述，我们需要更深入地研究人对颜色信息的感知规律。

11.1 三色学说

17 世纪，牛顿通过棱镜色散实验最终揭示了色彩的物质来源。19 世纪，麦克斯韦证明了杨—亥姆霍兹三原色理论。进入 20 世纪后，在此基础上的色彩科学，开启了以颜色匹配为检验目标、以定量化的色光混合为主要实验手段的色度学发展道路。

基于红、绿、蓝三种颜色可以混合出不同颜色的现象，托马斯·杨在 1801 年提出了三原色学说理论，即视网膜上有三种神经细胞，每种神经细胞的兴奋都会引起对应的原色的感觉，不同比例的原色混合后就可以形成各种各样的颜色（图 11.1-1）。

由此，不管物体的实际光谱是简单还是复杂，都可以将它们分解为三种原色的信号，从而可以用三原色的混合比例来对所有颜色进行数字化的命名和描述。

1859 年，亥姆霍兹在杨氏学说的基础上，做了进一步地量化补充，设想出了三种神经纤维的兴奋曲线。对光谱的每一波长，三种纤维都有其特有的兴奋水平，三种纤维不同程度的同时活动就产生相应的色觉。

这意味着，可见光波段的光谱，并不能简单的按波长的范围来划分三原色的分量，因为每一种波长的光都会唤起三种视觉神经纤维的响应，只是不同波长下响应的比例不同。因此，需要采用更复杂的数学模型、更精细的实验方法来研究这个问题。亥姆霍兹的三种神经纤维假想曲线，为采用心里物理学的实验方法研究人眼对颜色的感知模型奠定了理论基础。这个学说现在通常称为杨-亥姆霍兹学说，也叫作三色学说。

三色学说的最大优越性是能充分说明各种颜色的混合现象，亥姆霍兹提出的三种神经纤维的兴奋曲线预示了色度学中光谱三刺激值的思想。后续科学家也从生理学角度证实了三种锥细胞的存在（L型，M型与S型），是现代色度学建立的基石。

11.2　CIE 1931 XYZ 系统与色度坐标

　　研究表明，L 型，M 型与 S 型视锥细胞产生的信号并不直接产生颜色感知，而是经过视觉神经网络的处理分别转换为了色度信号（Chromatic signals）与亮度信号（Luminance signal）。色度信号不包含亮度信息，但对应着色相与饱和度信息。亮度信号不包含色相与饱和度信息，仅代表颜色刺激的能量高低，最后通过大脑复杂的感知处理过程（例如，与观察环境的强度进行对比）而获得明度信息。

　　在对色度信号的提取过程中，颜色刺激的相对强度比绝对强度更加重要。具体而言，颜色刺激中的以红色为主的X分量、以绿色为主的Y分量和以蓝色为主的Z分量之间的比例，决定了色度信息的色相与饱和度。X、Y、Z代表了引起人体视网膜对某种颜色感觉的三种原色的刺激的程度，被称为三刺激值（Tristimulus）（图 11.2-1）。

　　总之，知道了某一个颜色的三刺激值XYZ，甚至只知道XYZ之间的比例关系，就可以知道这一颜色的色相与饱和度。根据以下公式，我们可以得到小写的x 和y，它们代表了三刺激值的相对比例，称为颜色的色度坐标/ 色品坐标（Olor coordinates/ Chromaticity coordinates），或色度值/ 色坐标。

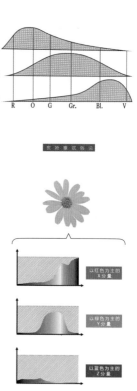

图 11.2-1　（上图）亥姆霍兹在杨氏学说的基础上，做了进一步地量化补充，设想出了三种神经纤维的兴奋曲线。由此，可见光波段的光谱被分解为以红色为主的分量（X）、以绿色为主的分量（Y）和以蓝色为主的分量（Z）（下图）

$$x = \frac{X}{X+Y+Z}$$

$$y = \frac{Y}{X+Y+Z}$$

$$z = \frac{Z}{X+Y+Z} = 1-x-y$$

　　用（ x , y）两个色度坐标，就可以简洁地表达任何一个颜色的色度信息（图 11.2-1）。将（ x , y）数值在CIE 1931 XYZ 色度图中标注出来，就可以通过色度图的对照，直观地看出大致的颜色外观。此外，在主观感受中难以描述的不同颜色之间的差异大小，也可以用数值的形式来展开研究和讨论：将颜色的

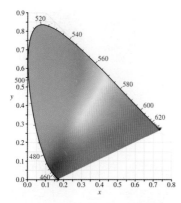

图 11.2-2 16 CIE1931 XYZ 色 度图。1931 年，CIE 总结了科学家莱特（W.D.Wright）和吉尔德（J.Guild）的工作，制定了一套包括标准基色、标准观察者、颜色匹配以及匹配函数的标准色度系统，被称为"CIE 1931 RGB 系统"。

将光谱色的色品坐标在以 x 和 y 为坐标轴点二维平面中绘制出来，就是光谱色在 CIE 1931 XYZ 色度图上的轨迹。在色度图中，任意两种颜色混成而成的新颜色，其色坐标都位于这两种颜色的连线上。因此，自然界中所有的颜色，都包含在光谱曲线围合的马蹄形区域中，可以由该区域中的色度坐标 x 和 y 标注色度信息。

在 CIE 1931 色品图中，坐标为（0.33，0.33）的颜色代表 XYZ 三刺激值相互比例为 1：1：1，即为位于马蹄图中心位置的白色。马蹄形曲线的上边沿是光谱色曲线，也叫作单色轨迹。光谱色有着颜色空间里最大的饱和度，边界上的数字表示光谱色的波长（如，560 即为 560nm）。曲线的下边沿直线，是蓝色单色光与红色单色光混合而成的紫红色光的轨迹，也被称为谱外色。这条直线上的颜色，也是该区域饱和度最高的颜色。总之，一个颜色的色坐标越靠近色域边沿，饱和度越高；越接近中心白点位置，则饱和度越低、越像白色。按不同波长的对应色相，整体色域分为若干色相区。知道了一个颜色的色品坐标 x，y 值，也就大致知道了该颜色的色相与饱和度

差异大小转换为颜色坐标之间的距离大小。（图11.2-2）

不过，这样目视的方法并不准确，对色相、饱和度的计算和查找也不直观。同时，在CIE 1931 XYZ 色度图中颜色分布并不均匀，绿色区域太大，蓝色区域又太小，这给色差的数值计算、阈值限定带来了困难。因此，CIE 在1931 XYZ 系统的基础上，继续研究并开发了Lu*v*、Lab 等更加均匀的颜色空间。目前CIE Yxy 和CIE Lab 都是产业应用中较为常见的色空间，其中CIE Lab 更是进行跨媒介的色彩管理中重要的颜色中转站。

11.3　CIE Lab 均匀色空间及色差公式

在测量出颜色的色坐标之后，我们可以以此为基础用数据化的方式讨论色差问题。由于每一种颜色都在色空间中有排他性的坐标值，因此可以用坐标值来标注该颜色。同一个色坐标，一定是相同的颜色。不同的色坐标，是否在颜色外观上一定不一样呢？

其实并不一定。在一定色差范围内，人们可以认为是同样的颜色，因为它们之间的色差较小，视觉信号的相似使人分不出颜色的差异（图11.3-1）。

那么，如何根据色坐标计算色差？色差在多少范围内可以认为是同一个颜色？这就是色彩应用实践中深受关注的色差问题。

假设颜色空间在视觉感知上是均匀的，这意味着以任何一个颜色为起点，向任何一个方向出发走出一步，得到的新颜色和起点颜色的色差都应该是一致的。在这种情况下，两个颜色之间的色差就可以简单的由它们在颜色空间中的直线距离来表示。但实践证明，CIE 1931 XZY 色度图的视觉感知并不均匀。也就是说，在色度图中，xy 值差异相等的颜色，视觉感知上的差异并不相等（图11.3-2）。

颜色科学家麦克亚当（David L. MacAdam）通过对xy 色度图的不均匀性进行了详细的实验，通过一系列预先确定的测

试颜色（色心）的色光颜色混合进行颜色匹配实验，并用环形线绘制每个色心周围的每个方向上波动的标准偏差（图11.3-3）。麦克亚当发现，标准偏差以椭圆的形式分布在色心周围。他对25种不同的测试颜色进行了颜色匹配实验，并在所有实验中获得了相似的结果，由此得到的椭圆称为麦克亚当椭圆或麦克亚当圈（MacAdam Ellipses）。在图11.3-3中，显示了CIE1931色度图中的25个测试颜色的麦克亚当椭圆。每个椭圆被放大了10倍，以便观察。

从图中我们可以看到，绿色区域的麦克亚当圈相比红色和蓝色区域更大，这说明在1931色度图中绿色区域的颜色宽容度更高。此外，麦克亚当圈的椭圆形态意味着，色坐标在长轴方向变化带来的视觉差异比短轴方向的变化小。麦克亚当椭圆的长轴在不同区域有着不同的朝向，这无疑进一步增加了这个问题的复杂性。

与麦克亚当处于同一历史时期的颜色科学家们，最为关心的问题就是如何找到一个新的颜色空间，可以让麦克亚当椭圆变为大小相等的正圆，从而让颜色空间的视觉感知具有均匀性。

虽然还略有缺憾，CIE于1976年推荐的CIE LAB颜色空间已经较好地解决了感知均衡性问题，由此可以更加客观准确地测量和评价颜色的差别（图11.3-4）。由于该色彩空间和色差公式表达直观、计算简单，目前CIE Lab颜色系统与色差公式在色彩产业中，应用十分广泛。

CIE Lab颜色空间为直角坐标系，如图11.3-5所示：L表示明度，而其色品坐标a、b分别为红绿方向和黄蓝方向。其计算公式为：

$$L = 116 f(Y/Y_n) - 16$$
$$a = 500 [f(X/X_n) - f(Y/Y_n)]$$
$$b = 200 [f(Y/Y_n) - f(Z/Z_n)]$$

其中

$$f(I) = I^{1/3} \qquad I > 0.008856$$
$$f(I) = 7.787I + 16/116 \qquad I \leq 0.008856$$

式中，X、Y、Z为色彩的三刺激值，X_n、Y_n、Z_n为CIE标

图11.3-1　色坐标不一致的颜色，可能有着一致的色彩外观。上图案例中色坐标的直线距离为（（0.1850-0.1857）°+（0.1883-0.1860）^2）°=0.007

图11.3-2　同样是色坐标之间相差0.1位于蓝色区的颜色色差十分明显，位于绿色区的颜色则看起来十分相似

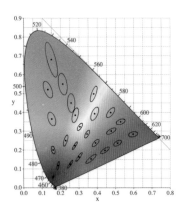

图11.3-3　CIE 1931色度图中的麦克亚当圈

图11.3-4　在Lab颜色空间中，同样是色坐标之间相差5，位于蓝色区域和绿色区域的颜色差异程度是相似的

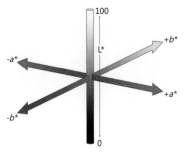

图 11.3-5　CIE Lab 色彩空间

准照明体照射在完全漫反射体上反射到观察者眼中的三刺激值，其中$Y_n=100$。

基于CIE Lab 色彩空间的CIE Lab 色差公式如下：

$$\Delta E_{ab}=(\Delta L^2+\Delta L^2+\Delta L^2)^{1/2}$$

上式中，Δ 分别表示目标和测试色样在L、a、b 通道中的差异。

在CIE Lab 色彩空间中，从a、b 值中不易直接读取色相和饱和度信息。因此，将a 与b 转换为彩度C_{ab} 和色调角H_{ab} 数值，可以让色坐标数值与视觉感知概念相对应。LCH 颜色空间即为用柱坐标表示的Lab 颜色空间。

利用下列公式可以计算彩度和色调角：

$$C_{ab}=(a^2+b^2)^{1/2}$$

$$H_{ab}=\tan^{-1}(b/a)$$

CIE Lab 色空间不仅定义了色差公式，同时也是第一个用物理量预测视觉感知量（色貌属性明度、色相和彩度）的模型，即第一个色貌模型（color appearance model）。此后，以 CIE Lab 均匀色空间及色差公式为基础，CIE 又先后发展了多个色差公式，包括1984 年发布的CMC（l∶c）、1987 年发布的BFD（l∶c）、1994 年发布的CIE94 以及2001 年发布的CIEDE2000。

对色彩产业中的品控管理，设定合理的色差范围非常重要。产品的颜色差异在多大色差范围内合适，应根据具体情况而定。根据美国国家标准局的NBS 色差和CIE Lab 色差公式，可以按将颜色的差异程度大致划分为几个区间（表11.3-1）：

色差程度鉴定表　　　　　　　　表 11.3-1

色差程度的鉴定	ΔE
微量（trace）	0~0.5
轻微（slight）	0.5~1.5
能感觉到（noticiable）	1.5~3.0
明显（obvious）	3.0~6.0
很大（much）	6.0~12.0
截然不同（very much）	12.0 以上

11.4　三刺激值 XYZ 的测量

三刺激值XYZ 可以有效、精确地描述颜色外观，是进行颜色测量、色差管理等工作的重要基础。不管是CIE XYZ 系统还是CIE Lab，以及后续的CIE CAM02 等色貌模型，要完成对颜色的测量和预测，首先第一步绕不开对三刺激值XYZ 的测量。对此，需要从测量的条件和方法两大方面展开讨论。

11.4.1　颜色测量基础：测量条件

任何物体的整体色彩外观，都是在特定观察场景（Viewing environment，如标准灯箱、4S 店、阳光、路灯等）下的色彩特性（Chromatic attributes，如色调、饱和度、亮度等）和几何特性（Geometric attributes，如光泽、半透性、纹理、造型等）的整体感知。

物体色彩视觉的三要素包括光源、物体和观察者，任何一个要素的改变都将改变物体色彩的感知。因此，颜色的测量通常包含了特定的测量前提：在某种照明光源、观察角度等条件下，采用某种测量设备（方法），用测量设备替代观察者获得量化的参数。其中照明光源、观察角度、测量的视场大小都是非常重要的测量条件。

照明光源

没有光就没有颜色，光源在色度学中非常重要。不论是反射色还是透射色，在不同的光照下都会呈现不同的颜色。比如，博物馆中的展品，其色彩外观在暖色光源下偏暖，在冷色光源下偏冷。此外，对于会产生荧光的样品，不同光谱组成的光源，尤其是紫外辐射成分的多少，将激发不同的荧光色。因此，对于反射和透射的物体色，如果不对所用光源做出规定，颜色测量就会失去讨论的前提条件。

光源的特性可以从三个方面进行讨论：亮度特性、颜色特性与几何特性。其中亮度特性是指光源产生的光的能量大小，是光源最为首要的特性。要测量光的能量大小，按照测量的关注点和测量几何条件不同，又分为了不同的测量概念：光通量、光强、亮度以及照度。颜色特性则是指光源的光谱分布特性，白色光源的颜色特性指数主要为色温以及显色指数。几何特性是光源的均匀性、聚拢或发散的方向性以及减影效果等方面的讨论。

（1）光通量

光通量（Luminous flux）定义为单位时间内的光流量，以流明（lm）为单位，是光源所产生的总的光能，与光源分布的方向、距离等因素无关。以流体作比方，它类似于每分钟流过的水的体积大小。一只40W的普通白炽灯的标称光通量为360lm。

（2）光强

发光强度（Light intensity）是指光通量在某个指定方向上的能量，可以衡量一个光源在指定方向上的力量或"冲击力"，单位为坎德拉（cd，candela）。这个单位名来源于早期的光强概念：点亮一只标准化的蜡烛所产生的光强即为一坎德拉（图11.4-1）。

有些光源方向性不强，在不同方向上测得的强度大致相等。例如没有加额外灯罩的白炽灯、蜡烛等。但有的光源则具有较强的方向性，不同方向的强度差异较大。例如探照灯、汽车车灯、激光光源等。光源的发光强度常以光强分布曲线表示。

（3）亮度

亮度（Luminance）是考虑到发光角度和发光面积的光源特性参数，指单位面积的光源在某一单位空间角上产生的可见光能量大小。亮度的单位为坎德拉每平方米（cd/m^2），或称为尼特（nit）（图11.4-2）。

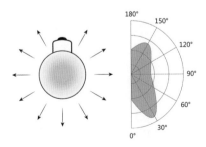

图 11.4-1　白织灯的光强分布曲线

图 11.4-2　面光源在不同位置、不同视角条件下，亮度越一致，均匀性越好

（4）照度

照度（Illumination）是指被照射的物体接收到的光能密度，即在单位面积上接受的光的能量大小。照度的单位是流明每平方米（lm/m²），又称勒克斯（lux）。

综上，如果人们要为建筑选择光源，关心的是光源整体能产生多少光、能不能使整体空间获得合理的照明，这时就需要计算或测量光源的光通量；如果要探讨光源的照射角度是否合理、是否会在视野中产生眩光，此时就需要测量光源在不同角度能发出多少光，即发光强度；如果人们关心面光源或显示器在"面"的不同观察位置以及各个视角发光是否均匀，就要测量光源在不同角度，以及某个位置的单位面积下能发出多少能量的光，即光的亮度。而如果人们关心某一个展品或某一个被摄物是否获得适宜的照明，则要测量光的照度（图11.4-3）。

LCD、OLED等电子显示器，可以视作为平面型的面光源，它们一般宜采用亮度计测量光谱分布，进而完成显示色彩的测量。而要探讨博物馆、摄影棚、商业展台的布光环境是否合理，则除了光源本身的特性之外，被照明的物体与光源之间的距离等因素也有着重要影响，因此宜采用照度计进行测量。亮度计与照度计的感光原理与测色原理是一致的，它们的主要差异来源于测量的几何条件不同。

（5）色温

色温是衡量白光光源的颜色特性的指标。由于发光原理、器件特性等发光条件的不同，白色光源在"白色"的基础上，会呈现出偏蓝或偏黄（橙）的不同白色。这样的光源

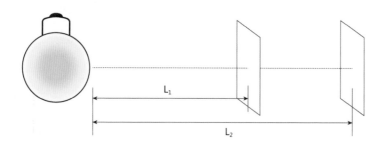

图 11.4-3　同一光源时，距离越远，照度越小

颜色变化，自然会影响到对色彩外观的准确观察和测量。照明工程中以色温这一参数来量化光源"偏蓝/偏橙"的颜色表现。

根据普朗克（Max Planck）辐射定律的理论，将具有完全吸收与放射能力的标准黑体加热，随温度逐渐升高，其产生的光色也随之按"红、橙红、黄、黄白、白、蓝白"顺序变化。当光源与某一温度下的黑体辐射颜色相同时，将黑体当时的绝对温度称为该光源的色温。

光色愈偏蓝，色温愈高；越偏橙则色温越低。日出日落时分，日光由于到达地面的光程变长，短波波段的光因空气分子产生的瑞利散射耗散在光程中，日光呈现为偏橙甚至偏红的暖光，色温约2000~3000K。晴天正午时分的日光，既不偏蓝也不偏黄，色温约6000K。在高大建筑的背光面、树荫等阴影处，由于天光来自空气分子对日光的散射，短波成分更多而呈现偏蓝的外观，色温可高达7000~8000K。

（6）显色指数

显色指数（Color rendering）是探讨人造光源对物体颜色外观呈现能力的参数。物体在显色性高的光源下，色彩外观接近基准光（太阳光）下的自然色；而在显色性低的光源下，物体的色彩外观与自然色产生偏离。显色指数越低，偏离程度越大。国际照明委员会将太阳的显色指数定为100。人造光源的显色指数越接近100，其光谱成分就越接近自然光，呈现物体色彩的能力就越强。不同光源的显色指数可能出现极大差异，白炽灯显色指数接近100，荧光灯约为60~90，目前已有显色大于95的LED光源。在实际应用中，宜根据需求选择合适光源显色性。例如，高压钠灯显色指数为23，发光效率高，但显色性差，更适合道路照明场合。而对颜色还原要求高的应用场景，如颜色的观察与测量、产线质量管理、商业摄影等，宜选用高显示指数的光源。

（7）标准照明体/标准光源箱

CIE针对色度学领域的需求，定义了一系列的标准照明体的标准。标准照明体有A、B、C、D等种类，对应着某种特定的相对光谱功率（能量）分布，它们的相对光谱功率分布由数

表形式给出。目前常用的标准照明体有A和D65、D50等。（图11.4-4）

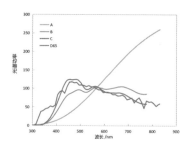

如果要对色彩设计的产品进行目视评价，除了照明体的光谱功率分布之外，还需要对光源的照明强度、背景等其他观察条件做出规定，这就是标准光源箱的由来。

美国材料实验协会（American Society of Testing Materials，ASTM）D1729- 漫射照明不透明材料色彩和色差视觉评价的标准规范（Standard Practice for Visual Appraisal of Colors and Color Differences of Diffusely-Illuminated Opaque Materials）和英国皇家染色学会（Society of Dyers and Colourists，SDC）CMC2011- 物体表面色视觉评价用观察箱（Viewing Cabinets for the Visual Assessment of Surface Colour）针对照明光源和观察条件提出了相应的要求。具体如下（图11.4-5）：

光源

日光模拟器D65 的光谱功率分布应满足CIE 15:2018 标准；同色异谱指数（ISO 23603:2005/CIE S 012/E）应满足BC 等级（可见光部分B 级，紫外光部分C 级）或更好；显色指数（CIE 13.3:1995），CIE Ra ≥90，单个特殊显色指数均须≥80；色温差异≤ ±200K。

照度

中等亮度的样品视觉评价，灯箱底面照度应该在810~1180lux，常用为1080~1340lux；对于高亮度样品，底面照度应在540lux 左右；针对低亮度样品，底面照度应在2150lux 左右。

日光模拟器D65：
同色异谱指数BC或更好
显色指数CIE Ra>90, Ri>80
色温差异≤±200K

内部颜色：
Munsell N5-N7，彩度值C*≤1
光泽度（60°）≤15

均匀性：
观察区域 ≤±20%

底面照度：
一般样品评价：810-1880lux
亮样品：540lux
暗样品：2150lux

图 11.4-5　标准光源观察箱及相关要求

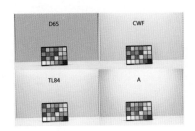

图 11.4-6　相同物体不同照明光源

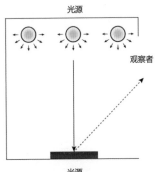

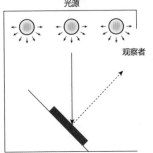

图 11.4-7　照明 / 观察角度

图 11.4-8　视场大小的影响

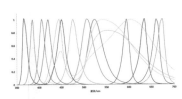

图 11.4-9　LED 通道光谱功率分布曲线

照明均匀性

样品观察区域的照明均匀性应在±20% 以内，保证没有明显的照度差异。

内部颜色

整个观察箱的内部颜色应为哑光中性灰，CIELAB 的亮度值（Lightness）应为50-70 范围内，对应用Munsell N5-N7 中性灰色卡，CIELAB 的彩度值（Chrom）≤1；光泽度在60°测量角度下≤15。

照明/ 观察角度

通常，将色样放置在灯箱底面，垂直于照明光线，选择合适的观察角度（Angle of illumination and viewing），如45°，防止色样镜面反射，如下图中的左图；有些情况下灯箱会配置一个可调角度的看样台，此时也要防止镜面反射进入观察角度，如下图中的右图，需要注意的是该条件下可能会导致样品的照明不均匀；一般情况下，人眼距离色样的距离在450 ~600mm 之间。（图11.4-5）

不同的照明光源会导致不同的色彩品质感知，所以通常标准光源箱会内置多种不同的光源以呈现相同物体在不同照明环境下的色彩感知（图11.4-6）。

视场大小的影响

由于颜色刺激的尺寸大小也会影响人的感知，系统的视场大小也是一个需要控制的变量。CIE 的颜色匹配实验一开始视场大小设定为2°，如果以一般的书本阅读距离（25cm）来观察，则对应着直径约为一厘米的光斑。见图11.4-7、图11.4-8。1964 年CIE 增补了10°的数据。如果没有特别声明，一般默认为2°视场。

LED 标准光源

标准光源观察箱经过几十年的发展，目前最新且最先进的标准灯箱采用多通道LED 照明技术。多通道LED 技术通过覆盖紫外到可见光的十几种精选的高功率LED 和匹配软件，可以实现对多种照明场景的模拟，包括高品质的日光（显色指数CIE Ra 99，同色异谱指数AC）、黑体辐射轨迹（2000 ~20000K）和最新的LED 标准光源（图11.4-9 ~图11.4-11）。具有照度强度可调节，无预热时间，稳定性强，可自校准等优点。

图 11.4-10　多通道 LED 光源模拟各类照明场景

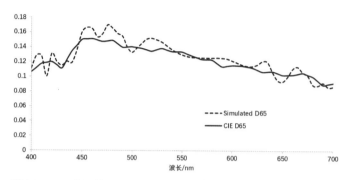

图 11.4-11　多通道 LED 光源模拟的日光 D65 光谱功率分布曲线

标准光源箱常用光源和相关光品质参数

照明体	描述	色温	显色指数	色品坐标 xy	商用光源名称
D75	北窗天空日光，偏深蓝，工业使用较少	7500K	100	0.2990，0.3149	四类日光模拟器人工光源，不同品牌不同称呼
D65	平均日光，偏蓝，广泛应用的塑料、油漆、油墨、纺织等行业	6500K	100	0.3127，0.3290	四类日光模拟器人工光源，不同品牌不同称呼
D50	日光，白，常用于摄影和印刷行业	5000K	100	0.3457，0.3585	四类日光模拟器人工光源，不同品牌不同称呼
A	常用于家庭照明	2856K	100	0.4476，0.4075	卤钨灯、白炽灯
Horizon	水平日光，工业使用较少	2300K	100	0.4830，0.3976	卤钨灯
F2	标准荧光灯，常用于北美商店照明	4230K	64	0.3721，0.3751	CWF
F11	窄带三基色荧光灯，用于商店照明	4000K	83	0.3805，0.3769	TL84，U40
F12	窄带三基色荧光灯，用于商店照明	3000K	83	0.4370，0.4042	TL83，U30
UV	用于检测荧光增白剂或荧光着色剂的存在	—	—	—	—

色彩：艺术、科学与设计

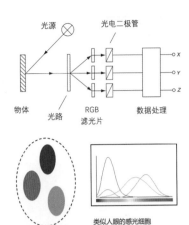

图 11.4-12 色度计基本原理图，常
见的色度计如 X-Rite 公司 RM200QC
和 Datacolor 公司的 ColorReader 等

图 11.4-13 X-Rite 公司
RM 200QC

图 11.4-14 Datacolor 公司的
ColorReader

11.4.2 物体色的测量方法

颜色的测量可以分为物体色与光源色的测量。物体色是指非自发光物体表面色。对物体色的测量，从原理上可分为色度计法、分光光度计法、非接触式颜色测量。

色度计法可直接测量得到三刺激值XYZ，色度计设备轻巧、操作便捷，但较易产生误差，更适宜于色彩灵感采集、生产线色差管控等场合使用。分光光度计测量则需要先测量得到物体的颜色刺激函数，然后根据色度学公式计算三刺激值和色品坐标，测量准确可靠，被各个国家作为标准测量方法。其不足之处在于测量时间长、设备笨重，适合配方开发、研究等阶段使用。

色度计

色度计（Colorimeter）是采用光电积分测色法的测色仪器，该类仪器的采用类似人眼感光细胞光谱特性的滤光片，在整个测量波长范围内对物体反射的光进行一次性积分，经数据处理，获得与物体色的CIEXYZ 标准色度系统的三刺激值（图11.4-12 ～图11.4-14）。

色度计是性价比较高的测色仪器，也适用于色差的便捷管控，但也有相对的限制：

①色度计的绝对测量精度较低，主要因为其实际的光源和滤光片难以完全与CIE 的标准人眼响应曲线相匹配；

②测得的CIEXYZ 三刺激值仅适用于仪器内的光源，而无法提供多种照明光源下的三刺激值；

③无法区分同色异谱匹配，即两个色样在某一个相同光源下是几乎相同的颜色，但在另外一个光源下，该两个色样颜色差异显著的现象。

分光光度计

分光光度计（Spectrophotometer）是色彩测量中最基本的仪器，其不直接测量颜色，而是测量样品的光谱反射特性或光谱透射特性，经过色度学公式计算求得色样的CIE XYZ 三刺激值。现代的分光光度计由照明光源（整个测量波段每一波长上都应有足够能量，如氙灯）、提供单色光的色散系统（如棱镜、光栅、可调谐滤光器等）和对通过仪器的光辐射进行测量的探测器系统（光电二极管阵列）组成。通常在仪器内部将由色散系统产生的单色辐射分成测量和参考两条光路。当将物体样品放在测量光路内时，两条光束相等的状态被破坏，探测器检测到差别，得到该波长上物体样品的透射比或反射比。（图11.4-15 ~ 图11.4-18）

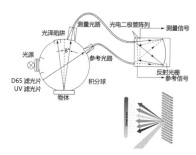

图 11.4-15　分光光度计基本原理图（双光束）

色度学中，"颜色"概念被细化为"感知颜色"与"颜色刺激"。"感知颜色（perceived color）"被定义为人对颜色的感知，"颜色刺激（color stimulus）"则是指能唤起这种感知的物理信号。一般将颜色刺激信号的光谱分布称为颜色刺激函数φ（λ）。

φ 是一个希腊字母，读作 /fa /。λ 也是希腊字母，读作 /'læmd /，在光学领域中常常特指波长。φ（λ）这样的书写形式，代表颜色刺激信号 φ 是与波长 λ 有关的函数，即颜色刺激信号的强度大小会随着波长的变化而变化，并且它们存在着一一对应的关系。

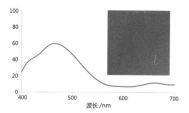

图 11.4-16　蓝色色样的实测光谱反射比。蓝色色样的实测光谱为光源光谱 $S（λ）$ 与色样反射光谱 $ρ（λ）$ 的乘积，即有蓝色色样的颜色刺激函数 $φ（λ）=ρ（λ）S（λ）$，将其代入色度学公式计算得到三刺激值 XYZ，进一步可求得色度坐标 x，y 值。

每一处单色光所对应的、人眼产生的三原色感受器生成的信号，则被称为颜色匹配函数$\bar{x}(λ)$、$\bar{y}(λ)$ 和$\bar{z}(λ)$。将每一处单色光的信号强度乘以该波长下的颜色匹配函数值，即为该波长产生的信号。把可见光波段的所有信号相加，就是该颜色刺激产生的总的信号，即为三刺激值中的X 值。同理可以求出Y 值和Z 值。

把上述过程用数学公式表示出来，则有色度学公式：

$$X=k \sum_{λ=380}^{780} φ(λ)\ \bar{x}(λ)Δλ$$

$$Y=k \sum_{λ=380}^{780} φ(λ)\ \bar{y}(λ)Δλ$$

$$Z=k \sum_{λ=380}^{780} φ(λ)\ \bar{z}(λ)Δλ$$

（其中，k 为调整系数，目的是为了让照明体的 Y 值达到最大值100）

常见的分光光度计如X-Rite 公司Ci7860（几何条件为d/8°，桌面式）和eXact（几何条件为45° a:0°，手持式），Datacolor 公司的1000 系列（几何条件为d/8°，桌面式）和45 系列（几何条件为45° a:0°，手持式）等。

图 11.4-17　X-Rite 公司 eXact

图 11.4-18　Datacolor 公司的 1000 系列

色彩：艺术、科学与设计

分光光度计是有效地解决了色度计的种种不足，精度高、重复性好，但价格相较于色度计高。此外，分光光度计也有也有一些限制：

①分光光度计测量时需要和物体进行接触，不适合表面易损坏或不易制作的样品测量，如粉末、液体；

②测量时有对应的孔径大小，所以测得的反射率是测量孔径内的平均值，无法测量小尺寸色样、包多个色彩的样品，或者含曲面的色样，如纺纱细线、木纹表面、图案等；

③每次测量仅能单点测量，且需要相对较长测量时间，不适合应用于须高速测量的产线级管控。

非接触式颜色测量

色度计与分光光度计测量，由于其光路设计的特点，更适合测试平面、不透明以及表面平整的样品。对于粉体、液体等实物类样品，以及文物类不适合接触式测试的样品，或者颜色成分丰富、采样点窄小的样品（如采用提花、印染等工艺的纺织品），可以采用数字化摄影的形式进行非接触式颜色测量。这也是色彩测量未来发展的方向之一。

非接触式颜色测量方法一般在标准化的光源下，用"校准+特性化"的摄影设备拍摄样品数码影像，通过对图像像素的颜色提取并校准，可以做到在不接触样品的情况下测量固体、液体、粉体以及不规则形状的样品颜色。该方法可以在摄影设备的色域范围内，快速稳定地获得多个样本点结果，并同时完成样品外观的数字化，为研究样品颜色均匀性、颜色质地等提供参考（图11.4-19、图11.4-20）。

非接触式的光谱测量系统，和依靠摄影设备拍摄图像再进行色坐标还原的做法不同。其原理与分光色度计类似，采用光栅系统将可见光波段按波长进行"拆分"，测量每个波长的反射率，从而得到样品的反射波谱。最后，将某一标准光源的光谱与样品的反射波谱相乘，最终获得在该标准光源下的色坐标。二维的非接触式光谱测量系统，在测得样品的色坐标同时，也能同步获得样品的外观图像。还可以方便地切换光源，模拟不同光源下的样品色坐标与外观。测量便捷、准确，颜色外观信息的获取效率高（图11.4-21、图11.4-22）。

图 11.4-19　Verivide 公司的 DigiEye

图 11.4-20　Datacolor 公司的 Spectra Vision

图 11.4-21　蔚谱公司基于产线应用的非接触式二维光谱测量系统 -SEL 系列

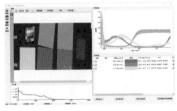

图 11.4-22　蔚谱公司非接触式二维光谱测量系统 SEL 系列软件界面

11.4.2.1　自发光色的测量

光源或显示屏的颜色，属于加法色，它们也被叫作自发光色、光源色或发光色。不同的光源或自发光体，由于发光物质的成分不同，其光谱功率分布有很大的差异。一定的光谱功率分布，表现为一定的光色。和物体色的测量同理，测量出光源的相对光谱功率分布$S(\lambda)$，即为光源的颜色刺激函数$\Phi(\lambda)$，由色度学公式就可以计算出自发光物体的色度值。

因此，归根到底，要测量光的颜色，首先需要测量光的能量分布。而要测量光的能量大小，按照测量的关注点和几何条件不同，又分为了不同的测量概念：光通量、光强、亮度、照度等。

11.5　颜色质感的测量

在物理世界中，颜色总是由某种特定的材料呈现。一个物理实体，总有其具体的材料与表面特性。同样的颜色在不同材质、不同表面特性的基材上，会呈现出不同的质感。如同样的红色，在透明的玻璃上和不透明的毛纺上呈现，前者通透而有光泽，后者则往往显得温润柔和。而同样的玻璃材质，透明度的不同、光滑表面与磨砂表面的区别也会带来质感的变化。因此，在色彩的产业应用中，也有特定的仪器设备对这样的质感特性进行测量。

11.5.1　透光率 / 雾度

透光率是透明或半透明材料的重要特性。当光照射到透明或半透明的介质时，一部分被吸收或散射，一部分被反射，还有一部分会穿过介质形成特殊的颜色外观：介质固有色与介质后方物体固有色的叠加。

通过透明或半透明材质的形态变化与颜色渲染，原有的形与色可以产生丰富而有趣的变化，为设计带来了更多可能性，是提升CMF设计表现力的重要手法（图11.5-1）。

雾度（Haze）又称浊度，表示透明或半透明材料（如玻

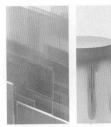

图 11.5-1　透明或半透明材料内部或表面由于光散射造成云雾状外观

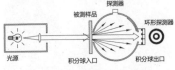

图 11.5-2　雾度测量基本原理图

图 11.5-3　毕克公司透射雾影仪

璃、PC 薄膜等）不清晰的程度，是材料内部或表面由于光散射造成的云雾状或混浊的外观。

虽然透光率与雾度的概念和测试方法看起来有些相似，在工程实践中也往往是同时测量的，但透光率高的材料并不意味着雾度就低。例如磨砂玻璃即为典型的高透光率、高雾度材料。虽然玻璃材质的透明度高，但由于光在磨砂表面出射时改变了原有光路的方向，使得被磨砂玻璃遮挡的物体轮廓变得模糊，从而降低了物体的可识别性。

有的设计需要使用高雾度材料起到透光并遮挡视线的作用，例如室内环境的隔断设计、窗户设计等。有的设计则希望材料雾度越低越好，提高视野的清晰度，如汽车的挡风玻璃。而有的设计则需要将雾度控制在一个合理的水平。例如显示器的外层玻璃：光泽度高的镜面表面会使得环境光的反光明显，从而影响显示效果。而雾度过高的显示器表面又会让显示内容变得模糊，同样影响显示效果。

通过准直的光线入射被测样品，在被测样品后用积分球接收所有透射的光线，积分球内有两组探测器分别测量漫散射光（Diffused light）和直接垂直透过光（Directly transmitted light），即可实现对雾度和清晰度的测量（图11.5-2、图11.5-3）。

透过率的测量可以针对某一个波长测定，也可以针对整个可见光波段进行测定。设入射光强度为I_0，透过光强度为I_t。透光率用T 表示，即有$T=I_t/I_0$。该百分比越高，表明透光率越高，材料的透明感越强。但任何透明材料都透光率都不可能达到100%，因为完全不吸收光的材料是不存在的。例如，PC 材料的透光率约为85%～90%，PMMA 透光率约为90%～93%。普通玻璃透光率一般都能达到80%以上，超白玻璃透光率可达91.5%。

雾度的测量以散射光能量与透过材料的光能量之比的百分率表示。通常仅将偏离入射光方向2.5 度以上的散射光用于计算雾度。当用雾度计测量雾度时，会用一束平行光照射样品，测试与入射光平行的出射光的透光率Tp（偏离角度2.5 度以内），以及偏离入射光方向2.5 度以上的散射光的透光率Td。由此，总的透光率为Tt=Td+Tp。而雾度（haze）则以H 表

示，即有H=Td/Tt。该百分比越高，表明雾度越高，遮挡和模糊视线的效果越强

11.5.2 光泽度

金属材料等的抛光工艺，或金属漆、珠光漆等涂层工艺，会给材料表面带来高反光、高光泽度的肌理感，易于塑造现代感、科技感、锋锐感等丰富效果，是汽车工业等领域常见的表面处理工艺（图11.5-4）。

抛光工艺可以提升金属、木材等材料的表面光泽度。金属漆等在透明的漆基中加有细微金属粒子的涂料，使光线射到铝粒等金属粒子上后，又被铝粒透过漆膜反射出来，从而实现高光泽的表面效果。光泽度的测量，是一个非常复杂的任务。样品的固有色与三维形态、观察者的远近与视角、光源的形态与角度，以及一些特殊的效果涂层（云母色、衍射色等），都会影响人对光泽度的判断[59]。

物体的光泽度通常是通过将光束以固定的强度和角度投射到表面上并以相等但相反的角度测量反射光的量来确定的：取20°、60°和85°的入射和反射角进行测量[60]。针对一般光泽测量，选用60°；若60°测量角度下光泽度大于70，则选用20°；若60°测量角度下光泽度小于10，则用85°（图11.5-5～图11.5-7）。

值得注意的是，由于人眼的目视分辨率高于光泽度计的分辨率等原因，在工程应用中，光泽度计多用于质量控制环节。在产品研发阶段，对特殊表面效果的评估与开发改进，目视效果的评判也是不可或缺的。

11.5.3 粗糙度

表面粗糙度（Surface roughness）是指加工表面具有的较小间距和微小峰谷的不平度。表面粗糙度会影响产品的耐磨性、稳定性、接触刚度、与表面涂层的结合性能等等。同时，表面粗糙度也会影响产品的外观颜色以及肌理的质感（图11.5-8）。

粗糙质地的表面，通常比同样颜色的高光泽表面亮度更

图 11.5-4　高光泽涂层外观

图 11.5-5　汽车漆不同光泽表面

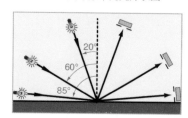

图 11.5-6　ASTM D523 三个光泽测量角度

图 11.5-7　毕克公司三角度光泽度仪

图 11.5-8　带颗粒感肌理的粗糙表面

图 11.5-9　不同加工表面得到的表面粗糙度

高，颜色更浅，因为它能反射更多不同角度的光进入人眼。对三维形态的产品而言，其高光区与暗调区道对比柔和，形成一种内敛、沉稳风格的视觉效果。

高光泽的表面，在光源的镜像角度会获得非常高亮的反射效果，在其余角度则反射率低，使得颜色亮度低于粗糙的表面。同时高光泽表面反射的周围环境光也变弱，对物体固有色的干扰减小，从而固有色的目视饱和度更高，因此在非镜面角度的颜色会更浓。由此，高光泽的表面肌理会使三维形态的产品在高光区与暗调区之间获得更强的颜色对比，产生锋锐、强烈、具有力量感的视觉效果。

不同的加工工艺，会带来不同的表面粗糙度（图11.5-9）。喷砂等工艺可以提高表面粗糙度，而抛光等工艺则反之。粗糙度的测量同样是一个较为复杂的问题，有轮廓算术平均偏差Ra、轮廓最大高度Rz等多种参数。一般而言，表面粗糙度主要由Ra标注。测量方式有干涉法、针描法、比较法等，其测量适宜的粗糙度范围各有不同，在工程实践中需要根据具体情况选择合适的测量方法。

11.6　本章术语索引

• 单色光（Monochromatic light）、光谱色（Spectral color）：单色光是指单一频率（或波长）的光，不能产生色散。不同波长的单色光对应的颜色即为光谱色。普通光源产生的光多为复色光，其中有着各种波长（或频率）的光。这些光在介质中有着不同的折射率，因此会产生色散现象。牛顿的三棱镜实验就利用了不同波长光的色散，从白光中分离出了单色光。

• 光谱/能量谱：光谱（Spectrum），是复色光经过色散系统（如棱镜、光栅）分光后，以波长或频率为横轴、信号强度大小为纵轴的二维图谱。根据光谱，可以按波长对光的成分进行深入细致的讨论。光谱对应可见光波段电磁波情况，能量谱则可以包含各种不同的波段，或各种不同能量形式，如电磁波、声波等。

· 三刺激值：三刺激值（Tristimulus）代表了引起人体视网膜对某种颜色感觉的三种原色的刺激的程度，以XYZ值表示。X以红色成分为主，Y以绿色成分为主，Z以蓝色成分为主。

· 亮度：亮度一词在日常生活中，以较为笼统的方式讨论光的能量大小。而在色度学中的专有概念光亮度（Luminance），则需要严格定义测量光的能量大小的几何条件：发光体光强与光源面积之比，及该光源在单位面积下、单位空间角内的光通量。

· 色度（Chrominance）：在色度学中，根据人对颜色的感知规律，将颜色分为由亮度和色度两大类信号，色度是不包括亮度在内的颜色的性质，它反映的是颜色的色相（hue）和饱和度（Saturation）。

· 色度坐标/色品坐标（Chromaticity coordinates）：CIE 1931 XYZ色度图中的x，y值，可以反映颜色的色度信息，被称为色度坐标或色品坐标。

· 函数：函数（Function），是一个数学术语。$y=f(x)$即为一个函数，代表了y为x根据某种对应法则而产生的新数值。f为function的缩写。

· 颜色刺激函数φ（λ）（Color stimulus function）：色度学中，"颜色"概念被细化为"感知颜色"与"颜色刺激"。"感知颜色（Perceived color）"被定义为人对颜色的感知，"颜色刺激（color stimulus）"则是指能唤起这种感知的物理信号。颜色刺激函数φ（λ）特指颜色刺激（color stimulus）信号的光谱分布。

· 颜色匹配函数（Color-matching function）：颜色匹配函数就是标准观察者对颜色的响应，即对每一种波长的颜色刺激产生的三刺激值XYZ的大小，分别用符号X（λ）、Y（λ）和Z（λ）表示。

· λ（Lambda）：希腊字母表中排序第十一位的字母，大写为Λ，小写λ，英语译音为lambda。在光学、色度学等领域，λ通常特指波长。

· Δ（Delta）：希腊字母表中第四个字母，大写Δ，小写δ，英语译音为delta。在数学、科学、工程技术领域，常常用于表示某个量的"变化量"。

第十二章

色 彩 心 理

色彩在心理学中是重要的研究领域，因为色彩可以影响人们的情绪、心理过程和行为。不同的颜色会对个人产生不同的心理影响，而且这些影响会因文化、个人经历和个人喜好等因素而有所不同。在心理学中，色彩研究可以通过实验和问卷调查等方法来研究色彩对人类心理的影响。如今，常见的色彩心理学研究主题包括：色彩情感（色彩与情绪、情感的关联性研究），色彩感知（色彩对行为、注意力、影响力、认知过程的影响），色彩偏好及其应用（个体受到经历、文化、年龄、性别产生的不同偏好导致不同的购买行为）等。色彩心理学研究发现可以帮助设计专业人士在医院、学校、餐馆和其他公共设施中创造健康环境的颜色[61]。同时，了解色彩的基本知识以及针对不同人群和对象的色彩心理学，可以帮助人们更好的利用色彩配色，从而改变印象和心理的效果[62]。

12.1 色彩与情感

20 世纪初期，西方国家已开始有关色彩对人类情绪影响的研究[63]，当时研究的热点多关注颜色和情绪之间存在哪些联系；特定颜色更容易被选择使用哪些特定词组描述心情[64]；以及色调与情绪相关联的程度[65]等方面。而情绪作为反应价值的主观感受、认知和生理反应，致使身处不同国家的人们受到不同语言和文化的影响，色彩带给人们的联想结果也有所差异。20 世纪70 年代人们就开始了关于情感意义与色彩关联的研究，通过对23 种文化语义差异和颜色数据的收集揭示了颜色感知的跨文化相似性[66]。颜色词和情感词在世界不同语言中频繁关联的原因和内涵的重叠，介入隐性联想测试[67]。然而受限于技术条件等因素的影响，这些研究多针对个别少数国家进行，对于全球性和普遍性的研究较少。在近五年的研究中可以发现，计算机技术、互联网科技，以及机器学习的引入使这项研究的辐射范围和精确程度有了明显的提高。利用世界12 个地区的心理物理学实验数据研究了有关色彩情绪和色彩和谐定量模型，并证实同一地区人们对色彩和谐原则方面存在部分共识性[68]。基于网络的调查交流渠道要求熟练的计算机使用能力，随着我们通过互联网和其他交流渠道在全球范围内分享越来越多的信息，有研究用22 种语言对30 个国家的参与者进行色彩情感关联测试，发现我们的颜色 - 情感联系可能会变得越来越相似[69]。三维色度空间对色相、饱和度和亮度进行单独控制，精准地控制变量因子观察色彩刺激对情绪状态的影响。显示颜色的饱和度比色相对唤醒的影响更强，这种模式很难用单一的感光系统的激活来解释[70]。因此，确定颜色对情感影响的机制仍有待未来的研究，同时，这些研究通常只关注红绿蓝三种色彩对情绪的影响，因此在未来的实验中可引入更多色相。

12.2　色彩与感知

感知是人们看到某一色彩时，会唤起大脑有关色彩的记忆，会自发地将眼前的色彩与过去的生活经验联系在一起，形成新的对色彩的联想性感知，产生轻与重、冷对暖、软与硬等感受的不同。中国在色彩与感知方面的研究与国外的研究处于相对不同的研究方向和研究问题。诸多心理学疗法与康复性景观的研究中涉及室外环境色彩对人情绪和心理健康的影响。从军事医学角度出发，研究了色彩信息的心理语义特征及"隐性"色彩信息对感知和认知的研究，并表明色彩对生理机能的影响

图 12.2-1　色彩的轻与重

图 12.2-2　冷色与暖色

图 12.2-3　高明度色带来柔韧之感，低明度色则令人产生坚硬、刚强的联想

为提高军事作业绩效提供了科学依据[71]。通过生物反馈测量法和心理测验法测定室内外园林植物色彩对人生理健康和心理健康产生的影响[72]。植物色彩对不同年龄段学生的正、负向情绪的影响作用[73]，以及基于人的情感对大型医疗设备的纹理和颜色进行探究[74]。中国学界在色彩对人的情感影响方面的研究成果，在未来的研究中可多借鉴他国的研究角度和研究问题，提高中国在此领域的研究水平和研究的多样性。

12.2.1　色彩的轻与重

不同色彩带给人的轻重感不同，我们可以从色彩中得到重量感。它与物体的色相、明度、表面质地等有关。一般情况下，明度高的颜色使人感到轻，而明度低的颜色使人感到重（图12.2-1）；暖色偏重而冷色偏轻。物体表面光泽度的色彩显得轻，而表面粗糙的色彩显得重。

12.2.2　色彩的冷与暖

不同于光源色温的冷暖，色彩的冷暖感来源于人们对色彩印象的心理联想。这种冷暖感与色相直接相关。红、橙、黄会唤起对太阳、炉火、烧红的铁块等内容的联想从而唤起温暖的感觉，被称为暖色。绿色、蓝色则被称为冷色（图12.2-2）。

冷暖色除了与色相相关之外，饱和度与明度也会影响色彩的冷暖感。对于暖色系列的色相而言，饱和度越高，温暖程度越高；饱和度降低，温暖的程度也随之降低。而对于冷色系列的色相而言，则主要受明度影响。冷色调明度越高，冷感越强。在无彩色中，白色最冷，黑色最暖[75]。

12.2.3　色彩的软与硬

明度越高的颜色越显得柔软，明度越低显得越坚硬。高饱和度与低饱和度的色彩都呈现硬感，中饱和度色则呈现柔感。色相则与色相的软硬感几乎无关（图12.2-3）。

12.2.4　色彩的膨胀与收缩

　　冷色属于收缩色，暖色则属于膨胀色。白色与黑色相比，显得体积更大。例如，黄色正方形看起来会比紫色正方形的面积更大，白色条纹看起来比黑色条纹更宽。

　　因此，如果要使得不同色彩图案的大小在视觉上一致，就应该充分考虑色彩的膨胀感与收缩感（图12.2-4）。

12.2.5　色彩的后退与前进

　　不同的色彩也会带来不同的前进感或后退感。从色相而言，暖色会带来前进感，冷色则有后退感；饱和度的增加会强化这一效果。从明度角度来说，高明度色彩会比低明度色彩显得更近。在空间色彩的设计中，可以巧妙地运用色彩对距离的心理感知的影响，改善空间比例（图12.2-5）。

12.2.6　色彩的其他感知

　　色彩与味觉也有密切的关系，不同色彩会引起味觉的不同心理联想。如看到红色会感到辣味，看到橙色会感到甜味，看到青绿色让人联想酸味，看到褐色感到咖啡的苦味，这些是色彩引起的色味联想。

　　有时色彩也会让人产生嗅觉的联想。如看到橙色，会联想到柑橘类的水果香味，看到淡淡的紫色时，会联想到丁香、薰衣草的花香味。

　　有的颜色还会唤起人们对某些触觉或听觉感知。例如低明度的深色，让人想到低沉的声音；中等明度、中等饱和度的混色调色彩，容易给人磨砂肌理的质感印象。现代抽象艺术先驱康定斯基（Vasily Kandinsky）在艺术创作中强调了色彩的音乐性。他将色彩比作音符，认为它们可以产生类似于音乐旋律和节奏的效果。他创造了一种名为"色彩圆圈"的理论，将颜色分成了12个基本色彩，并将它们排列在一个圆圈中，以表示不同的情感和精神状态。他还将颜色

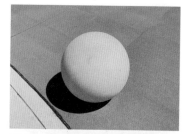

图 12.2-4　物理尺寸一样的球形，黄色显得比蓝色要大

图 12.2-5　暖色墙面带来前进感，冷色墙面有后退感

图 12.3-1　中国人对 5 种基本色的喜好度排序

与不同的乐器和声音联系起来，例如红色与小提琴、蓝色与管风琴等。

12.3　色彩的偏好

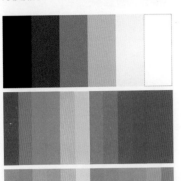

图 12.3-2　最受中国人欢迎的色调："黑白灰"色调、"艳"色调、"亮"色调和"浅"色调

颜色偏好是指人在心理上所喜爱或偏好的颜色。针对某一人群的颜色偏好研究成果，将对各领域色彩设计起到重要的指导作用。自20 世纪伊始，国内外针对颜色偏好的研究均有不同程度的开展，获得了丰厚的研究成果。近年来，学术界对色彩偏好进行了更加深入的探讨，并使用多种试验方法来确定不同文化的人群对颜色偏好的差异[76]。例如，对于观察者在情境（商业标志）和抽象情境（图案中的两种颜色）下探索设计语境下两种颜色组合偏好[77]，发现商业标志的文字内容会影响用户对用色的偏好。总的来说，人们对颜色的喜爱会受到性别、年龄、文化、心理状态以及产品功能等诸多因素的影响。

中国人对5 种基本色的喜爱程度从高到低依次是蓝、红、绿、紫、黄[78]，与各国基本色色彩偏好大体一致：蓝、红、绿、紫、橙、黄（图12.3-1）。女性更偏爱红色等暖色，男性则更偏爱蓝色等冷色[79]。

清华大学色彩研究所根据"中国人情感色调认知"研究，将有彩色色调"苍、烟、幽、乌、浅、混、黯、亮、浓、艳"以及黑白灰的无彩色色调，设计基于移动端的色调偏好调查问卷，收集中国人色调偏好数据。研究表明，最受中国人欢迎的色调依次为："黑白灰""艳""亮""浅"（图12.3-2）。色感黯淡的"苍""烟""幽""乌""黯"色调是最不受欢迎的色调。

根据"中国人情感色调认知"调研的研究成果，与"艳""亮""浅"色调相对应的情感关键词为"热情""华丽""活泼""动感""清丽""柔美"等。在色彩设计实践中，可以参考上述结论并结合行业与产品的特点，展开更符合中国消费者偏好的色调设计。

男性最爱黑白灰色调，女性最爱艳色调。同时，浅色调更受女性，尤其是年轻女性喜爱（图12.3-3）。男性的偏好不会随年龄改变，女性群体的色调偏好则与之相反，受年龄因素影响十分显著：00后女性最喜欢浅色调，同时是所有人群中最不喜欢艳色调的群体（图12.3-4）。随着年龄的增加，女性对浅色调的喜爱逐渐转向艳色调，男女性别之间的差异也会逐步减少直至消失。

色彩偏好的研究结果对于设计环节中色彩趋势、色彩设计以及产品的运营中对于消费者的色彩推广等提供了更精准、更有针对性的参考，让色彩在产业链中能更集中地发挥其价值。

图 12.3-3　性别偏好差异最大的色调："黑白灰"色调更受男性喜爱；"浅"色调更受年轻女性喜爱

图 12.3-4　不同年龄女性偏好差异最大的色调：60后女性最喜爱"艳"色调；00后女性最喜爱"浅"色调。该差异会随着年龄增加而逐渐缩小

技术篇

Technology

美丽色彩激动人心。

为复现和拥有色彩之美，从印染化工、显示技术到跨媒介的色彩管理，颜料的选择、色彩的匹配、色彩准确性和持久性等，均为技术研究与发展的重难点。通过不断的研究和创新，我们可以不断提高颜色复现的质量和准确性，并满足不同领域中对于色彩表现的需求。

第十三章

印染化工

色料包括染料和颜料，有关颜料和染料的研究通常涉及对化学成分的研究，以应用于服装、印染等轻工业产业和绘画的应用领域。在染料的分类中，天然植物染料与人工合成染料也有较大的区别，中国植物提取染料的历史渊源可追溯到青铜器时期，直到19世纪化学的发展，合成染料才占据市场指导地位。

如今，染料的提取、染色工艺、染色性能和牢色度等方面的问题仍是业界关注的话题，以及对于天然染料的研究，多集中在染色性能及抗菌性能。

对于中国绘画颜料，也有从古代对矿物的开采和研磨等颜料制作技术的角度进行颜料的分类、原材料和中国绘画中颜料的制作工艺、围绕矿物颜料、色彩科学相关理论研究和应用问题，以及矿物颜料色块反射光谱和颜色外貌等方面建立在光学分析的研究[80]。

在绘画、服装、印刷和涂料领域，色料的作用非常重要，因为它们可以改变颜色和亮度的组合，从而创造出不同的色彩效果。在染织领域，不同染料则用于染色，可以使纺织品、皮革等物品变得色彩鲜艳、美观。在化妆品领域，色料则被用于为化妆品提供不同的颜色，例如口红、眼影等。在食品领域，色料则用于增加食品的色彩和视觉效果，使其更加吸引人。色料也是印刷工业中的重要组成部分，可以用来制作各种类型的印刷油墨，包括水性、油性和溶剂型印刷油墨。色料的品质对印刷品的质量有着重要的影响。在涂料领域，通常用于提供美学吸引力和功能优势。

13.1 染织

据史料记载，我们的祖先在新石器时代的仰韶文化时期，就会将麻捻成线织出布来，而且会给麻布染色。从那时起，纺织品及其色彩就伴随着中国人的服装，伴随着劳动人民的聪明才智，伴随着社会的发展和科技的进步，走过了七千多年漫长的历程。随着时代的变迁，随着人类对色彩认识的不断进化，经过了对色彩运用从自发精神层次逐步走向自觉精神层次的发展历程，从矿物染料到植物染料再到合成染料，实现了由单色运用到突破"五色说"的禁锢进而走向全色运用的理想境界。

自汉代起，我们的祖先在纺织品的用色上开始趋于理性，到唐代便逐步达到表现自觉精神层次的色彩审美境界。这种审美境界由多种色彩艺术结构得到体现，如补色对比结构、明度对比结构和同类色搭配结构。这几种色彩艺术结构都遵循着和谐的配色原理，传达出了中国劳动人民在纺织品上驾驭色彩的能力。

在染织过程中，染料在织物或纱线表面形成化学键，改变其分子结构并吸收或散射特定的光波长，就会产生不同的颜色。这就是为什么同一种颜色可以在不同的织物或纱线上产生不同的效果。因此不同的面料需要根据自身特点来选择合适的染料，例如棉、麻和粘胶等织物的印花和染色使用还原染料来染出更加鲜艳，多色相的色彩；纸张、棉、羊毛、蚕丝、竹木、皮革羽毛及草制品的染色，多使用碱性染料；羊毛、蚕丝、锦纶、皮革等对色泽鲜艳度要求低的主要使用中性染料等，可以实现丰富多彩、持久鲜艳的染织服装色彩。

纺织的配色离不开色度学的基础，是依赖于实践与技巧的技术。目前可以生产出的染料种类是有限的，每一种染料对应着特定的吸收光谱分布，但是颜色的需求是多样的，不可能每一个颜色需求都可以找到符合要求的染料，所以需要对有限的染料进行配色就可以得到无限的颜色。

计算机色彩匹配技术是计算机技术和色彩匹配的结合，在染整行业得到广泛应用，计算机配色与传统人工配色相比，具有准确性高、效率高、生产成本低等优势。

13.2　印刷

印刷用油墨大多数是用颜料作色料的。印刷油墨按照再现颜色的方式分为原色油墨和专色油墨。原色油墨按照减色法规律来混合再现成千上万的颜色。而专色油墨是根据专色要求通过原色油墨调配而成的。

印刷品的呈色原理分为四色混色原理（图13.2-1）和加网技术（图13.2-2）。

四色混色原理遵循减色法，是目前国际主流的印刷工艺，颜色通过青（C）、品红（M）、黄（Y）、黑（K）四色油墨来表现。CMY三色从理论上讲就可以混合出所有的物体色，为什么还要加入黑色呢？如果仅用青、品红、黄三色进行印刷复制，显色效果并不理想，所以为使印刷品的颜色效果改观，在三色印刷的基础上增加了黑色（图13.2-3），以起到稳定中间调及暗调颜色、加强图像的层次反差、解决文字线条稿的印刷问题、减少彩色墨用量，降低印刷成本等作用。

有些印刷品图像上的色彩，不是通过C、M、Y、K四色油墨叠印的方式印刷的，而是通过一种专门的油墨来直接印刷，这就是专色印刷，专色油墨具有以下优点：

专色墨的颜色更准确、可表现的色彩范围更宽广。例如，书籍封面多用大面积的均匀色块或渐变色块作底色，这类版面如果用专门调配的专色墨一次性印刷，能最大程度地保证颜色传递的准确性，减少出现颜色失真现象；有些特别的颜色如金色、银色等，无法用四色方式印刷获得。

图 13.2-1　四色混合原理

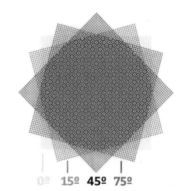

图 13.2-2　加网技术

CMYK　　　　　　CMY

图 13.2-3　黑墨加入表现力增强

13.3　食品

食品色彩不仅是一种视觉感受，更是一种精神体验，能够给人带来愉悦的感受，提升饮食的享受度。食品颜色还可以传达关于食品营养、品质、熟度、新鲜度等信息。比如，熟透的

图 13.3-1 不同深浅色彩的巧克力

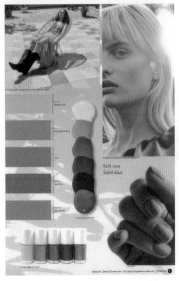

图 13.4-1 彩妆趋势

水果颜色更加鲜艳、均匀；新鲜的鱼肉颜色明亮、有光泽；而变质的食品则往往颜色变深、不均匀、无光泽。

不同的颜色还能表明营养成分，如红色的食物富含β胡萝卜素、番茄红素、天然铁质；黑色的食物含有多种氨基酸和微量元素；绿色食物纤维素含量较高；白色食物蛋白石和钙含量较高等。

如前所述色彩对于人类的味觉体验有着重要的影响。例如，深色的巧克力给人感觉更苦，而浅色的巧克力给人感觉更甜（图13.3-1）。这是因为颜色会影响我们对于食物的期望和预期，从而影响我们对于味道的感知。

国际餐饮趋势表明不仅需要注重食物的口味，还更注重食物的色彩搭配，以增强食物的吸引力和美感。色彩丰富、鲜明的食品更容易引起人们的注意，从而增加了对它们的喜爱和欲望。食品色彩的定量检测分析与评价，除化学分析方法外也有色度检测的内容。

13.4　化妆品

彩妆是时尚界和生活中重要的话题，化妆品色彩有着悠久而丰富的历史，已经成为几个世纪以来人类文化的重要组成部分。化妆品行业中的色彩范围有大胆明亮的色调、也有微妙自然的色调，不同的场合、不同的情感，有不同的化妆品色彩来与之契合。

化妆品制造商使用各种颜料和染料来创造不同的颜色。其中包括从植物和矿物中提取的天然颜料和染料，以及合成颜料和染料。化妆品中加入颜料或染料来改善外观和增加吸引力、增加亮度、改变肤色或创建独特的效果。

影响化妆品颜色使用的重要因素是基于肤色，肤色有冷、暖、中性之分。不同的肤色需要不同的色调和底色才能获得最迷人的外观。同时每年都有不同的国际彩妆趋势，来供参考，如2023年的强调鲜艳的唇彩、多彩的眼妆以及可持续性的彩妆（图13.4-1）。

13.5　室内涂料

图 13.5-1　装饰用途

图 13.5-2　标识作用

室内涂料色彩的历史可以追溯到早期人类。史前壁画和古代文明的遗迹中，使用涂料来表现生活和宗教场景。例如，中国的敦煌壁画、埃及的金字塔和希腊神殿都使用了彩绘来表达宗教和文化意义。直到18 世纪，发现了涂料的实用价值，开始广泛用于建筑和装饰领域。

随着科学技术的不断进步，涂料色彩的生产和使用也得到了改善。现代涂料色彩包括了多种类型，如水性涂料、油性涂料、丙烯酸涂料等。涂料颜料的选择也变得更加广泛，可以根据不同的需求和应用场景选择合适的颜料。涂料色彩具有以下用途：

装饰用途：为各种表面添加颜色，如墙壁、地板、家具和电器。这有助于增强空间的视觉吸引力，并创造出所需的氛围（图13.5-1）。

标识作用：用于标识空间内的特定区域（图13.5-2）。

保护功能：在有些况下，涂层是根据其功能性进行着色的。例如，对材料进行着色，以提高其对紫外线辐射、腐蚀或其他环境因素的抵抗力。

隐藏缺陷：也可以用来隐藏表面的缺陷，如划痕、凹痕或瑕疵，并创造更均匀的外观。

涂料色彩的选择对于建筑物和装饰品的外观和氛围会产生很大的影响。需要考虑：

（1）房间的用途

不同的房间用途需要不同的颜色。例如，卧室可以使用柔和的颜色，如淡紫色或淡蓝色，可以带来放松和舒适的感觉；而厨房可以使用明亮的颜色，如黄色或橙色，可以刺激食欲。

（2）房间的面积

颜色可以影响房间的视觉效果，使小房间看起来更大或更小。浅色可以使房间看起来更大，而深色可以使房间看起来更小。

（3）家具和装饰品

墙面涂料色彩与家具、软装的搭配需要符合色彩和谐原则，避免室内缺乏层次与对比。

（4）光线

不同的光线会影响颜色的视觉表现。南向房间和北向房间由于所受光线的色温不同，颜色的表现也会有差异。

在现代室内涂料的应用中，还有艺术涂料的应用，带来不同的质感体验，如笔触、拉毛、磨砂、披刮等（图13.5-3）。

13.6　绘画颜料

人类使用颜料进行绘画最早可以追溯到旧石器时期，早期的洞穴壁画中就有了红色、褐色、黄色、黑色的应用，蓝色和绿色的应用比较罕见。在西方色彩应用上，公元前3000年时的古埃及人已将色彩分为世俗的和宗教的，并限定了宗教中使用的六种颜色（红色、黄色、蓝色、绿色、紫色和白色）。埃及人还用硅酸盐铜和方解石人工合成了蓝色，也就是最原始的合成蓝色——埃及蓝。在中国绘画颜料和色彩也同样有着悠久的历史，秦汉时期的壁画中就已经有了大红、朱红、黑色、棕色、石青和石绿等，魏晋以后中国绘画颜料的主要种类达40多种。可见绘画颜料的发展同纺织染料的色彩一样，开始也是以矿物和植物为主，直到合成颜料的出现，尤其是20世纪中后期，各种高级的合成有机染料迅速发展并扩大到绘画领域，色彩才开始变得更加丰富。以最受大众欢迎的蓝色出发，看看一些绘画颜料的发展。

群青：纯蓝色自古以来就备受推崇。从青金石中提取的颜料经威尼斯抵达欧洲，在拉丁语中被称为群青，意为"海上"，成为欧洲价值最高的颜料，可与黄金媲美，是普通颜料价格的100倍。群青是基督教绘画中重要特征（图13.6-1）的首选颜色。

埃及蓝：古埃及人使用青金石制作护身符、珠宝和装饰镶嵌物。然而，他们并没有使用这种石头来制造群青，而是制造了一种丰富而用途广泛的颜料，这种颜料在罗马时代就被称为埃及蓝（图13.6-2）。已知最早的人造颜料，至少从约公元前

图13.6-1　群青

图13.6-2　埃及蓝

图13.5-3　艺术涂料的效果

2640～公元前2505年开始使用。

普鲁士蓝：普鲁士蓝是由德国染料制造商狄斯巴赫（Johann Jacob Diesbach）偶然发现的，深蓝色粉末，颜色强烈、浓厚。日本浮世绘版画中也经常使用普鲁士蓝（图13.6-3）表现层次。

克莱因蓝：为了追求天空的色彩，法国艺术家克莱因（Yves Klein）开发了一种哑光版的浓蓝色，浓色调成为他在1947年至1957年之间的标志（图13.6-4）。

石青：石青（蓝铜矿）是中国清晚期以前建筑彩画最常用的颜料之一，现在仍作为高级绘画颜料生产和使用。石青是一种矿物颜料，在青绿山水中用于罩染突出部位的山石，可以分为五种：回青、滇青、沙青、靛青和泥青。敦煌壁画中有七种不同深浅明暗的青色（图13.6-5）。

石绿：石绿和石青一样都是采自铜矿的矿物颜料，也是中国绘画中的常用颜料之一（图13.6-6），天然的石绿是由孔雀石研制而成，头绿质地较重，颜色较深，山水画中较少使用。二绿、三绿在淡彩、重彩山水画中使用较为广泛。

汉蓝与汉紫：远在两千多年前的中国工匠们，掌握了一种极为高超的人工颜料制备工艺：蓝紫色硅酸钡铜。20世纪80年代，由美国华盛顿弗里尔亚洲艺术馆科学家菲茨休等人在研究其馆藏战国至秦汉青铜器、彩绘陶器表面材料和八棱柱状物时发现，并将这种独特的蓝色与紫色分别命名为中国蓝（汉蓝）和中国紫（汉紫）（图13.6-7）[81]。汉紫自春秋早期在甘肃东南部开始萌芽。汉蓝则在战国晚期出现。

中国白：遮盖力强、白度高的铅白一直是欧洲绘画中最常见的白色颜料，但由于铅白的毒性还有在空气中遇到硫化物会变黑这两个弱点，使得铅白被迫退出绘画颜料的行列。直到1834年，温莎·牛顿创造性的将锌白作为一种水彩销售，才让锌白普及开来。为了提高锌白的知名度，温莎·牛顿为它起了一个别致的名字："中国白"（图13.6-8）。当时的东方世界，是神秘与魅力的代名词，此举帮温莎·牛顿打开了锌白市场。

赭石：是一种用途广泛的矿物颜料。在淡彩山水中，常作

图 13.6-3　日本浮世绘版画

图 13.6-4　克莱因蓝色海绵浮雕

图 13.6-5　隋代飞天（隋代莫高窟401窟 北壁龛顶）

图 13.6-6　（宋）李嵩《花蓝图》

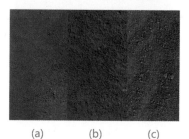

(a)　　　(b)　　　(c)

图 13.6-7　现代人工合成的汉蓝（a）与汉紫（c）颜料，以及混合料（b）[82]

图 13.6-8 中国白的应用

图 13.6-9 赭石的应用

为山石、树干主色，也可用于画夕阳反照下的远山。在花鸟画中，常与墨（调和后成为赭墨）或与其他色料调和，或混合使用，多用于画枝、干、翎毛（图13.6-9）。在人物画中，常用于人物皮肤底色。调入花青或绿色可用于画远山、老叶子。赭石加藤黄为赭黄，用于深秋黄叶、秋景中的土坡、草间细路。草绿中加入赭石调成苍绿，用于秋天石坡、土径。

绘画颜料发展至今，种类更加丰富，为绘画色彩的表现开启了新的篇章。

第十四章

屏幕色彩

现代显示技术是计算机、电视、手机等行业的核心之一，其中色彩的呈现是影响用户视觉体验至关重要的因素。

液晶显示是最常见的显示技术之一，它通过控制液晶分子的排列方向来调节透过的光线的强度，从而产生颜色和图像。OLED（有机发光二极管）显示使用有机材料作为发光源，具有更高的对比度和更鲜艳的颜色。LED（发光二极管）显示屏则使用微小的LED灯珠来组成显示屏幕，常常具有更大的尺寸、更高的亮度和更长的寿命。虽然在显示技术上它们各有千秋，但其屏幕色彩的呈色原理却是高度一致的：用红、绿、蓝三原色混合显色（图14.0-1）。

图 14.0-1　17 世纪中期，牛顿发现并证明白光是由各种颜色的光混合而成，开启了现代光学与色度学的大门。麦克斯韦等科学家的色光混合实验，进一步揭示了色光混合的显色规律。红光与绿光混合，将形成黄色光；绿光与蓝光混合，形成青色光；红光与蓝光混合形成紫红色光；红绿蓝三色混合形成白光。调节红绿蓝三种光的配比，就可以形成我们在自然界中能看到的大部分颜色

14.1　显示器显色原理

显示器上一个可以显示不同色彩的色点，被称为一个"像素"（Pixel）。一个像素其实内部包含了RGB 三种颜色的小灯，这样的小灯被称为"子像素"（Sub-pixel）。也就是说，一个像素可以分解为三个子像素：红色子像素、绿色子像素和蓝色子像素（图14.1-1）。

图 14.1-1　像素示意图。一个像素由三个 RGB 的子像素组成

RGB 显示系统中的每一个像素，都是一个小小的显示点，只负责显示自己的颜色。而许许多多的像素合在一起，就形成了显示画面（图14.1-2）。

目前显示系统的主流标准是8 位色深的24 位色：每一个像

图 14.1-2 在液晶显示器上显示"PS"字样，再用放大镜观察，可以看到灰色背景区域 RGB 像素都呈现"亮"的状态，而黑色文字区域 RGB 像素都呈现"灭"的状态。其中黑色的网格线，是为透明的驱动电路导线设置的保护涂层

图 14.1-3 数字图像处理软件 Photoshop 拾色器界面：编号为 #cd2a3a 的颜色，RGB 分量分别为（十六进制的）cb（十进制数值为205）、2a（十进制数值为42）和2a（十进制数值为58），是一种艳丽的红色

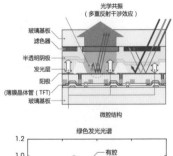

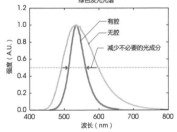

图 14.1-4 索尼 OLED 显示技术示意图

素都包含24 位数据，正好是3 个字节的长度。以十六进制将色值记录下来，就是通常所说的RGB 色号。

例如，在计算机中编号为#cd2a3a 的颜色，意为它的红色部分数值为cd，绿色数值为2a，蓝色数值为3a。前面的# 号，代表这是一个十六进制的数据。将红色对应的十六进制数值换算为十进制，即为205。这意味着，如果将显示器最亮的红色分为255 级，#cd2a3a 的红色有205 级。同理，它的绿色为42 级，蓝色为58 级。因此，#cd2a3a 是一种鲜艳的红色（图14.1-3）。

如果一个颜色红绿蓝三色都"满级"，达到显示器最大的255 级，那么红绿蓝三色混合会得到白色，色号为#ffffff。色号为#000000 则意味着红绿蓝三色子像素均为关闭状态，将得到黑色。

电子显示屏通过各种技术，将上述RGB 色号转换为对应的电信号，再通过电信号转变为光信号，由此实现色彩和图像的呈现。在这个过程中，诞生了非常多的显示技术，实现了跨越数十年的技术进步与发展。但不管是CRT、LCD、等离子还是OLED 显示器，原则上它们都是通过调整电信号的大小来改变每一个子像素的亮度大小，从而改变单个像素点的颜色和亮度（图14.1-4）。

14.2 显示色彩性能参数

显示屏的色彩表现，是显示屏的主要性能参数，在很大程度上决定了显示屏的显示效果。其中有几个主要的常见技术参数，包括白场亮度、黑场亮度、对比度、色域、白点、颜色准确性、色深等。

14.2.1 白场亮度

白场亮度即为显示屏显示白色画面的亮度。一般而言，这个数值代表显示屏能达到的最大亮度，单位为cd/m²（坎德拉每平方米），或称nit（尼特）。一般而言，这个数值越高越好。例如，显示屏亮度为400nit 时已足够室内日常应用，但户外用显示屏可能需要2000nit 及以上才能在日光下获得良好的显示效果。

亮度值越高，可以获得的黑白对比度越高，从而使显示内容更加清晰醒目。但当环境照度较低时，显示器亮度过高会产生"眩光"的现象。因此较理想的情况是，硬件具有较高的亮度水平（有向下调整的余量），再据现场光环境进一步调整，从而保证清晰、合理的显示效果。

14.2.2　黑场亮度

黑场亮度是指显示屏显示黑色画面时的亮度。这个数值代表显示屏能达到的最低亮度。黑场越暗，对比度越大；黑场越亮，对比度越小。而黑场亮度的小幅上升，都将使对比度随之急剧下降。因此该数值越低越好。

同时，由于显示屏会反射周围环境的亮度，因此也会受到环境照度、屏幕表面粗糙度等因素的影响。在专业显示器中使用遮光罩，可以缓解屏幕表面对环境光的反射，从而避免对黑场亮度和对比度的影响。

14.2.3　对比度

显示屏对比度即为白场亮度和黑场亮度的比值，这是影响显示屏效果最核心的参数之一。白场亮、黑场暗，就能获得较高的对比度指数。一般而言，该指标越高越好。

14.2.4　色域

显示屏显示的各种颜色，都是通过RGB 三种原色混合而成的。因此，三原色的色彩特征也在很大程度上决定了显示屏的显色水平。例如，显示屏中的红色原色（#FF0000），就是该屏幕能显示的最亮、最红的红。同样，显示屏无法显示比它自身的绿原色更亮、更绿的绿色，或者比蓝原色更亮、更蓝的蓝。

我们可以将显示屏的RGB 三原色色坐标在CIE 色度图中标注出来。红原色与绿原色混合，形成的新颜色将位于R 点和G 点之间。同理，绿原色与蓝原色混合形成的新颜色将位于G 点和B 点之间，蓝原色与红原色混合形成的新颜色将位于B 点和R 点之间。这样RGB 三个点围合而成的三角形，就被称为显示屏的色域。RGB 三原色混合形成的所有颜色，其色坐标都位于该三角形的内部空间中（图14.2-1）。

因此，通过观察色域我们就可以直观的看出显示屏的显色水平高低。色域越大，显示屏能显示的颜色就越多。色域越靠近光谱线，显示屏能显示的颜色饱和度就越高。不同的显示屏色彩标准定义了不同的色域。按某一种标准生产的显示屏，其色域与标准色域的重合度越高，颜色准确性就越好。

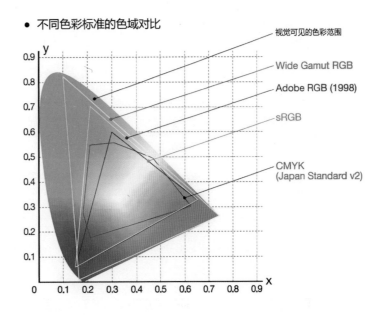

图 14.2-1　RGB 三原色在 CIE1931 色度图上形成的三角形，就是该 RGB 显色系统能显示的颜色范围。不同显示色彩标准下的色域各有其范围。而 CMYK 色域则由于显色原理的不同，与 RGB 三角形色域相比形状较不规则

第十五章

跨媒介色彩管理

色彩的复制在信息传播、印刷出版、计算机视觉和图像处理等领域中占有举足轻重的地位，跨媒介色彩管理的目的即在解决图像信息复制的过程中，通过各个设备的色彩空间变换，以确保在整个复制过程图像的色彩协调和正确的传递的问题。色彩转换也是色彩处理技术中关键的一部分，它对于彩色图像的复制质量具有非常重要的作用。

在回顾近十余年的研究进展中发现，色彩管理的研究范围已呈扩大趋势，并在印刷、设计和艺术等领域加以实践应用。运用ICC技术对织物进行数字印刷，当采用CMYK作为颜色空间的数字印花机上的颜色特征文档时，如何保证在选择不同的织物或印刷油墨可以保持印刷图形的颜色与原稿的颜色最为相近成为一大研究重点[83]。例如，在敦煌壁画色卡的研制过程中，跨媒介色彩管理成为敦煌壁画的彩色采集、复制、数字化传播等方面的技术支撑[84]。

中国近十年的科研重心在软硬件水平逐步提高的情况下，多领域、跨领域色彩管理的研究实践正日益兴起，色彩管理的实践应用和科学进展对文物保护、纺织品工艺、影像产业的推动起到重要作用。

随着数字时代及多媒体产业的发展，彩色图像展示场景的多样化，图像作为信息载体，在各个领域均得到越来越广泛的应用。无论在平面设计、室内设计、工业设计、还是服装行业、印刷行业、影像行业还是其他彩色图像应用领域，人们越来越注意到色彩的一致性及颜色再现等问题。颜色再现（Color reproduction）包括：光谱颜色再现；色度颜色再现；正确颜

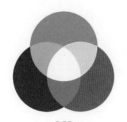

RGB
加色法

CMYK
减色法

图 15.1-1　呈色原理

色再现；等价颜色再现；对应颜色再现；喜好颜色再现。因此需要依据颜色再现的目的，选择不同的颜色再现方法。

15.1　色彩管理

当使用计算机和数字媒体技术来获取、存储、处理、传递和再现彩色物体或场景的图像时，会使用红（R）、G（绿）、B（蓝）加色法呈色原理。目前市场上大多数成像设备使用的虽然都是RGB，但是现实的情况是每个设备都有不同的RGB色域范围，也就是说相同的RGB数值，颜色会有所不同。在与印刷、纺织服装相关的产业中又有C（青）M（品红）Y（黄）K（黑）减色法的呈色原理，因此在工作流程中实现颜色再现的一致性是一个严重的挑战。

不同颜色设备的呈色原理不同（图15.1-1），所用原色不同，表达方式不同，色彩再现能力也不同。因此要实现颜色在各颜色设备之间的准确传递，必须要进行色彩管理。

在成像系统中，采用合适的硬件和软件以及算法来控制和调整颜色被称之为色彩管理（Color managment）。色彩管理系统评价颜色正确性的方法应该是简单的，并且适用于不同媒介之间，如数码相机、显示器、打印机或扫描仪之间，以满足对其准确传递、和复制的目的。

色彩管理的实质就是实现各设备颜色值之间的对应关系，色彩管理的方法是通过国际色彩联盟（International Color Consortium，ICC）色彩管理的方法进行颜色的对应转换（图15.1-2）。

特性连接色空间（Profile Connection Space，PCS）是

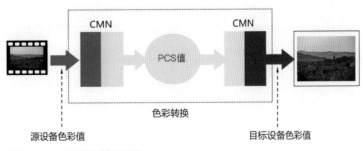

图 15.1-2　ICC 色彩管理原理

各设备间色彩转换的中介，必须是与设备无关的色空间。ICC 采用CIE XYZ 和CIE Lab 作为PCS。

设备特性文件，描述设备颜色特性的文件，记录设备颜色值和PCS 值之间的相互转换关系。

色彩管理模块（Color Mmanagement Module，CMM）是色彩转换的执行者。它提取源设备特性文件中提取颜色转换关系，将源设备颜色值转换到PCS 值；然后从目标设备特性文件中提取转换关系，将PCS 值转换到目标设备颜色值。

综上所述，ICC 色彩管理的原理就是各设备特性文件记录设备值和PCS 值之间的转换关系，从而实现两个设备之间色彩的准确传递。

15.2　色貌模型

随着数字时代的到来，再现颜色的媒介不断增多。色彩再现的媒介按照呈色原理可以分为物体色（Surface color）和光色（Self-luminous color），其中与物体色相关的有纸张、木材和织物表面的色彩，与光色相关的有LCD（Liquid Crystal Display），OLED（Organic Light Emitting Diode ）和CRT（Cathode Ray Tube）显示器，VR（Virtual Reality），AR（Augmented Reality）等。媒介的复杂性，增加了跨媒体颜色再现的复杂性，也为颜色科学提出了新的挑战。跨媒体颜色再现的复杂性在于不同呈现方式、不同色域、不同背景、不同照明条件都会导致人眼产生不同的视觉反应，还涉及人眼本身复杂的心理物理现象，如颜色记忆、颜色适应等现象。所以如何实现跨媒介颜色的再现是颜色科学的一个重要研究内容。目前，跨媒体颜色再现的方法分为两大类：多光谱图像颜色再现和基于色貌的颜色再现。应用最多、研究更广泛的是基于色貌的颜色再现方法。

色貌模型是在简单色块的基础上利用大量心理物理实验研究得到的计算模型。色貌模型以实际观察条件作为变量，描述人眼在实际观察条件下对颜色的感觉。

色貌模型是指颜色的三刺激值和颜色相关感知属性，通过

图 15.3-1 从上至下分别是：荧光灯（冷色）、阳光直射（中性冷色）和卤素灯（暖色）

数学表达式或数学模型，在特定的观察环境（照明、背景等因素）下，进行颜色相关属性（如明度、彩度、色调、饱和度等）的计算。色貌模型研究至今，期间有很多研究学者提出具有代表性的色貌模型，如纳亚谷（Y.Nayatani）提出的Nayatani模型、亨特（R.W.G.Hunt）提出的Hunt模型、罗明（M.R.Luo）提出的LLAB模型、和费尔柴尔德（M.D.Fairchild）提出的RLAB模型[85]、[86]和CIECAM97s等[87]，在这些模型的基础上，CIE在2004年推出了CIECAM02色貌模型，从CIECAM02色貌模型作为国际标准以来，在颜色管理、跨媒体颜色再现、数字图像处理等方面，有着广泛的应用，大量研究专家以及学者通过CIECAM02的不同观察条件，做出了相应的色貌问题预测评估。

15.3 色彩管理及跨媒介色彩再现的实际应用

随着数字时代的发展，博物馆的色彩应用这种典型的又极其重要的跨媒介色彩再现越来越重要。数字化版本可能是现在或将来许多人最接近艺术品的地方，对精确色彩再现的需求变得越来越重要。下面将讨论从捕捉图像的行为到将图像传播给更广大的公众，可用于提高色彩真实性的方法。技术进步和变化，光和颜色的物理性质以及人类视觉的生理结构，都在跨媒介色彩再现中发挥重要的作用。

从物理学来讲颜色的产生是一个复杂的现象，颜色是人眼视觉系统对光的一种知觉。为了给观看数字化艺术作品的观众提供最真实的体验，其目标就是让数字化的图像发出的光波（计算机屏幕或其他电子设备上）与原始艺术作品反射到观众的眼中的光波一样。

捕捉物体颜色与光源有关，因此必须使用正确的采集光源，减少光源对物体色彩的干扰并准确捕获整个物体的颜色。光源的色温、显色指数和照度等都会影响颜色的感知（图15.3-1）。

一般会通过相机来捕捉颜色，相机的光圈、快门速度和ISO都会影响照片的"曝光"。曝光可以粗略地定义为用于创建图像的光的数量和质量。拍摄色彩准确的图像需要精确的光量：光线过多会导致图片曝光过度或过亮，光线过少会导致曝光不足或图像过暗（图15.3-2）。因此在采集图像时，要设置好相机的模式避免图像细节缺失和清晰度的不足。

　　尽管对光环境和摄影设备进行了一定程度的控制，但大多时候都需要进一步的图像处理才能完全纠正由图像采集设备引起的失真。需要对相机和计算机进行色彩管理及校正。相机生成的图像应以RAW文件传输到计算机，RAW文件中包含颜色的元数据并且可以通过相关的软件对其进行编辑和校正。以准确的方式捕获颜色时，拍摄和保存图像的每一步都至关重要。观看图像的显示设备也同样重要。在博物馆的设备上，实现统一的观看体验并不难。计算机屏幕可以使用校正设备（如X-Rite i1和Datacolor spyder）进行校准。这不仅可以强制多台机器匹配，还可以确保每台机器都显示正确的信息。

　　博物馆也可以相互共享校准信息。在数字时代，从一个博物馆到另一个博物馆的物品通常伴随着数字复制品，这些数字化的图像也可以用于研究。因此藏品的所有者可以提供包括如何查看这些图像的说明。

图 15.3-2　单张照片的不同曝光（顶部曝光不足，而底部曝光过度）

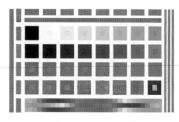

图 15.3-3　屏幕校准参考色块

　　在内部和合作机构之间校准视觉设备是防止查看数字化作品时出现色彩差异的有效方法，但在线观看的设备没有办法做到校准，大多数现代计算机都带有一个默认的颜色校准模块，该模块依赖于用户的颜色感知。因此对于希望相对准确观看艺术品色彩的观众来说，博物馆应向观众提供如何使用内置校准工具的说明。

　　图15.3-3可以帮助指导调整屏幕以提高色彩准确性，可靠性上虽然不能替代校准工具，但易于操作并且可以改善观看者的体验。

　　现实中数字典藏的观看场景，尤其是博物馆的线上展览，都是在各种不同版本的电脑、平板或手机上进行的。与台式电脑相比，通常手机或平板等移动终端较少提供专门的颜色校准工具或软件。一些移动终端会允许使用者在少数颜色配置文件之间进行选择，例如允许用户在"增强""自然"或"饱和"等颜色设置之间进行切换。但这些调整是为了提高使用者的舒适度和偏好度，而不是真实性，并且不支持进一步定制或校准。只有支持"标准"色彩模式的终端，可以自动适配sRGB、P3等色彩空间，完成以真实性为首要目的的色彩还原。不过，由于不同设备的硬件条件和色彩适配策略不同，在最终色彩外观的呈现上依然有着细节的差异。

设 计 篇

Design

色彩从视觉上可以从功能方面、美感和情感方面第一时间起到与人互动的功能。色彩不仅仅是美学上的追求，还有助于传达信息、引起情感共鸣、塑造品牌形象和提升用户体验。

色彩的和谐搭配、色彩与材质／肌理／灯光的结合，带来更加丰富、灵活、广阔的视觉表达空间，改善产品性能、丰富设计层次、营造不同风格与氛围。

设计的实证环节，则将使色彩设计效果的主观评价更具数据驱动的客观性、可重复性和可揭示性。

第十六章

色彩和谐

歌德曾经说过"对颜色的享受，无论是单独的还是和谐的，都是通过眼睛来感受然后将这种愉悦传递给其他器官。"

美是一个物体或体验的本质，它能给一种或多种感官带来愉悦。色彩、声音或者气味都可以是美。对人类的来讲，美的存在就像呼吸一样自然。

和谐是当两种或两种以上不同的事物被视为一个整体时、带给人愉悦和幸福感的体验。和谐的事物是直观的；是完整的、连续的且自然的；是平衡的。

色彩和谐是指两个或两个以上的颜色，有秩序，协调和谐地组织在一起，能使人心情愉悦、满足的色彩搭配。色彩和谐理论研究的宗旨是试图从美的本质，研究色彩搭配的普遍原理，这一直是诸多色彩学专家非常关注的问题，也是设计环节中，色彩设计的最终追求。

早在公元前580～公元前500年，毕达哥拉斯就提出了有关和谐的论述，他认为和谐是一种数学理论，例如弦的长度，行星之间的间隔。公元前384～公元前322年，亚里士多德就从哲学家的角度，提出了形而上的色彩论述，他认为颜色可以看成是"黑与白"通过某种方式混合得到的混合物，认为所有颜色都位于"黑与白"之间[88]。文艺复兴时期，列奥纳多·达·芬的《绘画论》中，白、黄、绿、蓝、红、黑作为单色出现，并且他认为白色与黑色，红色和绿色，黄色和蓝色互相衬托。但是，在牛顿发现了光谱以后，色彩和谐理论的研究者们才开始采用科学的方法对色彩进行研究和判断。直到19世纪初，英国生理学家托马斯·杨和德国物理学家赫姆霍兹提出了人类颜

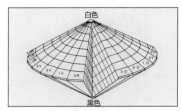

图 16.0-1　奥斯特瓦尔德系统

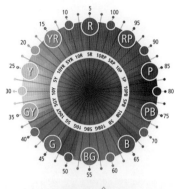

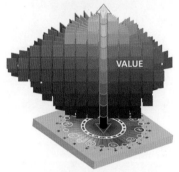

图 16.0-2　孟塞尔色相环与色空间

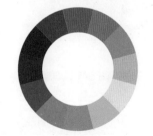

图 16.0-3　伊顿色相环

色视觉的生理理论，以及赫林四色学说之后，集物理学、生理学和心理学为一体的西方色彩和谐理论才开始逐步形成。

在20世纪早期，对色彩和谐做出重要贡献的三个人是奥斯特瓦尔德、孟塞尔和伊顿。在这三种颜色和谐的观点中，他们的共同点就是使用色立体来表示颜色之间的和谐关系。

奥斯特瓦尔德（图16.0-1）的色相环中黄色和蓝色像红色和绿色一样位于对立的两端。奥斯特瓦尔德系统使用了很多年，才被后来的孟塞尔系统所取代。但是奥斯特瓦尔德对色彩和谐的贡献是值得参考和学习的，他认为的色彩和谐包含：纯色含量相等；白色或者黑色含量相等；白色、黑色、纯色含量相等；在多色配色过程中，如果在色相环上以24的约数（即2、3、4、6、8、12）为色相间隔的色彩搭配形成一定的秩序性规则，那么色彩搭配就是和谐的。

孟塞尔色彩系统，是基于明度、饱和度和色相的视觉感知为基础。孟塞尔色彩系统的色彩表示法，是将色相、明度、饱和度按照一定的视觉顺序进行数值标注，这样的数值标注方法有利于色彩和谐的搭配（图16.0-2）。

伊顿进一步发展了歌德关于颜色对比的观点。他认为："所有的感知都是在对比中发生的"伊顿提出所有的视觉感知都是七种特定色彩对比的结果。这些对比包括：色相对比、明度对比、饱和度对比、面积对比、冷暖对比、互补色对比、同时对比。

伊顿制作了12色色相环（图16.0-3），以红色、黄色和蓝色作为基础来阐述他的观点。他认为："颜色审美理论的基础就是色相环，因为色相环决定了颜色的分类"。

16.1　色彩的对比与统一

色彩和谐重点在于不同色彩之间的相互关系，有秩序、协调、和谐的组织关系形成了色彩的和谐。色彩的对比关系与统一关系是形成色彩和谐关系最重要的两个方面。在对比中有统一、统一中有对比，从而进一步形成色彩的呼应、节奏感与层次感等，正是色彩之美的来源。

16.1.1　色彩的对比

色彩的对比：色彩的对比是用两种及两种以上的不同颜色，形成色相或色调的反差，从而产生张力与冲击力的色彩运用手法。色彩之间差别的大小，决定着对比的强弱。差别大的形成强对比，风格硬朗、醒目；差别小的形成弱对比，风格柔和、精致；差别适中的形成中对比，风格醇厚、自然。色彩对比包括色相对比、明暗对比、饱和度对比、面积对比等。

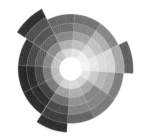

图 16.1-1　三角形配色

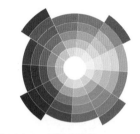

图 16.1-2　四边形配色

16.1.1.1　色相对比

色相对比是由不同色相的搭配而形成的对比。在色相环上色相之间的距离越大，对比度越大。当组合中三个颜色形成三角形（等边三角形或等腰三角形，图16.1-1），四个颜色形成四边形（正方形或矩形，图16.1-2）的颜色组合都是和谐的。

图 16.1-3　明暗对比

16.1.1.2　明暗对比

明暗对比是最具表现力的构图手段之一，也是设计中极为重要的效果（图16.1-3）。黑白对比是无彩色中对比度最大的明暗对比，同样有色彩之间也有明暗对比，纯色中黄色是最亮的颜色，紫色是最暗的颜色。

图 16.1-4　饱和度对比

16.1.1.3　饱和度对比

饱和度对比可以发生在单一色相（图16.1-4）、也可以发生在不同色相之间。饱和度是通过加不同明度等级的灰色或把一种颜色与它的互补色直接混合来控制的。

图 16.1-5　面积对比

16.1.1.4　面积对比

通过控制一种颜色相对于另一种颜色的比例而产生的对比。

一个颜色的使用比例会影响图像的平衡。根据设计的需求可以通过比例来寻求平衡，或者通过不合适的比例来寻求不平衡，使得一种颜色比另一种颜色更活跃。如图16.1-5，左图处于平衡状态，红色和绿色的面积大小相同，强度相同；右图绿色区域由于比例的对比而更加突出。

图 16.1-6　冷暖对比

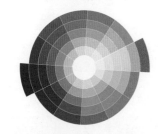

图 16.1-7　互补色

图 16.1-8　《麦田上的鸦群》（上）和《星月夜》（下）

图 16.1-9　同时对比

16.1.1.5　冷暖对比

这种对比仅仅是基于使用暖色或冷色时产生的对比。从心理学上讲，当比较相同色调的冷色和暖色时，暖色前进感，冷色后退感（图16.1-6）。

16.1.1.6　互补色对比

在色相环上相对的两个颜色称为互补色（图16.1-7），互补色混合会产生中性灰色。

这是画家常用的配色方案，如文森特·梵高在他的许多作品中使用了互补色（图16.1-8）。

16.1.1.7　同时对比

颜色不是孤立存在的，它们不仅受周围环境的影响，也会影响周围颜色的影响，同时对比就是在描述这种视觉现象。根据韦氏词典，同时对比是指一种颜色在色相、明度和饱和度上会对相邻的颜色产生"相反"效果的一种视觉现象。图16.1-9为两个灰色方块似乎都带有背景色的互补色。

16.1.2　色彩的统一

色彩的统一：在色彩的设计应用中，可以通过色彩间的和谐相处来营造统一的视觉效果，通过秩序感的建立从而达到令人愉悦的整体色彩效果。可以通过相似色彩的应用、相似质感的应用、色彩的有序排列、面积比例的调整获得色彩的统一与和谐。

16.1.2.1　间隔与和谐

人类会不自觉的把任何一种东西按照某种逻辑顺序进行排列。婴儿在会讲话之前，就可以按照一定的顺序排列积木或者其他玩具。成年人也会以某种逻辑顺序来掌握信息，如升序或降序的字母或数字、特定时间间隔来处理事物等。伊顿认为人类最"自然"的倾向是色彩选择的第一个决定因素，孟塞尔认为"流畅的间隔序列"是和谐的，间隔序列使眼睛和大脑很容易识别，并且创造出一种视觉和大脑皮层上的舒适感；这些颜色组合不容易被打破，并且给人感觉就是合理的；这些颜色之间的视觉逻辑是令人愉悦的。

如何让看起来不和谐的色彩变得和谐，在色彩元素之间引入一系列的间隔，从而创造出一个视觉桥梁，通过间隔来实现人类对秩序的需求（图16.1-10）。

图 16.1-10　在两种明显不和谐的颜色之间创建间隔

16.1.2.2　色相与和谐

奥斯特瓦尔德、伊顿的色彩和谐理论中大多集中在色相之间的关系上，更具体的是，主要集中在互补色之间的联系上（图16.1-11）。从服装到食物，各种产品中都有互补方案，如"红色和绿色""橙色和蓝色""紫色和黄色"以及改变不同饱和度和明度的各个组合。

虽然互补色从生理上是令人满意的。但并不是每一种令人愉悦的色彩组合都是互补色，当单一色相变换明度、饱和度进行组合时或者邻近色搭配时，也会产生令人愉悦的感觉。

图 16.1-11　色相与和谐

16.1.2.3　主色和辅助色

多种颜色搭配时，会在一个或者一组颜色旁边增加一个小区域的互补色或接近互补色的颜色，来增加画面的活跃感。如图16.1-12，画面增加了明亮的、柔和的、不同深浅的红色，通过对比强调了绿色，同时满足了眼睛对平衡的需要。

图 16.1-12　小区域暖色加入

16.1.2.4　明度与和谐

明度和谐主要包括：

不同明度的色彩间隔和谐。 适当的明度间隔可以为颜色之间创造出一种流畅的序列。在色彩的使用中，通过明度的适度变化，可以使颜色之间形成和谐的过渡效果（图16.1-13）。

中间明度色彩的愉悦感受。 相比高明度和低明度色彩，中间明度的色彩更容易给人带来愉悦的感受。在设计中，选择适度明度的色彩可以创造出更加平衡和令人愉悦的视觉效果（图16.1-14）。

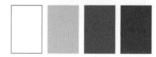

图 16.1-13　不同明度的色彩间隔和谐

图 16.1-14　中间明度色彩的愉悦感受

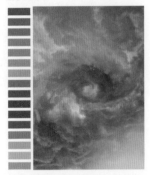

图 16.1-15　相同或相似明度的组合

图 16.1-16　饱和度与和谐

图 16.1-17　质感与和谐

相同或相似明度的组合。当没有特定的创作意图或背景对比时，使用相同明度的一组颜色可以创造出优雅和谐的效果。这种组合在设计中可以营造出简洁、统一的视觉效果，展现出一种整体的和谐感（图16.1-15）。

16.1.2.5　饱和度与和谐

有一种说法是柔和的颜色比明亮的颜色更和谐。尽管柔和的颜色给人宁静的感觉，而灿烂的颜色给人刺激的感觉，但将哪种颜色视为更和谐是不合理的。事实上，和谐的颜色组合可以包括任意饱和度的颜色（图16.1-16）。

在设计中，饱和度的间隔也需要遵循一种"自然"的原则，即从高饱和度逐渐过渡到低饱和度。这种过渡可以在颜色的选择和组合中创造出一种平衡和谐的效果。通过适度变化饱和度，可以创造出更富有层次感和视觉吸引力的设计。

16.1.2.6　质感与和谐

色彩不是孤立存在的，有光色，也有物体色，物体色的质感搭配对于色彩的表现尤为重要（图16.1-17）。

无论是哪种和谐理论，都是源于眼睛和大脑的无意识的反应，色彩和谐受到视觉平衡、舒适度以及人类对逻辑感知的影响。因此，我们在做色彩搭配的色彩和谐时，要注意以下三点：没有任何一个理论是直接决定色彩组合是否和谐；色彩之间的互补关系是和谐的基础，但是并不是唯一基础；即使是不同的色相、明度和饱和度，颜色之间的间隔都会有助于色彩组合的和谐。

总而言之，无论是哪种色彩和谐理论，都是在寻找一种秩序，寻找颜色之间令人愉悦的视觉逻辑。

第十七章

CMF：色彩、材料与工艺

在工业设计领域，产品的颜色、材料和由工艺形成的表面肌理，称为CMF（Colour，Material，Finishing）。CMF支持了产品的功能性，并在视觉和情感层面上影响我们，是功能和美学的完美平衡。正如颜色对我们是通过感觉、感知到认知的影响，人类是通过视觉、听觉、味觉、嗅觉和触觉来解释和感受周围的世界，因此，对一个物品的材质带来的不同感受同样是通过各种感觉系统引起了不一样的感触。

在色彩设计应用中，色彩的最终实现必须以某种材料和工艺为依托。因此在产品设计中材料选择也十分重要。不同的材料具有不同的特性和优缺点，也有着不同的着色性能和质感，会对产品的外观、功能等方面产生影响。常见的材料包括金属、木材、塑料、玻璃、陶瓷等。

不同的材料适用不同的表面处理工艺。而同样的材料采用不同的表面工艺，也会对产品的表面效果，包括纹理、光泽感、透明感等方面产生影响。通过选择适当的材料和工艺，可以在合理的成本和可生产性条件下改善产品性能、丰富设计层次、营造出不同的风格和氛围，如简约、现代、复古、高雅等，让产品更加易用、美观、人性化。

图 17.1-1 硬朗、可塑性强的金属材料

17.1 CMF 中的材料

材料的发展对人类文明发展具有重要的意义。不同材料的发展和应用，是人类社会的进步的基石。例如，石器、青铜器、铁器等的发明和应用，推动了人类社会从原始社会向文明社会的转变。高性能的新型材料、新工艺开发，为现代产业的发展提供了强有力的支撑。在设计中，选择不同的材料可以带来冷暖软硬等主观感受的变化，从而丰富设计层次，实现不同的设计效果。

17.1.1 金属

金属材料是一种具有高密度、低电阻率、高强度、高硬度、耐腐蚀等特点的材料。金属具有良好的延展性和可塑性，可以被锻造、拉伸和压制成各种形状，这使它们广泛应用于制造各种零件和构件。它也易于加工和连接，可以通过焊接、铆接、螺纹连接等方式进行加工和组装。因此，金属是一种日常生活中的常见材料，也是现代工业中应用最为广泛、最为重要的原材料之一（图17.1-1）。

对设计而言，金属的可塑性和可加工性使其表面肌理可以从粗粝到镜面产生丰富的变化。粗粝甚至锈蚀的表面，会带来硬朗感、工业感、复古感。车、铣、CNC、擦丝等成型或表面处理工艺，会在金属表面留下切削加工、刮擦、摩擦的痕迹，形成金属特有的致密而规则的拉丝肌理，带来理性、现代、坚固的质感。冲压、抛光等工艺，则会让材料形成镜面肌理，从而凸显金属的高光泽感，强烈的光影对比和冰凉的触感会给人带来精致、冷静、贵重的印象。

金属的着色可以通过电镀、化镀、喷漆、染色等工艺实现。也可以通过将金属表面暴露在空气中加热，或通过化学腐蚀、阳极氧化形成一层金属氧化膜，从而实现表面颜色的改变，并可以提升金属的硬度、耐磨性等性能。

17.1.2 木材

木材是一种天然的可再生材料，是人类使用最早、最广泛的材料之一。木材的主要成分是纤维素、半纤维素和木质素，其性质受到生长环境、树种、年轮、含水率等因素的影响。木材的硬度、密度、耐久性等特性因树种不同而异。例如紫檀木、鸡翅木质地坚硬，纹理美观，是中国传统红木家具中常见的高档木材（图17.1-2）。

图 17.1-2　令人产生温暖感与放松感的木材

除了天然木材之外，还有胶合板、纤维板、刨花板等人造板材，多以木质材料或植物纤维等原材料经过特殊的胶水加压粘合而成。这一类的材料常常具有强度高、材质均匀、可塑性强、抗形变、适宜大规模生产等优点。但相对来说人造板材可再利用性差，同时可能含有甲醛等有害物质，控制不当可能对使用者健康产生影响。因此，在此类产品的设计、生产过程中，应对产品的健康、环保性能予以特别的重视。

木材颜色温润、纹理美观、触感亲肤，令人产生温暖感与放松感，是一种常见的"温暖材"。在室内设计、工业设计等领域，尤其在于人的各个身体部位紧密接触的产品中运用木材，可以让人产生放松、舒适的体验，从而使人们更愿意长时间的感受、接触与停留。同时，木材也是一种使用历史悠久的材料，在建筑、家具、器物、雕像等领域留下了许多经典范例，因此木质材料也会给人古典、高雅、怀旧之感。

木材的着色可以通过油漆、染色剂等将着色剂涂刷于木材表面，也可以通过烤漆、热处理等工艺着色。此外，抛光上蜡等也会使得木材颜色加深，并提升光泽度，从而改变颜色外观。

17.1.3 塑料

塑料是一种由高分子化合物组成的材料，具有可塑性强、耐腐蚀性、轻质等特点。塑料相比于金属和玻璃等传统材料，在具有一定强度的基础上，可以降低产品成本、重量、加工难度，提高生产和运输效率，在一些恶劣环境下还有着特殊的耐腐蚀等可靠性优势。因此塑料材料对现代工业有着重要意义、

图 17.1-3　可塑性强的塑料材料

应用范围十分广泛，在包装、建筑、汽车、电子、医疗等许多领域都有重要的应用（图17.1-3）。

塑料根据化学结构和物理特性的不同，可以分为聚乙烯（PE）、聚丙烯（PP）、聚氯乙烯（PVC）、聚苯乙烯（PS）、聚碳酸酯（PC）、聚酯（PET）等多种类型。从外观而言，有的塑料是无色透明的，有的塑料是白色或乳白色，可以通过添加颜料或染料来实现着色。也可以将颜料、添加剂和聚合物基材混合预先制备成色母粒，在塑料加工前用色母粒替代颜料或染料加入到塑料原料中，以从而改善塑料着色的效果和效率。

塑料触感温和、色彩变化多样，表面肌理的表现力也非常丰富。可以用模具或车削、打磨等工艺实现肌理从粗糙到高光泽的极大变化，也可以进行表面喷涂、电镀、化镀等改变原有的颜色和光泽度，以及实现从透明、半透明、不透明之间的质感变化。还可以用多层喷涂、双层注塑等方法，实现具有视觉深度的特殊效果，塑造艺术感和高级感。苍、烟、浅色调的塑料产品，会给人轻巧、柔软、亲切之感；亮、艳色调的产品，华丽、现代、活泼；深色产品则显得更加耐用、实用。

同时，在塑料产品的生产过程中，需要使用模具进行成型，模具上的纹理会被转移到塑料制品的表面，从而在成型的同时形成纹理效果。因此，塑料产品可以以相对低成本、高产量的方法实现丰富多变的色彩、质地和表面肌理效果。

17.1.4　皮革

皮革是一种由动物皮肤经过鞣制和染色处理后制成的材料，透气性好、柔软亲肤。皮革作为一种古老而自然的材料，散发着温暖、高贵的气息，体现原始、生态、充满力量的野性之美（图17.1-4）。在现代家居设计、汽车内饰、服饰设计等领域，皮革所蕴含的温暖、厚重、优雅质感，使它成为深受人们青睐的材料。

皮革可以通过面漆涂装、染料浸染等方法进行着色，创造出丰富多彩的图案和花纹。皮革特有的粒面层，更有一种自然的粒纹与光泽，具有相当的独特性。同时，皮革制品在使用过程中，表面会逐渐出现磨损、色泽变化、光泽度变化等现象，使得皮革制品呈现出一种历经岁月的质感和风格。这种时间感通常被认为是皮革制品的一种魅力和价值所在。

17.1.5 纺织品

纺织品是指经过纺织工艺加工后制成的各种纤维制品，包括各种布料、织物、针织品、编织品等。纺织品是人类社会中最基本、最重要的日常用品之一，广泛应用于服装、家居、医疗等领域（图17.1-5）。

纺织品根据材料来源的不同，可以分为天然纤维纺织品和化学纤维纺织品两大类。天然纤维纺织品包括棉、麻、丝、毛等；化学纤维纺织品包括聚酯、尼龙、腈纶等。此外，根据织物或针织品的结构和特点，还可以分为平织物、斜纹织物、针织物、非织造布等多种类型。

纺织品可以通过将颜料或染料渗透到纤维内部，从而达到着色的目的、形成丰富的色彩与图案。也可以采用漂白、酸洗、碱洗等工艺改变其颜色和光泽度。不同的纺织品材料和工艺会对着色产生不同的影响，因此在进行着色前，需要了解纺织品的材质和性质，选择适合的着色方法和颜料/染料，控制着色温度、时间和浓度等工艺参数，并严格遵守环保和安全标准。

纺织品材料触感温暖亲肤，由于纺织工艺的不同，质感可以在柔软或挺括、光滑或粗糙、哑光或高光泽之间变化。除了平织物、斜纹织物等"平面感材料"，还可以用缝制、编织、刷毛等工艺，形成更厚实、蓬松、更具"立体感"的材料质感，应用于地毯、壁饰等产品，达到减震、静音等效果的同时，也令使用者感觉更加放松和舒适。

17.1.6 陶瓷

陶瓷材料是指由天然无机物或人工合成的无机物制成的一类材料，其主要成分为氧化物、硅酸盐、碳化物、氮化物等。陶瓷材料通常具有高硬度、高耐磨性、高温稳定性、耐腐蚀性和良好的绝缘性能等特点，因此被广泛应用于建筑、电子、航空航天、医疗、化工、环保等领域（图17.1-6）。

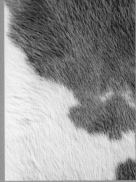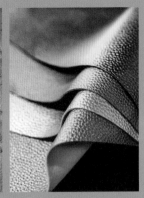

图 17.1-4　富有自然感的皮革材料

图 17.1-5　触感亲肤的纺织品材料

图 17.1-6　极具亲和力与表达张力的陶瓷材料

根据材料的原料和应用领域不同，陶瓷材料可以分为普通陶瓷、先进陶瓷、生物陶瓷、工业陶瓷等。普通陶瓷是指以黏土、瓷土、石英等天然无机物为原料，经过成型、干燥、烧结等工艺制成的陶瓷材料。先进陶瓷材料则是用人工原料制造的。高纯度的超细人工原料颗粒均匀，组成也可以按照需求自由配比。采用精确的化学计量和新型制备技术制成的先进陶瓷，可以弥补传统陶瓷的缺陷，增加新的功能。生物陶瓷是一种具有生物相容性，力学相容性，与生物组织有优异的亲和性，抗血栓，灭菌性并具有很好的物理、化学稳定性的新型陶瓷材料，以羟基磷灰石、氧化锆等为原料，经过特殊的制备工艺制成。工业陶瓷是指以氧化铝、氮化硅等为主要原料，经过特殊的制备工艺制成的陶瓷材料。工业陶瓷具有高硬度、高耐磨性、高温稳定性、耐腐蚀性和良好的绝缘性能，被广泛应用于化工、石油、冶金、电力等领域。

在日常所用的普通陶瓷产品中，粗陶肌理粗糙、有气孔，质地拙朴、古雅。赤陶质感细腻、色泽鲜明，呈红色或棕红色，这也是其得名的原因。精陶质地致密、华丽，骨瓷添加了动物骨灰，瓷器的玻化和透光度得到进一步改善。总的来说，陶瓷材料触感温润，历史悠久，在或细腻光亮或古朴自然的风格中，又带有陶瓷特有的易碎、清脆之感，是一种极具亲切感和表达张力的材料。

陶瓷本身会因使用原料和烧结温度的不同而呈现不同的颜色，也能通过在陶瓷表面施加颜料或采用特殊的烧制工艺来实现。可以将釉料用蘸、荡、浆、刷、吹、绘的方式施于陶瓷坯体之上，釉料在高温下熔化并附着在瓷器表面从而着色。中国瓷器是世界上历史最为悠久、种类最为丰富、工艺最为精湛的陶瓷之一，形成了独具特色的风格和技艺。中国瓷器的上釉技法可主要分为釉下彩、釉上彩、斗彩等。透明釉质与颜料的结合，令陶瓷更加色彩丰富、透亮光滑、质地精致。

17.1.7　玻璃

玻璃是一种无机非晶体材料，由硅酸盐、碳酸盐等原

图 17.1-7　富有通透感与高光泽感的玻璃材料

料经过高温熔融后快速冷却而成。其主要成分为二氧化硅（SiO_2），通常也包括其他金属氧化物，如钠氧化物、铝氧化物、钾氧化物等。玻璃具有透明、坚硬、不易磨损、耐腐蚀、耐高温等特点，被广泛应用于建筑、家居、电子、医疗、汽车等领域（图17.1-7）。

玻璃可以通过在制造过程中添加不同的金属氧化物或其他化学物质来实现着色。这些添加物可以吸收特定波长的光线，使玻璃呈现出不同的颜色。常见的玻璃着色剂有氧化铁（黄色、琥珀色）、氧化铜（蓝色、绿色）、钴氧化物（深蓝色、蓝紫色）等。

玻璃表面硬度高，不容易被刮花或划伤。未经特殊处理的情况下，玻璃表面光滑平整，光泽度高。另外，由于玻璃的导热性较好，所以它通常感觉比周围环境更冰冷。所以玻璃的质感是坚硬的、透明的、清冷的、光亮的，给人透彻、清爽、纯净现代之感。

在室内、建筑、景观等设计领域，可以对玻璃进行磨砂、雕刻等工艺加工，使其表面产生纹理、规则或不规则的形状，从而形成丰富的质感肌理变化。彩绘、渐变、磨砂、拉丝、雾化等艺术玻璃的应用，在改善空间采光、隔音效果的同时也兼顾了空间的私密性与美感。玻璃材料高光泽的质感可以在空间中增加趣味、减少沉闷感，还可以通过设计使得空间随着光线的变化产生光影渐变、色彩缤纷的装饰效果，是一种表现力非常丰富的材料。

在工业设计领域，玻璃的高透明度和高硬度可以用于制作电子产品中的显示器、触摸屏、相机镜头等部件，其通透质感带来的一览无余，给人富于掌控感的愉悦，是智能感、科技感的代言。

玻璃硬度高，但强度、韧性低，在受到外力冲击时容易破裂，因此有些设计中也使用透明的高分子材料替代玻璃，例如聚碳酸酯（PC）等。但一般而言，玻璃材质雾度更低、通透感更强，在长期使用中更耐磨、耐老化，两种材料在外观和使用体验上仍然略有差异。

17.1.8　石材

石材是一种天然的建筑和装饰材料，包括大理石、花岗岩、石灰岩、砂岩等。石材具有坚硬、耐磨、抗压、防火、防水、耐腐蚀等特点，同时也具有天然美观、纹理丰富的特点，被广泛应用于建筑、雕塑、家居装饰、园林景观等领域（图17.1-8）。

不同种类的石材在颜色、纹理、硬度、密度等方面存在差异。花岗石和大理石是其中常见的石材，具有硬度高、耐磨损、耐腐蚀、不易变形、不易受损坏等优点，同时肌理优美、色彩丰富、花纹独特。花岗岩和大理石不易风化，外观色泽可以保持百年以上。花岗岩比大理石更坚硬，花纹为点状或小梅花状，大理石花纹多为云状或线状。此外，还有石灰石（青石）、洞石、砂岩、人造石材等不同种类。

图 17.1-8　不同表面质感的金属材料

石材经过抛光后可以呈现高光泽质感，也可以通过研磨等工艺形成粗糙、哑光的表面，还可以保留石材受敲击的形态，形成带有较大起伏的自然感肌理。

石材的颜色主要受矿物成分、形成环境、地质条件和养护条件的影响，为了保留其原有的独特质感，一般不进行人工着色。天然石材的颜色包括红色、棕色、绿色、青色，从冷色到暖色均有分布。建筑用石材多以灰色系、大地色系等烟色调、幽色调色彩为主，低饱和度的色彩色感朴素、内敛，富有静穆、沉稳之美。而孔雀石、蓝铜矿、青金石等高饱和度、色感艳丽的矿石，则通常作为制作颜料的原料，或用于珠宝配饰、工艺品等领域。矿物物质在地壳运动中的高温、高压环境下，实现晶体生长而产生的红宝石、蓝宝石、翡翠、祖母绿等天然矿物晶体，则属于宝石类，通常具有高透明度、色彩艳丽、光泽强烈等特点，硬度高、耐磨损，经过加工后可以用于装饰、珠宝等领域。

17.1.9　特色材料与前沿材料

17.1.9.1　硅胶

硅胶又叫硅橡胶、硅酸凝胶，化学分子式为$mSiO_2nH_2O$，通常呈现出无色、半透明的颗粒状或块状，具有良好的耐热

图 17.1-9　完全由硅胶管制作的室内、室外家具产品，具有类似皮革的表面肌理、优良的防水性和耐候性，以及丰富多彩的色彩

图 17.1-10　由菌丝体材料制成的灯罩

图 17.1-11　用菌丝体素皮材料制作的手提袋

性、化学稳定性和防潮性。硅橡胶与普通橡胶等塑料材料相比，具有优良的耐热、耐寒、耐老化优点，可以在自然条件下使用较长时间（图17.1-9）。

硅胶无毒无味，生物相容性好，触感柔软、温润、细腻、弹性佳，因此近年来被广泛应用于各种手持设备的保护套、手机壳、鼠标垫、婴儿奶嘴、运动表带等与人体密切接触的产品中，以提供更加舒适的使用体验。

17.1.9.2　菌丝材料

菌丝材料是一种新型的生物可降解材料，它由真菌的菌丝体生长而成。菌丝体可以在适宜的环境下生长并形成网络状结构，具有优异的吸音、隔热、抗震性能等特点。菌丝材料不是被生产出来的，而是生长出来的，因此可以通过模具固定菌丝体的生长形态，形成特定造型的产品。

菌丝体生长速度快、耗水低、可降解，有望成为发泡塑料等塑料材料的代替品。一般而言，菌丝材料色彩和肌理类似与粗陶、石灰石等材料类似，质感自然、朴素（图17.1-10）。

17.1.9.3　素皮材料

素皮材料是一种以植物纤维、天然胶、植物油等天然原料制成的仿皮材料。它具有与真皮相似的质感、柔软度和透气性，同时又不会对动物造成伤害，更加环保和可持续，因此近年来被广泛应用于时尚、家居、汽车等领域。虽然素皮材料的成本较高，但随着技术的不断进步和市场需求的增加，它已经成为未来替代传统皮革的选择之一（图17.1-11）。

17.1.9.4　碳纤维材料

碳纤维材料是一种高性能复合材料，由碳纤维和树脂基体组成。碳纤维具有轻质、高强度、高模量、不易疲劳等特点，而树脂基体则可以提供良好的耐腐蚀性和耐磨性。碳纤维材料具有优异的机械性能、化学稳定性和热稳定性，与传统的金属材料相比，碳纤维材料更轻、更强、更耐腐蚀。因此在现代工业中得到了越来越广泛的应用。为了实现多向力学性能的控制以及提高材料与树脂基体的粘合强度，可以将碳纤维在特定方向进行编织或层压，这使材料形成一种特殊的编织感黑色肌理（图17.1-12）。

图 17.1-12　由碳纤维材料制作的眼镜

17.2　CMF 中的表面处理工艺

表面处理工艺也是色彩设计实现中的重要一环，对设计效果具有非常重要的影响。它可以改善材料的耐腐蚀性、耐老化性、环保性等功能性参数，也能改变色彩外观、手感等视觉和触觉感知，从而使产品或空间设计更加实用、环保、美观、人性化。设计师适当了解工艺原理与特点，选择合适的表面处理工艺可以为设计增添价值与品质。

图 17.2-1　用于打磨金属表面的磨床

17.2.1　磨

在工业设计中，磨工艺是一种常见的表面处理方式，可以用砂磨、抛光、喷砂等工艺对产品表面进行特殊处理，去除表面毛刺等瑕疵，调整粗糙度改善表面能、便于进一步处理，也可以通过从高光泽到哑光之间变化的表面肌理，增加产品的美感和表现力。（图17.2-1）

对服装面料等纺织品材料而言，也可以用机械磨损、化学处理等方式，使其呈现出一定的磨损、褪色、颜色深浅不均等效果，让面料和服装呈现出一定的老旧感、自然质感和艺术感，从而提高服装的时尚度和独特性。

17.2.2　喷 / 涂

涂工艺是一种将涂料均匀地涂覆到被涂物表面的工艺。涂工艺可以为被涂物提供防腐、美观、装饰等功能，也可以改善其机械性能和耐用性，同时完成产品的着色。常见的涂工艺包括刷涂、滚涂、喷涂等。其中，刷涂是将涂料涂刷到被涂物表

图 17.2-2　用于修复汽车外观的喷漆设备

图 17.2-3　镀金工艺生产线

图 17.2-4　激光雕刻设备

面，适用于小面积、复杂形状的涂装；滚涂是使用滚筒将涂料涂刷到被涂物表面，适用于平面大面积涂装；喷涂是通过喷枪将涂料喷射到被涂物表面，适用于高效、均匀、大面积涂装。喷涂工艺广泛应用于汽车、航空航天、建筑、家居、家电等领域（图17.2-2）。

喷工艺包括喷涂、喷砂、喷丸等，可以将粉末或液体喷射到被涂物表面。喷涂是将液体金属通过喷枪均匀地喷射到被涂物表面，形成一层金属涂层；喷砂是使用高压气流将磨料喷射到被涂物表面，以去除表面污垢和氧化层，增强金属表面的附着力；喷丸则是通过高速旋转的喷丸轮将金属丸子喷射到被涂物表面，以改善金属表面的粗糙度和光洁度。

17.2.3　镀

镀工艺是一种在金属、塑料等材料表面上用电化学或化学方法沉积一层金属或合金的工艺。镀工艺可以提升材料表面的防腐、耐磨、美观等性能，同时也可以改善其导电性、导热性和化学稳定性，还可以改变产品的色彩外观。常见的镀工艺包括电镀、化学镀、热浸镀等。其中，电镀是将被镀物作为阴极，将镀液中的金属离子还原到被镀物表面形成金属层；化学镀则是利用化学反应在被镀物表面沉积金属或合金层；热浸镀则是将被镀物浸泡在熔融的金属或合金中，使其表面形成金属层。镀工艺广泛应用于汽车、航空航天、建筑、家具、电子等领域。（图17.2-3）

17.2.4　刻

刻工艺是一种通过化学或物理方式将图案或文字刻划到物体表面的工艺。常见的刻工艺包括激光雕刻、喷砂刻蚀、电化学蚀刻、机械雕刻等。刻工艺可以为被刻物提供装饰、标识，同时也可以改善其外观和品质。刻工艺可以适用于多种材料，如金属、塑料、玻璃、陶瓷等，从而满足不同应用领域的需求（图17.2-4）。

17.2.5 印

印工艺是一种将图案或文字印刷到物体表面上的工艺。常见的印工艺包括丝网印刷、数字印刷、喷墨印刷、胶印、凸版印刷等。印工艺可以为被印物提供装饰、标识、防伪、保护等功能，同时也可以改善其外观和品质。丝网印刷、移印等常见印工艺色彩丰富、生产效率高，适用于纸张、塑料、金属、陶瓷等广泛的基材。水转印可以应用于立体、曲面等造型较为复杂的产品中，烫印和压印则可以形成金属感和凹凸感等更加丰富的肌理效果（图17.2-5）。

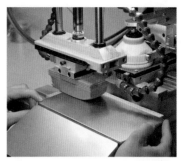

图 17.2-5 移印工艺设备

图 17.2-6 应用于薄膜沉积工艺的真空室设备

17.2.6 沉积

沉积工艺是一种在物体表面沉积一层材料的工艺。沉积工艺可以通过化学反应、物理气相沉积、物理溶液沉积等方式实现。常见的沉积工艺包括蒸发沉积、磁控溅射、离子束沉积等。其中，蒸发沉积是将固态材料加热至其升华温度，使其在真空环境中升华成气态分子，并在被涂物表面沉积形成薄膜；磁控溅射则是利用高速电子束轰击靶材，使其表面材料溅射到被涂物表面形成薄膜；离子束沉积则是利用离子束轰击靶材，使其表面材料沉积到被涂物表面形成薄膜（图17.2-6）。

沉积工艺的膜层具有卓越的附着力、耐久度，可以制备出丰富多变的色彩，如金色、银色、黑色、蓝色、紫色、绿色、红色等，因此目前广泛应用于汽车、消费类电子、建筑五金等领域。

17.2.7 氧化

氧化工艺是一种将物体表面氧化处理，使其产生特殊的颜色和纹理效果的工艺。氧化工艺可以使用化学或电化学方式实现，常见的氧化工艺包括阳极氧化、阴极氧化、化学氧化等。氧化工艺可以为被氧化物提供装饰、防腐、耐磨、耐蚀等功能，同时也可以改变外观色彩、改善外观和品质。氧化工艺

图 17.2-7 阳极氧化铝工件

图 17.2-8 采用粉末喷涂钢材质外墙做原石墙防护层的老建筑翻新

图 17.2-9 膜内装饰工艺案例

可以应用于各种材料的氧化处理，如金属、塑料、玻璃、陶瓷等，因此被广泛应用于电子、汽车、建筑等领域（图17.2-7）。

17.2.8 特色工艺与前沿工艺

17.2.8.1 粉末喷涂

粉末喷涂是一种将粉末状涂料喷涂在金属、塑料等物体表面的涂装技术。粉末喷涂通常使用静电喷涂设备，将粉末状涂料通过电极静电吸附在被涂物表面，然后在高温下使其熔融并形成一层均匀的涂层。粉末喷涂不需溶剂，生产过程更加环保，生产效率高。近年来，随着环保意识的增强和涂装技术的不断创新，粉末喷涂工艺在各个领域得到了广泛应用，并逐渐成为一种主流的涂装技术。粉末喷涂的产品表面一般呈现为磨砂质地，给人低调、内敛、柔和之感（图17.2-8）。

17.2.8.2 膜内装饰工艺

膜内装饰工艺（In-Mold Decoration，IMD）是一种将制备好图案或文字的膜片放置于在金属模具内，再加热、注入树脂使其与膜片集合，从而使膜表面的图案或文字转移到塑料制品内部的工艺。

膜内装饰工艺可以应用于各种塑料制品的装饰和标识，膜内装饰工艺中的图案或文字可以呈现出立体感，效果丰富、耐磨性好、生产效率高，广泛应用于汽车内饰、家电外壳、消费类电子等领域（图17.2-9）。

17.2.8.3 光学纹理膜

光学纹理膜是一种特殊的薄膜材料，它可以在表面形成微米或纳米级别的光学纹理结构，通过对光线的折射、反射、散射、干涉等进行显色。光学纹理膜可以分为两种类型：一种是自然形成的，如珍珠、蓝色大闪蝶翅膀、某些鸟类的羽毛等；另一种是人工制造的光学纹理膜，如镭射防伪标签、微纳结构纹理等。光学纹理膜多为结构色，色彩外观随着光线的入射角度和观察者的位置而发生改变，显得色彩斑斓又变化无穷。因此常常在工业设计、包装设计、服装设计等领域中用于增加神秘感、科技感与未来感（图17.2-10）。

图 17.2-10　采用了二向色玻璃的公园露天游乐场，窗户的色彩会随着光线的变化而变化

17.3　CMT：颜色、材质和纹理

与强调工艺技术的CMF概念相比，CMT（Colour，Material，Texture）概念源于室内空间，强调色彩与空间材质的结合，以及图案之间的相互关系。在吃穿住用行的各个设计领域中，从建筑立面、景观配置，到室内天顶地大材料和肌理、家具、窗帘、沙发等软装，各种元素的纹理可以是近距离触摸得到的，也可以是远距离的不能直接接触到的。因此，除了颜色以外，通过触觉感知以及通过视觉感知到的物体的外部表面所引起的感觉，都可以通过材质和纹理带来。例如脚趾踩到的柔软的地毯，手在粗糙的木质桌面上滑动，身体陷进皮沙发垫子里，视线所及的天花板上的吊灯，书架上铁艺的相框……

触觉纹理会带来"冷/暖""粗糙/光滑""干爽/粘滞""柔软/锋锐""致密/蓬松"等维度的不同感受。而视觉纹理是我们对纹理的主观感知，是我们根据接触相似表面的记忆对材料的质地做出假设和联想。因此，视觉纹理的力量不需要进行身体接触就能感受到。

CMT 颜色、材料加上纹理乃至灯光的整体考量，是设计中最容易被忽视的。尤其是纹理的体现，在提供视觉和触觉趣味方面是必不可少的，它加强了其他元素在传达设计理念的情绪和风格。即使在颜色等其他元素有变化的情况下，过于单一的纹理也会产生乏味和令人不满意的设计方案，反之，在纹理丰富的前提下即便是少量的色相和材料使用，仍然可以通过纹理的多样性产生丰富的效果。

17.3.1　CMT 颜色、材料和纹理创造功能性

纹理可以通过光线的强弱和照射的角度来增强材质的美感

或淡化表面材料原先的缺陷。例如强烈的光线从一个角度照射使表面呈现高光和阴影从而达到自然浮雕感的戏剧化；漫射光最大限度地减少纹理，缓和了粗糙、凹凸不平的外观。纹理的应用也影响颜色的外观：光滑、抛光的表面能很好地反射光，吸引人们的注意力，并使颜色显得更明度和饱和度都更高；粗糙和亚光的表面不均匀地吸收光线，所以它们的颜色看起来更暗。

在空间设计中，不同的纹理通过吸收反射或扩散光与光相互作用，从视觉感知角度，它们可以为空间提供功能性的改变。在房间里使用光滑的反光材料，如缎子或丝绸，它们通过对光线的反射，使空间看起来更大更轻。镜子、有光泽的金属元素和有光泽的墙漆也能达到同样的效果。这些材料可以使颜色看起来更深，也更饱和。粗糙的纹理通过吸收光线创造舒适的感觉。例如，动物皮、织物或羊毛制成的地毯使颜色看起来更微妙和精致。未抛光的石头或木头、磨砂玻璃、磨砂金属或油漆也会使空间看起来更温暖。另外，与水平、垂直或斜线引导视线一样，带有方向性图案的纹理可以使表面看起来更宽或更高。粗糙的纹理也可以使物体看起来更近，减少它们的表面尺度，增加它们的表面"重量"。从远处看，较细的纹理图案会显得很平滑，同样从远处看，即使是较粗的纹理图案也会显得很平滑。

选择不同的纹理有助于定义和平衡空间。如同饱和的颜色能成为视觉焦点一样，纹理的使用也可以增加视觉吸引力。试想，一个高光泽的物品在周围柔和的材质中势必成为亮点。与颜色的各种对比使用一样，把一个光滑的纹理并置在一个粗糙的纹理旁边，并利用距离来确定想要达到的视觉效果的微妙程度，是非常成熟的应用手法。粗糙的纹理更可能使空间感觉亲密和平易近人，对比使用光滑的纹理给空间带来神秘和现代感。

此外，纹理图案的比例应与空间本身和空间内各元素表面的面积成比例。由于纹理可以在视觉上"填充"空间，它可以让大空间在众多的视觉效果中显得更亲和更紧密，但对于过小的空间，则需要谨慎地使用纹理效果。

有意思的是，纹理的使用还能起到便于维护室内空间的作用。光滑、平整的表面更易于清除灰尘和指污渍，而不平整的

图 17.3-1 不同质感的纺织品组合在一起，形成丰富的对比

表面，如深地毯，可以在一定程度上掩盖灰尘。

设计师还可以利用纹理达到影响空间的声学效果，不均匀和多孔的纹理会吸收声音，而光滑的表面会反射并放大声音。纹理的功能性甚至还能在生理开发方面体现，例如多种材质的饰品也很适合小孩子的房间，在他们早期的发育过程中可以提供视觉和触觉的刺激，如图17.3-1。

在服装设计中，可以充分利用颜色、材料和纹理的蓬松感/ 收缩感、轻盈感/ 重点感，以修饰身体线条。富有光泽和柔软触感的丝绸等材料，可以增加服装的华丽感和质感，适合制作晚礼服、婚纱等高档服装。具有清凉感、透气感、吸湿感的材料，如棉、麻、亚麻、珍珠纱等材料，可以让人在炎热的天气中感到更加舒适。毛织物的肌理可以带来柔软的触感和温暖的感觉，适合制作冬季服装。

在工业设计中，汽车、家电类产品有着与家居、家电类似的考量，需要用空间设计的角度考虑颜色、材料、纹理以及灯光整体组合在功能、审美、情感等不同维度的合理性。而桌面类、手持类、佩戴类产品，与人体接触的频率较高，应对触觉肌理给予重点考虑。具有适当粗糙度的肌理，可以提供合理的摩擦系数，使产品持握、操作时更加稳定、防滑。非接触部位的肌理，则可以运用高光泽、哑光等肌理的对比，增加产品设计的层次感与趣味。此外，以美感为主要考量的隐藏式按钮设计，还需要通过灯效、触感肌理变化等方式，对功能进行提示，保证产品的易操作性。

17.3.2 CMT 颜色、材料和纹理增加层次感

另外，材质和纹理的使用可以起到为设计增加审美层次感的效果。例如，同一色相的不同元素，就可以采用不同的材质和纹理，起到整体统一又不失趣味性和丰富性的作用。因此材质纹理的精心搭配构建，与光和色彩的构图同样重要。

在不杂乱无章的前提下，让视觉充满趣味性也是空间设计的原则。空间里的每一个元素都有质感，当室内空间增加了质感时，从柔软的织物，到任何表面上可触摸的较硬的材料，都可以让空间的语言活跃起来。拿地毯来说，只要将其放在一个关键位置，就可以迅速和室内其他元素融合在一起，不仅是触感厚厚的、蓬松的地毯才能增加纹理，编织的地毯也可以有同样的视觉感受和触感。对于不同质地的靠垫来说，则可以将素色的丝质坐垫与亮片或刺绣图案结合在一起，形成有趣的对比，也会创造出别致的外观。如同单色配色方案中可以使用不同明度、饱和度来增加层次感一样，当添加对比与混合纹理，可以为单色和谐的配色方案带来更多的视觉层次感，在色彩和谐原理之一的互补色配色中，使用相似的纹理则有助于在整个空间中创建平衡感。

在工业、服装设计中，统一的色彩、简洁的造型将塑造洗练、现代感的视觉印象，凸显设计的功能性、实用感。同时，不同的材质、肌理的对比应用，例如金属、塑料、皮革等，可以在统一中丰富层次，增加产品的立体感、品质感和吸引力。而雕刻、漆髹、螺钿、刺绣、亮片、蕾丝等复杂工艺和肌理的应用，可以增加设计的装饰性，增加设计的精致感和艺术价值。

在视觉传达设计中，色彩、材质、肌理的对比可以显著增加设计作品的层次感、质感和立体感，提高设计作品的视觉吸引力。巧妙运用光泽、粗糙、细腻等肌理对比，花纹、几何图形等图案对比，可以增加平面作品的立体感与丰富感，用模糊、清透质感的对比创造纵深感，从而拓展表达层次，提升感染力与吸引力。

17.3.3　CMT 颜色、材料和纹理营造情感

如前所述，纹理有助于区分不同的物体和表面，转换光线，影响尺度，创造层次，当然，它也可以传达特定的设计风格和情感。不同的材质给人以不同的联想和感受，例如当看到紫檀木的颜色和特有的花纹，与看到一次性筷子的颜色时，前者给人以珍贵的感觉；而后者给人以廉价的感觉。这一切，与颜色所引起的情感和联想一样，是与每个人的经历密切相关。

图 17.3-2　水泥、玻璃、钢材等材质营造出"硬"与"冷"的感觉

图 17.3-3　纺织品、陶艺、植物等材质营造出"软"与"暖"的感觉

我们常说颜色的组合能传递情感和带来和谐感受，事实上，颜色所承载的材料以及纹理的结合，成为全色貌带给人不同感受，营造了空间的不同氛围。

材质按照不同的心理感觉分类，可以分为以下几类：

（1）冷与暖

材料的冷暖与材料本身的材质属性有关，材料的冷暖一是表现在视觉上，如金属、玻璃、石材，这些材质在视觉上偏冷，而木材、织物等这些材质在视觉上偏暖。二是表现在材料与身体的接触上，通过身体的接触感知材料的冷暖。柔软的装饰织物例如羊毛、毛毡等在触觉上感觉温暖，光滑的纺织品则感觉滑和冷，例如丝绸。材料的冷暖感是相对性，例如，石材相对金属偏暖，而相对木材偏冷。在设计中合理搭配，才能营造良好的使用感受。

（2）软与硬

材料的软硬会影响人的心理感受，如纤维类的织物能产生柔软的感觉，而石材、玻璃则能产生偏硬的感觉，材料的软硬都会表现出不同的情感特征，软性材料，给人以亲切、柔和、亲和感；硬性材料，给人以挺拔、硬朗、力量感。想要营造出一种温馨舒适感，就需要适度地增加软性材料；想要营造出一种稳重冷静感，就要适度增加硬性材料，如图17.3-2、图17.3-3。

光滑的纹理反射更多的光，所以在视觉和感觉上更清冷和平静，营造一个更正式，现代或优雅的外观。凸起的纹理，粗糙的或柔软的会吸收更多的光，所以它们传达了一种温暖的感

觉，也增加了视觉重量，可以创造一个更休闲，乡村或工业风格的效果。

在充分理解"中国人情感色调认知"的基础上，应用色调带给人的情感词汇表达，可以通过材料以及各种纹理的呈现，结合色彩，传递设计所要体现的情感，让设计的"外观"和"感觉"通过CMT颜色、材料和纹理的共同作用来改变。例如：质朴的室内设计，可以通过中明度、中饱和度的"混"色调实现，同时利用自然元素吸收光线，如木材、石头和皮革，硬木地板、牛皮发或传统的扶手椅、大沙发垫和软地毯使空间温暖舒适。奢华的风格，"浓""黯"色调呈现出低调的精致感，利用柔软的天鹅绒内饰可以营造出富丽堂皇却又不张扬的美妙感觉，而皮革地毯为空间增添了光滑的精致感。现代设计风格，采用简单的配色方案，反光纹理和光滑的材料，使空间看起来更具开放性。地毯搭配金属元素也是实现现代外观的材料选择。

色彩从视觉上可以从功能方面、美感和情感方面第一时间起到与人互动的功能，而对色彩的理解，从基本色相开始，到因为明度和饱和度的变化而创造出各种色调，带来不同的心理感受。同时，色彩不是孤立的元素，它最终都将与材质、肌理等要素进行结合。在色彩设计的过程中，应对各种设计元素包括线条、形状、颜色、纹理和图案、比例和光线进行综合考量，形成成熟的、有序的、完整的方案。值得再一次强调的是，色彩外观是结合了材料，以及材料表面的各种纹理而形成的整体色貌，也由此形成了色调与质感的丰富性。因此，通过把具有吸引力的颜色、材料和表面纹理的元素综合应用，不仅服务于功能需求，还创造了更好的用户体验，并在情感上影响我们，营造出更加舒适、贴心、共情的用户体验。

第十八章

光之美学

达·芬奇曾说："暗是照明光的消失，照明光便是暗的消失，而影则是混合了暗与照明光。"影的源头是光，正是因为光与影之间所形成的因果关系才有了如今精妙绝伦的光影世界。光的存在让人感知到世间的色彩；而影的存在则表现了物体的立体感，光与影的结合才能更好地表现物体。

在我们生活的世界中充满着各种各样的信息，它们时刻冲击着人的感官。光对于人的体验、情感和视觉都会产生不同程度的影响。光可以创造情绪、定义空间并增强美感。光常被艺术家和设计师当成一种创作和灵感表达的工具，被有意的加入到设计当中，以创造一种理想的效果。光来自于自然，常给人以神圣和圣洁的感受；光也来自于人类的制造，给人以现代和绚丽的观感。在建筑和室内设计中，光所呈现出的美学造诣可以用来营造特定的意境或创造特定的氛围。在住宅空间当中，使用温暖柔和的灯光可以创造舒适、诱人的氛围，而在商业空间里使用明亮的白光可以提高生产力和注意力。在艺术领域，光本身可以作为一种媒介来创造美丽而引人入胜的艺术作品。灯光艺术家使用不同形式的灯光，如霓虹灯、LED 灯和投影映射，创造出捕捉想象力和创造奇迹感的装置。人类通过光所营造出来的奇妙氛围来感受身边的世界，光的美感在塑造我们感知环境和与环境互动的方式方面发挥着重要作用。

图 18.1-1 光之教堂。日本建筑师安藤忠雄曾说："如果你问我空间的原型是什么，我的回答是光的体积和方向。"

图 18.1-2 金贝尔艺术博物馆室内展馆

18.1 自然光之美

自然光代表了一种用于塑造空间的无形媒介，是一种创造意境的手段。光随太阳而动，在一天的流转中发生变化，使我们能够以一种特殊的方式在视觉和空间上感知时间。如今，人们借助自然光的魅力，使其超越了照亮的功能，利用自然光让人们活动的空间有了更具意境的氛围。

每个时代以及世界的每个地方，建筑设计中关于光的设计都具有重要的地位。光之教堂（图18.1-1）坐落在日本大阪的茨城，教堂使用纯粹的混凝土进行建造，创造一个光线昏暗的空间。然而，对于教堂的主墙立面，建筑设计师安藤忠雄设计了一个十字形的开口，让光线穿透，创造出宁静而神圣的氛围。这种视觉效果为敬拜者创造了一种与上帝亲近的错觉。除了墙上的大十字架外，这座建筑没有过多装饰。同时，教堂内的地板和供礼拜者使用的座椅都被油渍涂成了黑色，进一步强调了光影的对比。一个简单干净的空间不是由单纯的"亮度"创造的，而是由阴影所打动的"光"创造的。建筑的设计灵感来源于翻新时屋顶拆除的过程中，一缕光线射入黑暗的房屋，使其为之震撼，自此，逐渐意识到光的美感及对心灵所产生的震慑力。

在光中寻找灵感不仅限于建筑师或艺术家。正如"启蒙"（enlighten）一词所表达的那样，启蒙思想兴起的浪潮在世界范围内的历史和文明开拓了新的思想。在柏拉图式的语境中，建筑创作是基于对光的探索，或者说是光的启示。在这种情况下，建筑师路易斯·卡恩在他的笔下对建筑中对光的借用有着清楚地表达。卡恩最喜欢的术语是"光"和"沉默"，并在他的演讲中反复使用，在他的建筑词汇中表达空间的重要性。在他的整个职业生涯中，他实现了纯光空间，比如美国沃斯堡市的金贝尔艺术博物馆（图18.1-2）和其他公共建筑作品。

18.2　彩色玻璃之美

在西方思想中，建筑的历史和发展就好比在石头群中创造一个开口，使光线和新鲜空气浸透黑暗。中世纪建造的罗马教堂大多为石材建筑，厚重的石墙上承载着重量不小的石屋顶，而由于当时技术的限制，为了能让建筑整体构造牢固只能在墙上挖出有限大小的窗洞，而这也使室内变得十分昏暗。也恰巧得力于此，在欧洲大陆上产生了彩色花窗的艺术。

几个世纪以来，彩色玻璃窗因其美丽外貌、象征意义和宗教意义而受到人们的喜爱。大教堂玻璃的光之艺术就在于色彩的运用，12、13 世纪时期的欧洲玻璃工艺还无法制造出纯净透明的大块玻璃，只能制造出面积较小、透明度很低、色彩偏暗的各种杂色玻璃。这种玻璃如果直接装在窗子上，显得斑斑驳驳、十分杂乱。受到拜占庭教堂的玻璃马赛克的启发，心灵手巧的工匠们用彩色玻璃在整个窗子上镶嵌一幅幅的图画。他们由包含鲜艳颜料的彩色玻璃切割成各种形状，然后像拼图一样将它们组装在一起，用铅条固定它们。玻璃中使用的每一种颜色都是经过精心挑选的，以创造一种特定的情绪或传达某种信息。例如，红色可以用来代表基督的血，而蓝色可以象征天堂。

教堂彩色玻璃的光之艺术，主要体现在玻璃与光相互作用的方式。不同颜色的玻璃以不同的方式吸收和反射光线，当阳光透过窗户照射进来时，这可以产生戏剧性的效果。投射在教堂地板和墙壁上的光影图案可以和玻璃本身的颜色和形状一样美丽而有意义。彩色玻璃窗的设计也考虑到了大教堂的建筑风格。窗户的设计通常是为了补充建筑物的整体风格，它们可能被放置在特定的位置，以突出某些特征或创造特定的效果。例如，祭坛上方的大彩色玻璃窗可以设计成吸引眼球，并创造一种敬畏和崇敬的感觉。除了美观之外，彩色玻璃窗在宗教教育方面也有重要的作用。玻璃上描绘的许多图像和符号都是为了教授一个特定的课程或传达一个特定的信息。法国著名的巴黎圣母院中（图18.2-1）的彩色玻璃窗被认为是哥特式艺术的杰作。在圣母院中，彩色玻璃窗覆盖了近1100 平方英尺（1000

平方米）。窗户上描绘的图像诉说着宗教故事和经典宗教场景。由于建造大教堂时许多教区居民是文盲，这是向信徒解释圣经和圣徒故事并颂扬教堂荣耀的一种方式。

18.3　照明之美

照明设计伴随着人工光的发明、发展而逐步演进成为一门独立的学科。随着人们对于日光控制能力的增强，照明设计为建筑全天候光环境的营造提供更富个性化的解决方案。约阿希姆·泰希米勒（Joachim Teichmüller）是一位德国电气工程师、卡尔斯鲁厄技术大学的大学讲师和光技术学院的创始人。作为照明技术专家，他于1926年创造了照明建筑一词，并将"光"这一媒介定义为与建筑具有同等价值的建筑材料。随着美国照明设计师理查德·凯利（Richard Kelly）在20世纪下半叶首次提出的照明原则与术语，照明设计完成了范式的转变。照明设计的发展重点不再基于光作为建筑材料，而是基于人类感知的心理效应。

建筑照明设计是利用光来增强建筑及其周围环境的功能性、安全性、美观性。灯光常被理解为空间的补充，很大程度上灯光的作用在于塑造气氛、强调维度。电气时代的到来使人们摆脱了自然光的束缚。建筑内，人们能享受到灯光带来的明亮和良好的氛围。在户外灯光重塑下，夜晚的美也可以曼妙显现。与阳光普照下自然光所形成的视觉形象不同，灯光可以通过加强点线面的表达，突出建筑细节特征，如拱门、柱子及其他建筑特殊造型来营造更吸引注意力的视觉形象。

除视觉刻画外，照明还可以塑造情绪和氛围。前英国首相丘吉尔曾经说过"人塑造空间，之后，空间塑造人（we shape our buildings，thereafter they shape us）"，空间与心理之间具有错综复杂的相互作用。人类所处的环境总是会影响自身的生理和心理，而光在其中尤其发挥重要作用：它让我们能够感知空间环境及氛围，传达情感、影响生物节律和情绪；光的颜色、强度和方向可以用来唤起特定的氛围，例如：温暖和欢快氛围的照明可用于餐馆或酒店，以创造一个舒适和惬意的环境；而清爽和明亮的照明可用于医院或学校，以促进警觉性和注意力集中。在城市夜景营造中，照明可以成为城市营销的工具，标志性的夜景图片也成为城市的名片广为宣传。城市建筑与景观互为依托，建筑通过不同的景深层次做布景式照明，场地景观以照明节奏变化引领游观体验。如今，照明设计关注到光与情感、光与生态环境、绿色可持续发展等议题，在节约能源、动植物保护以及响应人们对自然生活和美好生活的向往做出新的文章。

18.3.1　健康照明

照明设计是室内设计领域的一个重要组成，不仅要满足基本的照明需求还要满足美化环境的需求。近年来，随着照明技术的发展与设计的成熟，健康照明成为室内照明设计的新趋势。

光是影响生物节律的最主要的因素，即光驱动着人体的生理节律。人眼的第三类感光细胞—视网膜自主感光神经节细胞接收光照刺激信号将其以膜电位的形式投射到调节昼夜节律的中枢结构——视交叉上核处，视交叉上核将接收到的光照时间信息传递至松果体控制褪黑激素分泌，并同步于心脏、肝脏、胸腺等各个器官的外周生理节律，进而影响睡眠节律、激素分泌、新陈代谢与情绪认知[89]。此外，自主感光神经节细胞还将光照信号通过视交叉上核之外的传导通路向神经环路的丘脑区域周围核传递，这表明，独立于昼夜节律调节功能，光照还可以直接影响人们的情绪[90]。

符合生理节律的照明环境，强调了人与自然的天然联系，有利于营造出积极的工作、休息和睡眠环境，从而有利于身体健康。没有人工照明时，人们遵从日出而作，日落而息的和谐生理节律，这是符合健康的规律。一些研究发现，只有人工照明的教室中的儿童皮质醇分泌节律会产生延迟，进而影响课堂的注意力水平[91]。非直接照射的环境光则有助于缓解被试的负面情绪，2700K 的暖白光相比6500K 的冷白光更容易帮助改善心情[92]。长期注视自发光屏幕会抑制人体褪黑素分泌[93]，色温亦会影响人的中枢神经系统，能提高脑力活动能力。在睡眠前

　　　　　　　　　　　　　　　　　　　　色彩：艺术、科学与设计

数小时内处于高色温光照下，睡眠的时间比在低色温下有明显的缩短，会影响人的睡眠质量[94]、[95]。

此外，过暗或者过亮的光强度都会损害人的情绪体验[96]。中科院心理研究所也有相同的实验结果：老年被试者暴露在明亮的光照条件下，发现不仅没有改善老年人的情绪体验，反而使他们产生了更多急躁、焦虑、不安等负面情绪[97]。因此人工照明主要是通过光源色温，光源色彩（波长）、照度及平均生理节律刺激值影响人的情绪、睡眠、敏感度及生理节律等。设计符合生理节律的健康照明，是照明设计的责任之一。

健康照明包括基于视觉通路和非视觉通路展开的两个方面，视觉通路是基于人类的视觉感官和行为认知展开的，将水平照度、作业功效、光源显色性、眩光等内容作为评价方法，为照明设计提供了限值参考标准[98]。非视觉通路的主要功能包括生物钟、瞳孔的光反射、视觉适应、睡眠等。自然光作为最好的健康光源，许多人工照明的设计都以模拟自然光为最终目标。不同的生活场所，如实验室、咖啡厅、卧室、客厅和健身馆等，需要不同的人工照明来激发某种情绪并且营造出不同的感觉。随着照明技术的成熟，色彩多样性的发展，目前，完全可以根据不同场景来添加具有不同光源显色性、色温、照度、亮度及色彩的人工照明。

照明也是室内设计中一个较为灵活且富有趣味的设计元素，是营造氛围、突出主题，加强设计层次感的重要元素。

住宅照明设计时，需要考虑不同的空间需求，如卧室需要营造出轻松、温馨的氛围，书房和厨房要满足明亮且实用的亮度需求，客厅光源需求丰富、复杂，要营造出有层次、有意境的环境氛围，餐厅温暖、浪漫，卫生间明亮、柔和，如图所示根据不同的空间需求选择不同色温（图18.3-1）。照明设计与室内色彩设计相辅相成，如暖色墙面和地面的房间，采用暖光源会突出暖色的效果，增加温暖气氛。

随着室内照明需求的多样化，以及健康照明的普及，已经有灯具设计厂商根据室内的需求设计出可以依据生理节律变换色温以及亮度的健康照明光源设计，以及没有蓝光的光源设计（图18.3-2）

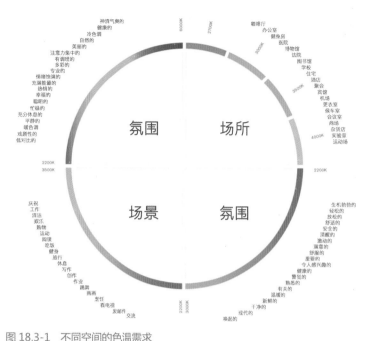

图 18.3-1　不同空间的色温需求

图 18.3-2　室内健康照明

18.3.2　特殊照明——博物馆

在博物馆的照明设计中，应秉承安全、还原、舒适的照明设计理念，更多的应用现代照明技术、智能控制技术，在保护文物、绿色照明的原则上，通过照明技术营造出逼真的效果，以呈现出展品的文化底蕴，为观众提供一个高质量舒适的视觉光环境。

照明不仅要呈现展品的颜色、形状、细节、文字等，帮助塑造展览空间，还要为展览营造出氛围、情感、情绪等。其中博物馆的陈列照明至关重要，陈列照明设计能提供人们对展品形状和色彩的视觉感知，通过陈列照明设计凸显出展品表面材质与肌理，从而更加真实的塑造出展品；陈列照明可以改变空间的视觉尺度，如较亮的光显得展品较近、较大，较暗的光显得展品较远、较小[99]；陈列照明为展品营造出一种可以影响观众感知，情绪的氛围，让观众沉浸式的观看展品。

随着照明技术的进步，博物馆照明的要求也越来越高，照明的设计除满足基本的视觉需求外，还要注意氛围营造、照明的无光害设计及绿色照明设计。

色彩：艺术、科学与设计

现在博物馆照明光源一般可以分为三种，自然光源、人工光源、混合光源（自然光与人工光源的混合），需要针对博物馆的陈列，选择合适的照明类型。

现在博物馆除一些大型展品或露天展示需要直接使用自然光源外，其他展品很少直接利用自然光来作为照明光源，虽然自然光源具有理想的光亮与光色，节能环保等有点，但自然光源容易受到天气、季节、照度等的影响。

人工光源不仅具有稳定性，还可以按照不同的设计要求，调整亮度、光色及色温，并且人工照明的技术一直在不断提升，更加符合博物馆的照明需求。博物馆常用的人工光源有：白炽灯、卤素灯、金卤灯、光纤灯、LED 等，根据展品的特点设计并选择光源。

18.3.2.1 博物馆陈列区无光害设计

博物馆陈列区无光害设计是通过科学的照明设计，在满足基本照明需求的同时，把照明产生的危害降低到最小化，需要考虑辐射、眩光、亮度、照度分布、色温、光色等方面的影响。

照度及辐射水平方面，国家在博物馆照明规范中对不同展品的照度做了如下不同的照度要求如表18.3-1 所示，同时也要注意光敏文物的总曝光时长，对于一些对光非常敏感的展品，不建议一直持续曝光。

中国博物馆照明设计规范（GB/T23863-2009） 表 18.3-1

类别	年曝光量 lx.h/ 年	照度标准值（lx）
对光特别敏感的展品：织绣品、绘画、纸质物品、彩绘陶（石）器、染色皮革、动物标本等	50000	≤ 50
对光敏感的展品：油画、蛋清面、不染色皮革、角制品、牙骨角器、竹木制品和漆器等	360000	≤ 150
对光不敏感的展品：其他金属制品、石质器物、陶瓷器、岩矿标本、玻璃制品、珐琅器、珠宝等	不限制	≤ 300

博物馆照明的舒适度方面，包括眩光、反光、亮度等因素。展品的照明光源，为显现出足够的清晰度、层次感，以及展陈的环境气氛的营造和视觉舒适度的满足，要避免过分均匀的光，也需要注意展品的大小，展区的大小来进行光源亮度参数的设置。

博物馆照明最重要的还有光源的颜色质量，包括光色、色温及显色性等方面。一般对光敏感的文物如绘画等选择低色温的光源，对光不敏感的文物选择高色温的光源。一般绘画、纺织品等对光源的显色性要求较高。展陈区光色需要根据需要营造的氛围进行选择。展陈区的灯光不仅要考虑灯光对文物的伤害，还要考虑灯具发热、灯具线路安全等对文物的损害。

18.3.2.2 博物馆光源氛围营造

博物馆的光源在引导观众视觉、塑造展品立体感、烘托重点文物、表达展品的主次关系的同时，还可以传达出某种情绪。如南京市博物馆"胜迹千年"展厅，自然光源与人工光源结合，提升观众的愉悦感；"龙盘虎踞"展厅用多种不同光色的光源，来营造不同的情绪氛围，让观众更加沉浸式体验展览。

18.3.2.3 博物馆绿色照明

博物馆绿色照明，是指光源在满足照明、高效、舒适、安全的同时，还需要满足经济、环境和社会的可持续发展。

近年来，随着照明技术的进步与发展，LED和OLED灯具已经在博物馆展览中有了局部应用，LED灯具虽然具有光效高、寿命长、环保、光色丰富等优点，但是因其发射出的光带有紫外短光辐射，对光敏文物可能会产生一定的危害，在使用时要加以评判考量，因此在使用时也会有局限性。OLED灯具表面低且亮度均匀，可以部分用在一些需要均匀光照的文物照明中。

还有就是展陈照明光源的传感器控制系统，随着观众进行开关光源。首都博物馆、故宫博物院的部分展厅都有使用传感器控制系统（图18.3-3），不仅降低了展品的曝光时间，还降低了能源的消耗。

图18.3-3 故宫武英殿（石渠宝笈展，清明上河图），照明设计：宁之境照明。故宫本身就是文物遗迹，建筑中的每个细节都在讲述故事。照明设计在环境氛围的营造上，用光对藻井、龙纹彩绘进行勾画，展现古建筑之美的同时，也让人融入历史的氛围中。许多文物对光会比较敏感，长期曝光于光的照射下，会使文物褪色、剥落，照明设计的要点和难点是处理文物保护与展示之间的矛盾。降低照度和缩短光照时间是有效举措。而从生物学角度来讲当照度过低时，人们的色彩辨别能力会下降，看不清色彩和细节。因此既要看到书画展品，又要保护文物，需要控制照度，使其不超过50lx

图 18.4-1 teamLab 在大阪长居植物园中设置的常设展览。该装置通过非物质数字技术使"自然成为艺术"。"通过使用非物质数字技术，自然可以在不伤害它的情况下变成活的艺术"，光与影的艺术使人们沉浸在生机勃勃的绿洲中

18.4 灯光艺术之美

　　"光"也是一种探索艺术与科学的互动视觉艺术体验。作为一种媒介，光不仅可以传递信息，其瞬息变换产生于自然，也产生于人们的创造，如今艺术家也通过材质的变换去尝试创造不同的光影效果，以探寻艺术层面光与人的关系。艺术家们将利用玻璃、雕塑和光本身来展示光在美学上唤起的崇高之美，以及它引发的诸如视觉和光学、光能生理学、可持续性、光污染和保护等问题。艺术家们所创造出的沉浸式灯光装置，通过改变颜色、音频和强度的大型几何形式进行互动和移动（图18.4-1）。

第十九章

色彩趋势研究

色彩预测是介于自然科学和社会科学之间的一个新兴产业，是结合了客观规律和主观预测的产物，是色彩应用研究中的一项关键任务，对商业经济也具有重要的价值和意义。色彩趋势的预测，有助于研发者掌握市场的动向，让设计更有依据，从而促进消费者对产品的购买欲望[100]。随着色彩预测趋势的产业化发展，越来越多的企业开始研究属于其所在行业的色彩趋势。色彩趋势预测是由来自不同设计、心理和制造背景等行业的专家团队经过数月有时甚至需要数年的研究才确定的未来将成为消费者所看到的色彩发展方向。

19.1 色彩趋势预测的历史发展

最早的色彩趋势来源于纺织领域。

1825 年左右，时尚预测方法出现了早期萌芽，英国制造商开始前往美国寻求设计灵感，这种从其他地方获取灵感的方法至今仍然是预测方法的一部分。20 世纪初，最初的颜色预测是由欧洲女帽行业推动的。

20 世纪中期，年轻一代在主导生活方式和时尚方向的影响力越来越大。彩色印刷技术的发展使传播变得更容易可行。制造商们意识到可以利用色彩的视觉特性，快速轻松地更改色彩形成新的视觉冲击力。随着西方女性越来越能够展示自己的自由和个性，时尚和纺织业开始感受到消费需求的推动作用。

图 19.1-1 电影《绅士偏爱金发女郎》

大型百货公司开始聘请时尚买手采购来吸引顾客。同时消费者需求如何变化及其变化速度等信息开始对时尚行业变得越来越重要。

二战结束时，巴黎的高级时装业重新建立，英国服装制造商开始采用美国的制版方法来规范服装尺码。在20世纪50年代和60年代，在人造纤维行业及其新技术发展的支持下，面料和颜色在季节性改变中变得更加重要。1962年，美国色彩营销组（Color Marketing Group，CMG）举行的国际会议中，成员们会讨论当前的色彩趋势和如何看待这些趋势的变化，以及讨论其他对色彩趋势预测有影响的因素，例如社会、文化、技术、经济和政治。

20世纪60年代和70年代，色彩预测公司将色彩趋势预测的时间缩短至销售旺季前18个月左右，以便更好地响应消费者的需求，并为行业提供更好的预测。此外，更多的预测机构将色彩预测与款式和面料方向（时尚预测）结合起来，以吸引他们的客户。

20世纪80年代，美国、英国和欧洲大部分地区的零售商通过与预测机构密切合作制定营销策略以确定自己的趋势并提高品牌忠诚度，从而更多地响应其目标市场的需求。

从历史上看，色彩趋势与社会政治发展有着直接或间接联系，例如在战后时期，美国人被浅色调的色彩所吸引，其背后的原因是这些明亮、柔和的色彩打破了20世纪40年代阴沉的橄榄色和单调的棕色，以及战争时期的痛苦。

色彩趋势与新技术的发明有着直接的联系，例如特艺彩色印片法（Technicolor）的发明与应用，为丰富、鲜艳色彩的展现成为可能。如玛丽莲梦露和格蕾丝凯利等明星所穿的色彩鲜艳的服装首次在银幕上呈现（图19.1-1）。在20世纪50年代，该拍摄技术引发了长达十年的明亮、柔和色调的趋势，这与战后重新出现的社会乐观情绪齐头并进。

由此，可以说色彩趋势是指在一定时间、一定地区中，最受人们喜欢的、使用最多的几种或几组色彩。趋势色产生的背后，是一定时期社会的政治、经济、文化、科技、生活方式、环境等因素的综合产物。

19.2　色彩趋势预测的影响因素

色彩文化差异：在色彩趋势预测的过程中，需要根据色彩的使用场景，依据文化差异进行最终趋势色彩的选择。

社会变化：在趋势预测的过程中，需要结合社会变化的背景来分析和诠释消费者对色彩的偏好。社会变化指的是消费者思考方式与行为方式的变化[101]，不仅包含好的一方面（艺术、体育和政治事件等），还要包含社会突发性事件，如从2020年新冠疫情发生后，消费者开始追求更朴实，更柔和的色调，来增加内心的安全感与平静感（图19.2-1）。

又如以中华传统文化符号的"古风"文化受到消费者的青睐，出现在摄影及影视场景中，以及出现在各个行业的设计中。

市场与色彩周期：不同的市场对不同颜色的反应是不同的，如不同地域的市场，不同品类的市场的色彩周期都会有所区别，色彩在不同供应链中扮演的角色也不一样。以服装设计为例：

（1）结合色彩和趋势预测的软方法（文化、艺术、科技、生活方式以及色彩偏好等方面的研究）、大数据抓取及分析手段，推出比零售季节提前18至24个月的流行色调色板。

（2）纤维和纱线生产商将流行色以纱线形式呈现，在贸易展览会上推广，展会大致比零售旺季提前10至15个月。

（3）面料制造商在零售季节前大约12个月的时候，在第一视觉（Premiere Vision）等面料展上推广他们的产品系列，产品是流行色的体现。零售商和设计师参加面料展以寻求灵感，并与供应商建立联系。

（4）时尚趋势预测或风格预测大约在零售季节前一年开始。款式预测由服装制造商和针织品设计师进行。同样，大型零售商通常也参与此过程，因为他们与制造商更密切地合作，以获得更好地满足其消费者目标市场的产品[102]。

品牌与色彩故事：色彩预测已经从"一套色彩方案适合所有设计群体"发生了变化，现在色彩预测回归到了品牌。想要

图19.2-1　趋势色沙棕，是一种由浅黄和棕色调和而成的色彩，宛如细腻的沙粒，用柔软、温暖的色彩氛围，给人源于自然的宁静与慰籍。

图 19.2-2　最受中国人喜爱的红色

建立鲜明标识的品牌，首先要制定一个独有的色彩故事，一个和时代和季节等方向一致的色彩故事。因此，色彩预测时要充分调查清楚品牌文化，及品牌对应消费者的需求。

生活方式：生活方式的变迁也会影响某种产品的色彩趋势。以家用电器为例，家用电器的属性以功能属性为主，但是随着自媒体的发展，家用电器不仅需要具有功能属性，还需要具有"社交属性"，社交属性离不开色彩的视觉刺激。

科技：科技的进步、自媒体的普及，使得色彩的使用及传播发生了变化，以及趋势周期的更迭速度也越来越快。有时某个色彩在市场上最多撑过几个销售季。如"可持续"这个经久不衰的话题，最开始提出的时候绿色占据了最高的地位，后随着时间的推移，观念中的"绿色"慢慢变成了沙色、大地色等自然界中常见的色彩。

色彩偏好：很多消费者购买一个产品并不会追随新鲜的、时尚的色彩，而是选择自己喜欢的色彩。清华大学色彩研究所自主课题"中国人色彩偏好"调研中以130个色调的色彩作为色样，以移动终端为载体的色彩偏好研究中发现，最受中国人喜爱的颜色是红色，其中最受欢迎的是艳色调的红色，其次是亮色调和浅色调（图19.2-2）。

目标消费者：在定义目标消费者的时候品牌会先通过调研与分析的方式针对用户画像进行研究。展现出消费者的行为方式、决策制定过程，来帮助深入了解他们思考问题的方式和影响其作出决定的因素。最终借助这些数据化的信息，品牌就能够为目标消费者建立模型。这些模型根据消费者的基本特征进行分类，包括性别、年龄、教育背景、爱好、婚姻情况、收入情况以及家庭情况等。

产品类型：对于色彩趋势的应用来讲，还要考虑产品的用途，服装设计中，大致划分为外套、定制服装、职业装、休闲装、针织装、和运动服装等。不同的用途就要根据其使用场景变化色调。

时机问题：需要明确什么时候将新的色彩投入市场，过早地投入市场，可能消费者还没有接受这种色彩的心理准备；过晚，市场就可能饱和。所以要抓住时机，另外在推出新品时，不仅有新推出的趋势色，还要包含最受目标消费者喜欢、或容易接受的基本色。

　　色彩和谐搭配：在色彩趋势的应用中，要注意趋势色与基础色等的和谐搭配。有时甚至需要考虑到与其他设计之间的搭配，如家电设计与室内设计风格的搭配，服装设计与配饰设计的搭配等。

第二十章

色彩设计的实证原理与方法

长久以来，色彩的设计效果、审美体验、情感响应等等，被视为人的心理感知与心理活动，对效果的评判依赖于个人经验，给设计方案的实施与推广工作带来不确定性。

自1879年德国学者冯特受自然科学的影响，在莱比锡大学建立第一个心理实验室，标志着实验心理学的诞生。随着现代科学技术与理论的突飞猛进，心理实验的方法与技术获得了长足地发展与进步，获得了丰硕的研究成果。心理学，正是一门研究心理与行为的科学，其研究对象包含了个体心理、个体心理现象与行为、个体意识与无意识，个体心理与社会心理。其中对人的感觉、知觉、记忆等认知领域的研究，以及对情绪、行为、不同社会形态下的心理共性与特性的研究，也正是评判色彩设计的重要途径。

在色彩设计的实证中引入实验心理学的方法与技术，将使色彩外观以及色彩设计效果的主观评价与认知具有数据驱动的客观性（objectivity）、可重复性（repeatability）和可揭示性（discoverability）。

20.1 观察与实验

用户访谈、田野调查等研究方法，可以在自然状态下收集数据，对现象进行观察和描述，以揭示可能不被人们注意的某种模式和联系，是一种定性的描述性研究（Descriptive study）。

而通过实验对人的认知、行为等心理现象进行的研究，被称为实验研究（Experimental study），是研究者主动控制条件下对事物的观察。它能在严格控制的情境下有组织的逐次改变条件，根据观察与记录测定与此相伴随的心理现象的变化，确定条件与心理现象之间的关系，从而对所观察的现象、变量之间的相关关系、因果关系等作出定量的说明[103]。

在色彩设计的实证方法中，实验研究是常用的路径。与色彩设计实证相关的心理实验方法，主要有心理量表法、反应时间实验以及脑电、眼动等仪器测量法。

20.2　心理实验的基础概念

在实验心理学建立之前，心理学附属于哲学，实验心理学的建立使心理学成了一门独立的科学。研究者带着特定的目的设计实验，创造稳定、可控、可重复的观察条件，对实验现象进行充分的测量和记录，从而能科学地回答研究者提出的问题：混淆因素得到有效控制、逻辑合理；数据资源运用合理、信息量丰富；问题设置精准、能捕捉到不同条件之间的微妙差异。为了达到以上目标，获得令人信服的成果，研究者应对心理实验的一些基础概念有所了解，从而完成良好的实验设计和数据处理[104]。

20.2.1　心理实验中的变量

在色彩设计的实证中，色彩的变化会带来人们怎样的心理感受变化，是我们最为关心的问题。例如，一个红色向黄色变化，是否会减少用户的喜好度？亮蓝色的明度上升变为浅蓝色，是否会让人觉得更加清凉？其中色彩和心理感受都是会发生变化的现象，在实验心理学中就被称为变量（Variables），即研究者感兴趣的、可以发生变化的事件和现象。变量的数值一旦确定，就称这个值为某一变量的观测值（Observation），也就是具体数据（Data）[105]。

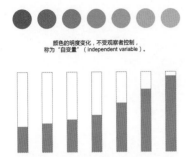

色彩的明度上升，会带来观察者的愉悦感增加。愉悦感的变化是由色彩
变化这个自变量引发的，称其为"因变量"（dependent variable）。

图 20.2-1　观察者的心理感受，会随
颜色的色相、明度、饱和度变化而变
化。色彩的变化不受观察者控制，称
为"自变量"。观察者的心理感受变
化由色彩变化引发，称为"因变量"。
研究发现，色彩的明度和观察者情绪
的愉悦度是显著正相关的，即明度越
高，观察者感觉越愉悦

在上述问题中，色彩的变化是由研究者控制而不受观察者控制的，称为"自变量"（Independent variable）。而由色彩变化引起的观察者的心理感受变化，是由色彩变化这个自变量引发的，称其为"因变量"（Dependent variable）（图20.2-1）。

通过合理的设计实验，不但能回答色彩变化是否能带来心理感受变化的定性问题，还能回答色彩变化量与心理感受变化量之间对应关系的定量问题（图20.2-2）。但这些结论可能会受到额外因素的干扰，例如产品的造型或图案、观察的环境、观察者的年龄和性别等。因此，在实验设计时需要对这些额外因素予以控制。这些需要被研究者有意识地加以控制，不让其发挥作用的变量，就叫作控制变量。额外变量其实是潜在的自变量，对任何一项实验来说，需要控制的变量都是很多的。对额外变量的合理控制，是研究者得出正确结论的关键之一。

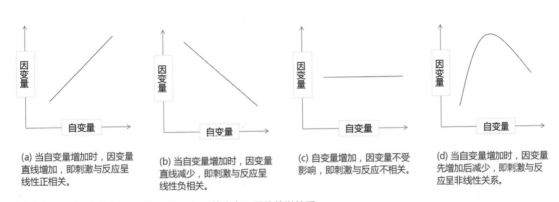

(a) 当自变量增加时，因变量直线增加，即刺激与反应呈线性正相关。

(b) 当自变量增加时，因变量直线减少，即刺激与反应呈线性负相关。

(c) 自变量增加，因变量不受影响，即刺激与反应不相关。

(d) 当自变量增加时，因变量先增加后减少，即刺激与反应呈非线性关系。

图 20.2-2　"自变量"和"因变量"之间可能会有不同的数学关系

20.2.2　心理实验中的规则

为了避免自变量的混淆，提高实验的有效性，心理实验的设计应该遵循一些基本的规则：

（1）多重条件规则。任何实验都包括不止一个条件，其中至少有一个条件来作为控制条件。多重条件规则的优点在于可以控制实验中的多个变量，避免混淆因素，从而更准确地评估因果关系。

（2）避免混淆因素规则。主试效应（experimenter effect）、罗森塔尔效应（rosenthal effect）、霍桑效应等研

究变量之外的因素，会对被试行为产生微妙的影响。这些混淆因素将对实验结果造成混淆。

（3）随机化规则。研究者应从自己感兴趣的总体中随机选取被试，并把被试随机分配到各个条件中。各个条件的实验应或者同时进行或者按照随机顺序进行。

随机化规则的优点在于可以减少实验结果中的偏差和误差，提高实验的可靠性和有效性。此外，随机化规则还可以避免研究者对参与者的主观判断，从而保证实验结果的客观性和科学性。

（4）统计检验规则。统计检验能够帮助研究者确定不同条件之间是否真的产生了不同的数据。即观察到的差异，是否是一种必然，而非偶然因素引起。

（5）使用全部数据规则。在对数据进行统计分析时，研究者应使用来自所有被试的数据，而不宜随便剔除某个或某些被试的数据。

20.2.3　心理学实验研究的效度

实验效度（Experimental validity）关心的是实验结果是否能够准确地反映出研究者所关注的现象或变量，即研究成果的有效性。主要包括内部效度和外部效度两方面。

内部效度（Internal validity）是指实验中的自变量与因变量能被精确估计的程度。它反映的是一个实验在方法学上合乎逻辑的程度，以及不受内混淆因素影响的程度。通常内部效度需要通过控制混淆变量、随机化实验条件等方法来保证。

外部效度（External validity）是指研究结论是否能够推广到其他场景或人群。在心理实验中，外部效度通常通过选择代表性样本、使用多种实验条件、验证实验结果等方法来保证。如果实验具有良好的外部效度，那么研究者就能够得出普遍性结论。例如，由于对色彩设计的价值感、喜好度等主观认知，往往会受到社会文化的影响。因此，针对国际市场的产品设计，在设计的实证中应该包括不同社会文化背景的参与者，从而得出具有普适性的结论。而针对中国市场的色彩设计，也不宜直接使用针对其他国家被试人群的研究结论。

20.3　心理实验的方法

心理学实验有多种类型，包括心理物理学方法、反应时间实验、生物信号测试等。每种类型都有其独特的特点和应用范围，应根据研究目的、产品特点等选择合理的实验方法，获得有效、精准、全面的研究成果。

20.3.1　心理物理学方法

心理物理学是一门研究物理量与相应心理量之间定量关系的科学。因此，色彩的设计、制定方案等，即可被视为研究事件。

相关研究发现，人的心理量与物理量之间常常并不呈线性关系。例如，室内光环境与户外光环境相比较，一般会感觉户外光线更好、视野更明亮。这时估算一下它们的照度会相差多少呢？从我们的主观感觉上来说，户外照度大概可以是室内照度的数倍。但实际上，室内照度通常在200~500lx，而白天户外照度低则数千，高则数万甚至十几万（lx）。

德国物理学家费希纳发现当物理刺激的增长以几何级数变化时，人对此的心理感觉却是以算术级数增长，这就是费希纳定律。费希纳《心理物理学纲要》一书的发表被视为心理物理学方法创立的标志。他为感觉的测量提供了方法和理论，为心理学研究方法的发展奠定了基础。

颜色刺激的绝对阈限、色差的差别阈限等感觉阈限方面的研究，可以用最小变化法、恒定刺激法、平均误差法等方法进行测量。而一件工业设计产品、一份室内环境设计作品，不仅是解决问题的工具或生活学习的空间，也能给人美的享受，予人情感的慰藉，承载人的精神追求。这些美感、情感、文化的意向，以及我们对此的喜爱程度，则可以用心理量表来度量。

心理实验中的量表法是一种常用的数据收集方法，它通过让被试者根据自己的主观感受或认知状态，使用特定的量表来评价或描述某种现象或行为。这种方法通常用于测量和评估某些心理特征、态度、信念、情感或行为等方面。量表法的优点在于它能够提供定量化的数据，使研究者能够更准确地了解被试者的内在状态。

图 20.3-1　德国表现主义画家弗朗茨·马尔克（Franz Marc）提出的色彩理论认为，"蓝色–男性" "黄色–女性" "蓝色–冷"以及"黄色–温和"具有关联性。内隐联想实验的被试需要根据语义类别（如男性、女性）和色彩类别（如蓝色、红色）按下不同的按键。例如，当屏幕上出现蓝色时，被试需要按下标有"男性"的按键。当弗朗茨·马尔克提出的色彩–语义类别搭配共用按键时，被试的反应时显著更快，证实了这些内隐色彩联想的存在（Annika Grotjohann, Daniel Oberfeld, 2018）

20.3.2　反应时间实验

反应时间是指参与实验者感受到实验刺激后，开始做出明显反应之间所需要的时间。反应时间不仅是心理学研究中最重要的因变量和反应指标之一，其本身也是心理学研究的重要课题。反应时的不同阶段对应着不同的加工过程，反应时越长，心理加工过程越复杂。

简单反应时间和选择反应时间是心理实验中两种最常见的反应时间。在实际生活当中，它们可用于测量运动速度和个体差异。除此之外，还可以利用反应时间来分析内部心理过程，作为心理内部过程复杂性的指标。随着认知心理学的产生和发展，反应时间的这一作用越来越凸显出来。认知心理学家常常通过反应时间的测量，来推断"黑箱"中的信息加工过程（图20.3-1）。

20.3.3　生物信号测试

生物信号包括了人的呼吸、心跳、出汗、体温等，这些指标常用于测量与紧张、焦虑、放松、平静有关的情绪变化情况。

肌电（EMG）通过检测和放大肌纤维产生的微小电信号来评估肌肉的活动。皮电（SC）通过皮肤电传导来测量皮肤的传导能力。情绪紧张，恐惧或焦虑情况下，汗腺分泌增加，皮肤表面汗液增多引起导电性增加；情绪平静时汗腺分泌减少，皮肤导电性下降。因此皮点的高低能反映情绪的变化情况。皮温（TEMP）测量通过记录局部皮肤温度变化来测量情绪的变化。心电（EKG）测量用传感器采集和放大由心肌收缩产生的微小电信号。临床常用的测量指标是心率和心跳间隙。呼吸（RESP）信号测试胸部的扩张和收缩，从而测试呼吸的频率和呼吸的幅度。

图 20.3-2 皮电（SC）通过测量电极之间的电导率变化来研究人的生物信号变化。研究发现，高饱和度和高亮度的颜色会导致更强烈的皮电信号响应，而色相对皮电信号幅度的影响则不显著（Lisa Wilms, Daniel Oberfeld, 2018）

上述这些生物信号测试，都可以通过对生理微小变化的监测，观测出色彩对人的影响（图20.3-2）。

20.3.4 眼动实验

眼动实验法是指利用眼动记录仪记录和分析人们在注视过程中的各项眼动指标，并以此揭示人的心理加工过程和规律的一种研究方法。

现代眼动仪的结构一般包括四个系统，即光学系统、瞳孔中心坐标提取系统、视景与瞳孔坐标选加系统和图像与数据的记录分析系统。

眼动（Eye-movement）即眼球运动，有三种基本方式：注视（Fixation）、眼跳（Saccades）和追随运动（Pursuit movement）。这三种眼动方式经常交错在一起，目的均在于选择信息，将要注意的刺激物成像于中央凹区域，以形成清晰的像。

眼动主要反映视觉信息的选择模式，对于揭示信息加工的内部机制具有重要意义。其研究成果的呈现主要有以下几种参数或形式：（1）眼动轨迹图：将眼球运动信息叠加在视景图像上形成注视点及其移动的路线图，它能最具体、直观和全面地反映眼动的时空特征，由此判定不同刺激情境、不同任务条件、不同个体间、同一个体不同状态下的眼动模式及其差异性；（2）眼动时间：将眼动信息与视景叠加后，利用分析软件提取多方面眼动时间的数据，同时可以提取各种不同眼动的次数。这些时间和位置信息可用于精细地分析各种不同的眼动模式，进而揭示各种不同刺激情境下的信息加工过程和加工模式；（3）眼动的方向和距离：在二维或三维空间内的眼动方向（角度）。这方面的信息与视景叠加可以揭示注意的对象及其转移程度，而且可以结合时间因素计算眼动速度，结合眼跳角度计算注意广度；（4）瞳孔大小与眨眼：瞳孔大小与眨眼也是注意状态的重要指标，而且与视景叠加可以解释不同条件下的知觉广度，也可以揭示不同刺激条件对注意状态的激活；（5）眼跳广度：眼跳的功能在于改变注视点，使下一步需要注视的内容呈现在眼球的中央凹区域，从而促进刺激的表征和加工。眼跳广度反映了信息提取的情况。

20.3.5 脑功能成像技术

近20年来，随着现代物理、电子与计算机技术的迅速发展，脑功能成像技术取得了长足的进步，一批功能强大的无创性脑功能成像技术相继诞生。这促使研究者对脑功能成像技术及其在认知过程、情绪过程中的应用产生了浓厚的兴趣，将它们迅速应用到认知神经科学以及心理学的各个领域中，并取得了许多突破性成果，促进了这些领域研究的深入化进程（图20.3-3）。

脑的许多功能都定位于大脑的神经组织结构中，基于此研究者开始试图成像出那些参与到不同脑结构激活中的基本过程。神经成像技术假定，我们可以根据组成复杂心理过程的一些基本操作的结合来对其进行最好的描述，这些基本过程并不是定位于大脑的某一个单一部位，而通常是神经网神经元网络共同作用的结果。这一假定导致了人们对与基本心理过程向伴

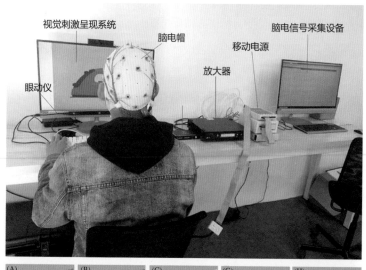

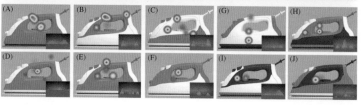

图20.3-3　上：脑电 + 眼动实验现场。下：同一产品造型 + 不同颜色布局的眼动热点图。研究表明，平均眨眼持续时间、平均注视持续时间和平均瞳孔直径与情绪状态显著相关（Man Ding 等，2021）

色彩：艺术、科学与设计

平均值，中位数，众数

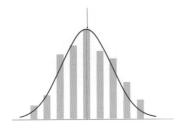

众数

中位数

平均值

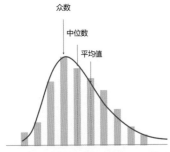

图20.4-1 平均值、中位数、众数可能一致（数据分布对称时），也可能不一致（数据分布不对称）。了解平均值、中位数和众数的不同，可以帮助我们更全面地理解数据集的特征，并在不同的情境下选择合适的统计量来进行分析

随着的脑激活的探讨，而将这些基本过程呈现到大脑的区域和功能性网络就是现在脑成像的研究对象。

不同脑结构功能的详细成像，可以为我们提供关于基本心理过程的可靠证据。一旦我们确定特定的脑区与某一心理过程有关系，就可以超越这种结构与功能的简单对应关系，从而使用统计技术来进一步考察与复杂心理任务有关的激活环路，分析出心理任务中包含了哪些基本过程的结合。

现代脑功能成像技术有正电子发射断层扫描技术、功能性核磁共振成像技术、脑电图、脑磁图等。

20.4　心理实验的数据分析

当心理试验的数据搜集工作完成后，会得到大量的数据。那么这些数据意味着什么？又该如何解读呢？这时，就需要对这些数据进行数据分析。

求平均值、计算方差/标准差，做相关性分析、显著性检验等，是常见的心理实验数据分析方法。

20.4.1　平均值、中位数与众数

平均值、中位数和众数等指标反映了数据的集中趋势，一定程度上代表了数据的一般水平（图20.4-1）。

平均值（Mean）一般指算术平均值。将一组数据中所有数据之和再除以这组数据的个数即为算数平均值。算术平均值是最常见、算法也最为简单的平均值。

单一的平均值很难标示出数据分布的全部特征。例如，在数据分布不对称的情况下，平均值就不能很好的代表数据的趋势。这时，可以用中位数（Median）来表述数据的整体趋势。当中位数为30时，意味着有一半的数据超过30。

众数（Mode）是一组数据中出现频次最多的数值。有时众数在一组数据中有一个，有时有好几个。在数据分析中，如

果发现数据有较大的波动，选择众数或中位数来表示该组数据的集中趋势更为合适。

20.4.2　方差、标准差

　　方差和标准差是描述数据的离散程度的常用指标。样本方差是每个样本值与全体样本值的平均值之差的平方值的平均值。将方差进行开方运算，即为标准差。方差/标准差越大，数据的离散程度就越大。研究方差/标准差可以帮助研究者了解数据的稳定程度，评估数据的精度和可靠性，从而更好地理解实验结果和变量之间的关系（图20.4-2）。例如，某一个色彩样板在"舒适"维度的量表平均分很高，但同时方差也大，就说明该样板在"舒适"维度的评价随机性较高，较高的平均分并不能说明用户对它的典型看法。如果同时该样板在"科技感"维度平均分高、方差小，则说明它在科技感维度会大概率获得较高的评价。

20.4.3　相关性分析

　　相关性分析是指对两个或多个具备相关性的变量元素进行分析，从而衡量两个变量因素的关联程度。如果一个变量的变化可以预测另一个变量的变化，那么这两个变量就具有相关性（图20.4-3）。研究相关性的意义在于揭示变量之间的关系，从而更好地理解和预测某些现象。例如，相关研究表明，色相的变化会对情绪感受的愉悦度产生较大的影响，对唤起度和优势度则影响不大。[106]

　　常见的相关性分析有皮尔逊双变量相关性分析、斯皮尔曼、肯德尔相关性分析。

20.4.4　显著性检验

　　显著性检验（Significance test）是一种常用的统计学方法，用于评估对研究对象的假设是否显著。如果假设呈显著水平，就说明该假设不是一种偶然现象，而是大概率成立的。

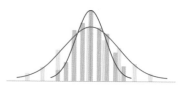

图 20.4-2　此图例中，蓝色数据方差较小，红色数据方差较大。说明蓝色数据的离散程度较小，具有较高的可重复性

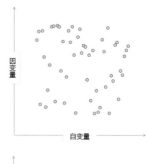

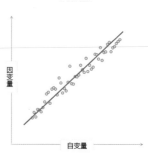

图 20.4-3　散点图是一种用于可视化两个数值变量之间关系的图表。上图因变量数值呈随机分布，与自变量不具有相关性，无法用自变量预测因变量的变化。下图则具有一定的线性相关性

在显著性检验中，研究者通常将一个或多个假设提出来，并基于样本数据对这些假设进行检验。例如，当有两个不同年龄段的被试进行颜色偏好实验时，可以用卡方检验的方法检验年龄因素对颜色偏好的影响是否显著。相关研究表明，性别和年龄因素会影响人们对颜色的偏好。

20.4.5　质量分析

信度和效度是评价心理测量质量的重要指标。

信度是指同一受测者在不同时间用同一测验重复测量所得结果的一致程度。信度可以分为重测信度、复本信度、内部一致性信度、评分者信度。

效度是指测验是否测到了想要测量的对象。为了检测心理实验的效度，可以从内部效度、外部效度、内容效度等方面进行检测。

20.5　心理实验的伦理道德

心理学研究的对象是人。研究人类心理与行为，推动心理学的发展和进步，是为了给人类带来幸福和福祉。然而，在进行实验时，可能会涉及对参与者的身体或心理造成潜在的伤害或不适，因此必须遵循伦理道德规范，保护参与者的权益和尊严。

在实验设计中，研究者应认真评估被试的权利是否得到了充分的尊重，并保证被试知道自己有权决定是否参加某项研究，也知道自己在参加某项研究时具体拥有哪些权利，保证被试参加某项研究是出于自愿而非迫于某种压力。充分尊重被试的知情权，善待被试。

善待被试有两方面的含义：尊重被试，公平地对待每一位被试；尊重被试的隐私权，为被试保密。此外，在保证研究结果可靠的前提下，应尽可能的缩短实验或调查持续时间，以避免给被试带来不必要的疲劳。

第二十一章

结合艺术与科学的色彩设计实践

随着历史的发展，色彩研究逐渐从艺术领域扩展到科学领域，而后在设计中的得以深入发展并大量应用。20 世纪初，作为视觉感知的核心要素之一，色彩在设计中发挥着至关重要的作用。色彩和谐、色彩情感、跨媒介色彩管理等理论都在色彩设计领域起到重要作用。

在当今快速发展的产业链上，色彩设计贯穿设计中的每一个环节；在共同推动了工业领域的科研成果的转换的过程中，需要严谨的科学方法与创造性的审美能力[107]。色彩设计作为一门跨学科的领域，其研究范围已经逐渐从艺术、科学扩展到了更加广泛的应用领域。本章节内容为TASCII 为不同行业所开展的研究案例。

21.1 《基于用户体验的机舱光源研究》

《基于用户体验的机舱光源研究》（一）

随着航空领域机舱光源的技术发展，能够模拟不同色温的LED 光源被运用于机舱。在考虑到不同地域的人群对光源颜色的偏好有所不同，同时，在飞行过程中的不同阶段采用相应的光源颜色可以提升乘客的飞行体验。因此，有必要通过严谨的实验研究来探究不同机舱光源颜色与乘客生理、心理偏好之间的关系。

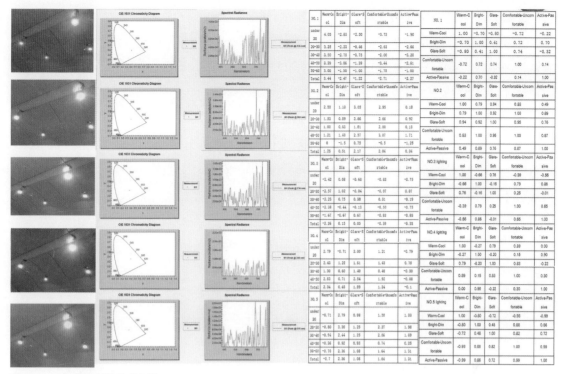

图 21.1-1　不同光源的物理参数

研究方法

首先，我们将从桌面调研中总结中国不同场合（例如学校、交通工具、商场、医院等）常用的照明色温，以此为基础确定本研究中实验所需的照明色温范围。通过调研问卷了解消费者对机舱照明的直观期待并以形容词体现，用以作为实验量表基础。

心理物理实验的环境设置阶段，将五个分别是2500K、3100K、3700K、4000K和4500K的光源设置在1：1波音737飞机模拟机舱内，采用分光辐射度计采集光源的物理参数（图21.1-1）作为设计指导。

招募性别比例相当、年龄比例有一定跨度的被试，在通过色盲测试之后，分别在模拟机舱（图21.1-2）中体验不同的光源并对语义差异量表进行打分。

研究结果

通过对每个光源与不同形容词对的相关性分析，最终得出3700K的暖光源因为"舒服"与"柔和"而受到大多数被试的青睐，尤其在20岁以下和40～50岁被试中的受欢迎程度更高。

图 21.1-2　波音 737 模拟机舱

《基于用户体验的机舱光源研究》（二）

在波音机舱光源研究的第一个项目中得到的结论为暖光源最受中国消费者的青睐。在此基础上，波音在向全球发布了蓝色机舱光源后，希望了解中国消费者对蓝色光源的感受和喜好程度。

研究方法

光源色温采集，由于本研究的实验过程需要在真实的航班中执行，因此，首先对波音蓝光进行采集。在确定了用数码相机开展光源采集之后，需要进行相机特征化工作（图21.1-3），确定出相机的设置参数。

多项式回归拟合，确定光源色温、相机采集色卡的RGB值与Datacolor 650采集的XYZ值之间的拟合关系，以确保实验的准确性和可复制性。

采用经过特征化的相机，在波音787型飞机上采集蓝光，通过拟合所建立的关系式，我们计算得出蓝光的色温为12000K。由于需要将不同色温的光源在问卷中呈现，因此对于显示器和打印机的色彩管理环节（图21.1-4）变得至关重要。

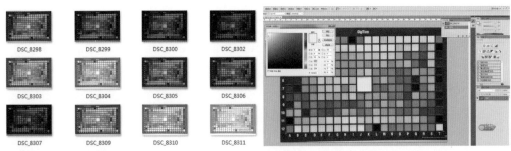

图 21.1-3　相机特征化

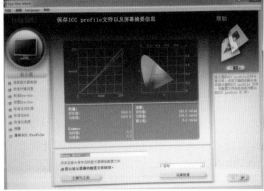

图 21.1-4　屏幕和打印机的色彩管理

延续第一个光源研究项目的语义差异量表,将本研究项目中的候选光源确定为2200K、3700K、4500K、8000K、10000K和12000K。在对被试的性别、年龄进行了严格筛选之后,本研究在四趟航班中执行了实验,以确保被试数量以及覆盖时间段、季节段对被试心理的影响。

研究结果

通过对实验数据的统计分析得出12000K的蓝色光源在不同季节、时间段都受到了极大多数被试的青睐。

21.2 《基于用户体验的机舱沉浸式体验研究》

在科技不断演进和人们对旅行体验的追求下,航空公司和飞机制造商一直在积极探索创新方法,以提高乘客在飞行中的舒适度和满意度。其中,机舱沉浸式体验作为一种新兴的技术和概念,引起了航空业的广泛关注。该研究旨在利用舱顶的OLED技术播放动画效果,以创造更加沉浸式的体验,从而减少乘客在飞行中可能出现的心理和生理不适。为了达到这一目标,研究需要综合考虑色彩、对比度、移动速度和切换频率等设计元素。

研究方法

本研究共分为三个阶段,第一阶段通过桌面调研,总结了相关领域(视觉设计、心理学、生理学等)的研究现状,并提出了客舱投影内容应遵循的基本视觉设计指南。第二阶段依据第一阶段的视觉设计指南进行基本元素的动画设计,利用投影进行动画播放,使用脑电和心率测量设备进行心理物理学实验验证。第三阶段设计出具体的动画场景,利用OLED屏幕进行播放并使用脑电设备进行实验验证。

第一阶段采用文献综述的形式着重研究与机舱沉浸式、其他领域的沉浸式技术、动画设计和色彩相关的文献。为找到最相关的研究资料,本研究在心理学、医学、生理学和计算机图形学等领域中最知名的科学数据库进行了广泛的检索(表21.2-1)。通过对大量文献的综合研究,总结出了沉浸式动画设计的相关参数，为后续的动画设计和心理物理学实验提供了有力的依据和指导。

文献调研关键词　　　　　　　　表21.2-1

色彩 / 明度 / 色相 / 饱和度 / 对比度 / 色彩和谐
视角 / 周边视野 / 前景和背景
立体显示 / 虚拟现实 / 增强现实 / 感知空间
闪烁频率 / 刷新率 / 切换频率率 / 曝光持续时间 / 观看持续时间
视觉诱发的晕动病 / 晕动症 / 视觉不适 / 视觉疲劳
情绪 / 情感 / 积极情绪 / 消极情绪

场景描述：飞机、机舱、汽车、车辆、酒店、火车、游轮、室内环境

第二阶段根据第一阶段确定的设计参数进行研究，采用因素设计的方法进行基础动画设计（图21.2-1）。这些设计参数将为后续具体场景的设计提供重要依据。本研究在模拟机舱环境中，利用脑电（EEG）和心率测量设备对动画设计的参数进行实验验证，并对所得数据结果进行相关统计分析。

第三阶段通过调研和用户反馈，选择出受欢迎度最高的动画元素，并结合第二阶段的实验验证结果进行具体场景的设计（图21.2-2）。本阶段实验是在模拟机舱环境中通过OLED屏幕进行展示，以提供更加逼真和沉浸式的体验。同时，使用脑电和心率测量设备（图21.1-3）来收集乘客在观看动画场景时的生理数据。

研究结果

通过对第二阶段和第三阶段沉浸式体验实验所获得的脑电和心率数据进行分析，本研究得到了设计参数的一般规律，具体结果如表21.2-2所示：

沉浸式体验实验结论　　　　　　　表21.2-2

设计参数	结论
振幅	较低的振幅受到大多数人喜欢，并且会提升专注力
亮度	适当的亮度可以减少疲劳感
色相	多彩色引发出积极的情绪，同时提升专注力
对比度	高对比度让人精力充沛；低对比度有利于睡眠
复杂度	适当的复杂度引发出积极的情绪；会减少晕动症；受到大多数人的喜欢
速度	高运动速度令人兴奋；低运动速度令人平静
转换频率	适当的转换频率受到大多数人的喜欢

图 21.2-1　沉浸式体验研究基础动画设计

图 21.2-2　沉浸式体验研究具体场景动画设计

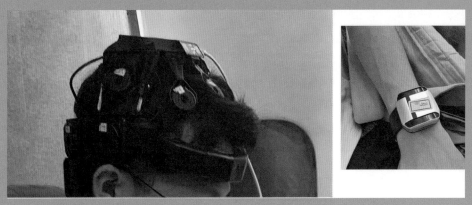

图 21.2-3　沉浸式体验研究脑电与心率等生理数据测量

此外，在对脑电和心率数据进行分析的过程中，本研究还对警觉度、晕动症、疲劳感、情绪唤起和注意力随时间变化的方面进行了分析。研究发现，随着观看时间的增加，乘客的警觉度和晕动症没有明显的时间变化趋势。然而，随着时间的推移，乘客的疲劳感逐渐增加，情绪唤起和注意力显著下降。

图 21.3-1　光源环境设计方案（依次为中性偏暖的白光、橙黄光、黄绿光、暖白光、蓝光、红光、蓝紫光、黄光）

21.3　《基于用户体验的LED机舱光源研究》

机舱作为一个特殊的、绝对的密闭空间，除机舱色彩、材质和图案的设计外，机舱光源环境也可能是一个重要的影响因素。2000年之前，飞机上使用的灯通常是荧光灯、白炽灯和卤素灯。随着LED（Light Emitting Diode）技术的发展，以及LED光源的重量轻、节能、易于调光、设计灵巧性等优点的普及，飞机制造商开始在飞机上安装LED灯作为部分照明光源，并且到2010年后，机舱的照明光源开始以LED作为主要照明光源[108]，也因此，使机舱照明多样性成为可能。

本文旨在通过增加密闭空间中照明的多样性，即在不同场景下改变光源的色温和光色，来激发人的积极心理感知。

研究方法

（1）光源环境设计，本研究通过对机舱常见光源环境及其特点进行分析，设计了8种不同的光源环境方案（图21.3-1）。这些设计方案考虑了光源的色温、光色、颜色饱和度等要素。

（2）通过社交媒体调研，结合乘客在不同场景下的心理感知特性（图21.3-2），本研究总结出了五个描述光源对人心理感知影响的关键词（"放松的""安全的""愉悦的""柔和的"和"安静的"）。

（3）在模拟机舱环境中，采用语义差异量表法进行实验。通过量表法，本研究可以收集到关于乘客对光源环境的主观感知的定量数据。从而了解不同光源环境在乘客心理感知上的差异，并对光源环境的设计和调整提供依据。

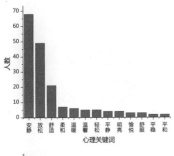

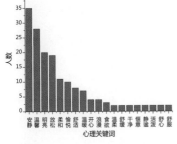

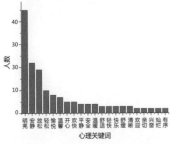

图 21.3-2　与休息、就餐、登机/下机等场景有关的心理感知关键词统计

（4）采用描述性分析、相关性系数分析和独立样本T检验对实验数据进行统计分析，得出了适用于不同场景心理感知的光源特点。

研究结果

研究结果显示，在密闭机舱中，照度在120～150lx之间，色温为4225K和2719K的白光，或较低饱和度的黄色光源，最容易唤起积极心理感知。暖色光源更容易唤起人们对"愉悦的"和"柔和的"的心理感知，而照度较低的光源则容易引发消极的心理感知。

在登机/下机时，可以使用照度为150 lx，色温为4225 K的光源一，以突出"放松的"心理感知；在休息和就餐时，可以使用照度在120～150 lx，色温为2719 K的暖白光光源四或者饱和度为69.326黄色光源八，来唤起"愉悦的"和"柔和的"心理感知。

21.4　《2022 家电产品 CMF 趋势研究》

本项目通过宏观趋势、设计趋势，专家访谈等趋势调研方式，为家电品类产品的设计提供趋势方向。

研究方法及结果

（1）从社会发展趋势、经济走向、行业政策等宏观趋势出发，以关键词的形式总结家电行业的定位及走势（图21.4-1）。

（2）专家访谈，从专家的视角中归纳出有贡献的观点，从而为本研究的设计方向和决策提供有价值的参考。

（3）设计主题确定，综合宏观趋势分析结合用户问卷调研，确定设计趋势主题（图21.4-2）。

（4）趋势输出，结合各领域的最新设计，总结CMF 设计要点（图21.4-3），确定本研究的趋势分析，包括色彩、材质和工艺的倾向量表为CMF 设计提供了明确的指导。

图 21.4-1　2022CMF 宏观趋势研究

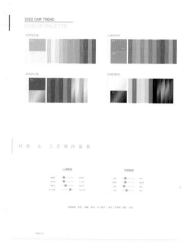

图 21.4-3　2022CMF 趋势设计方向

图 21.4-2　2022CMF 趋势设计主题关键词

21.5　《汽车内饰 CMF 设计预测及验证》

区别于常见的主观设计方法，为汽车内饰CMF 设计提供了系统性、落地性和科学性的依据。

研究路径

该研究采用了设计依据、设计拓展、实验验证和设计调整的研究路径（图21.5-1），结合自然语言处理模型、社交媒体大数据、多领域设计案例分析和心理物理学验证等科学的设计方法，为汽车内饰的CMF 设计提供了参考。

研究方法

（1）本研究应用自然语言处理模型（Bidirectional

图 21.5-1　汽车内饰 CMF 设计研究路径

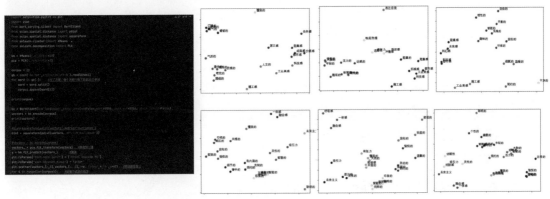

图 21.5-2　汽车内饰 CMF 设计关键词基于 BERT 模型的词义聚类分析

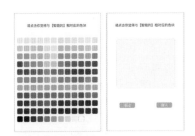

图 21.5-3　汽车内饰 CMF 设计关键词与色相、色调的关联性调研

图 21.5-4　汽车内饰 CMF 设计研究中的多领域设计案例分析

Encoder Representation from Transformers，BERT），进行设计关键词的聚类分析（图21.5-2），确定出设计关键词。

（2）设计关键词与色相、色调的关联性调研（图21.5-3），为内饰设计色彩提供一定的方向。选取孟塞尔色彩空间中有代表性的、基本均匀覆盖整个颜色空间的120种有彩色和10种无彩色作为待选色样，展开设计关键词与色相、色调的关联性调研。

（3）CMF 设计要点确定，以设计关键词出发对多领域设计案例进行分析（图21.5-4），总结CMF 设计要点。

（4）CMF 样板设计，依据前期工作总结的分析，进行汽车内饰CMF 样板设计。

（5）实验验证。实验从感觉维度、情绪维度和关联维度三个维度出发，使用描述性数据分析（均值等初级数据分析）、探索性数据分析（相关分析、差异分析等高级数据分析）以及验证性数据分析（假设检验），通过心理物理学实验来验证 CMF 设计样板的有效性。

21.6 《可循环材料CMF设计及用户认知研究》

对于可循环材料的应用，不仅应体现在功能性和环保概念上。在消费者对塑料材料的主观感受上，还存在着"低端""不环保"等种种偏见。让可循环材料兼顾环保性、高级感与审美，也成为亟待研究的问题。

本课题与科思创一起开展了针对可回收、可循环材料的色彩方案设计及研究。作为全球最大的聚合物生产公司之一，科思创积极倡导化工行业价值循环链的各环节协同合作，为社会和环境的可持续发展提供支持。用色彩设计赋予材料美感、提升质感的同时，也能让用户直观感受到材料的环保特性，从而有助于推动可循环材料的进一步应用，兼顾产品的功能与社会责任，赋予产品新的打动人心的力量，提升品牌价值。

图 21.6-1　可循环材料 CMF 设计研究路径

研究路径

该研究以桌面调研、方案设计和设计实证为研究路径，将 CMF 美学设计融入更具可持续性的聚碳酸酯材料中，同时推广兼顾美学和循环的设计理念，从色彩、材料及表面处理角度为回收再生塑料提供美学设计（图21.6-1）。

桌面调研

桌面调研分别从大数据调研、消费者、专家、行业案例、等角度，系统、全面地探究公众对可回收、可循环材料的现有认知规律，为后续设计方案与设计实证设计提供依据。

调研工作中提取了"简洁、天然、质感"等与"环保的""可循环的"相关的评价维度，以及"回收材料、循环材料、再生材料"等设计主题类关键词。据此，进一步对近三年与"回收材料""回收塑料""循环材料""再生材料""环保""可持续"等相关的多领域设计案例展开行业调研，并根据上述相关评价维度对设计案例进行梳理。

设计方案

对可循环材料评价的关键词词库进行汇聚梳理可以发现，"自然感"是链接其中许多关键词的桥梁，与"舒适、亲近、柔软、温暖"等关键词均有着较强的关联性。因此，设计方案以"源于自然、回归自然"为主线，侧重"亲近""放松""细腻""精致"的调性，创造既富有设计表现力、具备高价值感，又给人直观"环保感"的创新设计（图21.6-2）。

此外，可循环材料的色彩设计是面向汽车、3C等全领域的色彩设计应用。因此该方案在"哑光-高光""不透明-透明的""细腻-粗糙""鲜艳-黯淡""简朴的-奢华的"等多重维度上，拓展了丰富的可能性，力图为循环材料的产业应用提供广阔的设计空间，推出包含"地""水""石"等主题的五个设计方向（图21.6-3）。

设计实证

为了验证关键词与色彩设计样板的契合度、研究各关键词维度之间的相关性，提取影响"可持续/环保"认知的核心因素、探讨核心因素与CMF设计语言之间的相关性，展开用户主观评价实验。

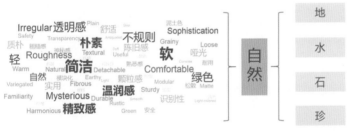

图 21.6-2　可循环材料 CMF 设计关键词分析

图 21.6-3　可循环材料 CMF 设计主题

图 21.6-4　可循环材料 CMF 设计"在水一方"主题色板

用户实验采用心理量表法，探讨22枚不同色彩主题的设计样板与关键词的认知匹配关系，评价关键词来自于前期调研的整理提取工作："舒适的、亲切的、放松的、安全的"等20个关键词（图21.6-5）。

实验数据分析发现，关键词"环保"与"可持续"有着显著的正相关性（R=0.669，p=0.000**）。其余大部分关键词与"环保"、"可持续"也有着较大的相关性，并且相互之间也具有相关性。

"奢华、简洁、神秘、怀旧"与"环保"既不正相关，也不负相关；"细腻、精致"与"环保"的相关性系数较低。"神秘、精致"与"可持续"既不正相关，也不负相关；"细腻、奢华、怀旧"与"可持续的"相关性系数较低。因此，上述特征不是影响"环保/可持续"的关键因素，在色彩设计实践中，可以作为附加维度增添设计的吸引力。

其余的12个关键词之间则有着较高的相关性，说明大部分关键词之间具有内在的一致性，可进一步做探索性因子分析，提取影响"环保/可持续"认知的核心要素。

因子分析结果表明，12个关键词可以提取出三大主要因子：治愈因子、功能因子和自然因子。进一步深入探讨CMF与"环保/可持续"的相关性可知，颜色三属性与"环保/可持续"认知息息相关：高明度、低饱和度以及带绿色、蓝色色相的色彩更容易给人环保感（图21.6-6）。此外，粗糙的、带杂点的表面肌理，也会从天然因子、功能因子方面对"环保/可持续"提供正向认知。

因此，以"可循环、可持续、可回收、环保"等为主题的设计实践中，应根据项目需求和具体情况，综合运用色相、明度、饱和度、不同肌理等CMF设计语言，兼顾产品的功能与社会责任，提升产品吸引力。

应用案例

图21.6-5　可循环CMF设计的实证：用户主观评价实验

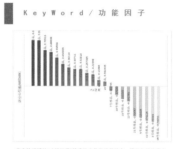

K e y W o r d / 功 能 因 子

将实验样板按"功能因子"维度的中位数进行排序，不带色相的黑白灰以及棕色、绿色、蓝色得分较高。亮色、浅色调板则得分较低。

图21.6-6　将实验样板按"功能因子"维度排序：低饱和度度中性色得分较高，而高饱和度的亮色调、浅色调则得分较低

图 21.6-7　凯宝"新生黛"环保套装笔采用了"在水一方"主题方案中的"水色"设计。透明的笔身部分采用了科思创再生聚碳酸酯材质，通透纯净的浅蓝水色，是农夫山泉水桶经过回收加工后保留的本质的颜色。没有添加任何额外染色剂的透明本色，代表着对于自然水源的感恩和生态平衡的关切。每个 19L 水桶，最终化为约 156 支中性笔重获新生

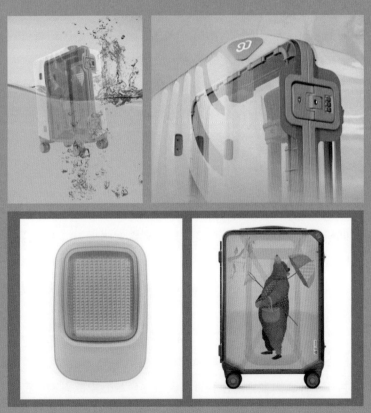

图 21.6-8　90 分可循材料环旅行箱亦选用了"在水一方"主题方案中的"水色"设计。透明的材料质地加上水之色，通透而纯净。对内容的一览无余，体现着可持续材料效仿自然的"如实"与"如是"，也体现着高科技的发展为人类带来的掌控感

21.7 《移动终端风景类影像色彩效果研究》

移动终端的摄影摄像功能的便携性、易用性、分享性等优点，使其日益成为各终端产品建立品牌优势度、提升产品竞争力的重要切入点。近年来，随着手机等移动终端摄影模块技术获得了飞速的发展。随着技术的不断进步，手机摄像头的分辨率、光圈、感光度以及防抖等功能都得到了极大的提升。

与硬件技术的发展同步的是HDR、场景自动检测等优化算法的软件技术进步。其中色彩效果的优化也称为了研究的重点，摄影色彩效果的风格化可以实现品牌的差异化，提升市场美誉度、口碑传播度。同时，对用户的感受型反馈意见，也有进行专业化分析和针对性优化的必要。

经分析，风景类摄影是移动终端用户的高频应用场景。本研究从美学、影像科学等角度出发，探究中国用户的审美规律、审美共性等，深入挖掘影响用户的影像视觉体验的关键要素，旨在提升移动终端风景类影像风景摄影的成像效果，从而提供图像色调走向、定义品牌图像效果风格，输出具备理论支持、大众接受度较高的摄影图像风格定位。

研究方法

本研究主要分为四个研究步骤：

（1）"用户视觉体验"评价关键词词库：从文献调研、用户调研、专家调研出发，广泛收集与摄影效果相关的主观评价关键词，通过自然语义模型进行词义聚类，形成一系列影像色彩效果风格关键词集合，并针对风景类影像进行评价关键维度提取；

（2）用户主观评价实验：从典型场景、高频场景、难点场景出发，构建覆盖主要拍摄内容与光线条件的风景类影像调色样片库，控制构图、内容等其他因素对色彩效果的影响，在此基础上完成不同调色维度的样片调色（图21.7-1）；设计合理、有效的实验方法，确定稳定可控的实验环境，设计开发实验程序，完成用户主观评价实验（图21.7-2）；

图 21.7-1　风景影像调色示例（左为原图，右为调色图）

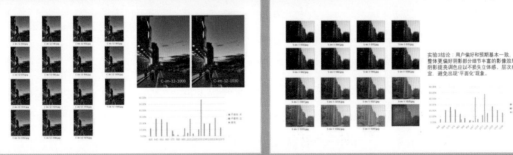

图 21.7-2　针对不同调色维度的主观评价实验分析示例

（3）计算图片美学模型：研究计算图片美学的主要方法与进展，采用深度学习等人工智能研究方法构建影像美学计算模型，完成特征提取，选择合理决策模型，完成计算图片美学模型训练；

（4）输出调色方案建议：分析实验数据，针对逆光、阴影等重难点场景，探讨对比度、亮度、饱和度等关键调色维度与用户主观评价关键维度的相互关系，输出调色算法进一步的优化方向。

研究成果

在融汇了桌面调研和专家意见的基础上，研究人员开展了用户实验调研，对调色维度、调色阈限、调色步长、调色边界等数字图像的调色技术参数开展定量实验，并进一步设计及执行主观评价实验方案获得用户对图片定性和定量的审美反馈。研究发现，对亮度、饱和度等维度的调色将显著影响用户的喜好度。此外，大光比场景下的高光与阴影处的细节和层次，也是影响风景影像色彩效果的重要因素。通过对调色参数以及用户主观评价量表的定量分析，采用基于机器学习手段的特征提取等方法，构建由中国用户数据支撑的图片美学计算模型，为进一步提升风景影像色彩效果提供专业化、数据化的有力支持。

21.8 《基于用户偏好的显示触控技术色彩增强算法研究》

移动终端显示色彩技术发展前景具有宽色域、广色深、高精度等特点。同时，智能机用户对手机显示效果的需求也越来越多样化、精细化。对于显示效果，用户反馈有时会给出"显示效果差""不真实""不清晰""不通透"等负面评价。而此类用户心理的抽象色彩评价词难以量化成技术指标，对显示终端开发工作而言，更难以针对用户的需求做出合理的定向效果优化。本研究从用户主观评价出发，提取相关评价关键维度，并开展用户主观测评实验，建立用户心理和客观技术参数的联系，为显示色彩调色方案提供专业性理论参考。

研究方法

（1）主观评价关键词调研：从用户调研出发，广泛收集与显示效果相关的主观评价关键词，通过自然语义模型进行词义聚类，形成一系列色彩效果风格关键词集合，并整理获得与明度、饱和度、对比度相关的风格关键词（图21.8-1）；

（2）调色方案设计：将抽象的关键词量化成客观参数指标，并依据指标设计色域映射算法，基于DCI-P3标准显示设备实施不同的色彩风格呈现；

（3）实验方案设计：基于移动终端的高频应用场景，设计样张库与实验方案，开展用户主观测评实验；

（4）实验结论：分析实验数据，建立用户主观心理感受与屏幕客观参数之间的联系，探讨用户的显示色彩偏好趋势，以及调色算法进一步的优化发展方向。

为全面、系统地研究用户对移动端显示器的使用期待和审美偏好，采用基于移动端的调研问卷，收集用户对显示色彩主观评价的相关形容词。以此为基础，通过自然语言处理模型（NLP）词义聚类等方式对其进行词义归纳与梳理，提取

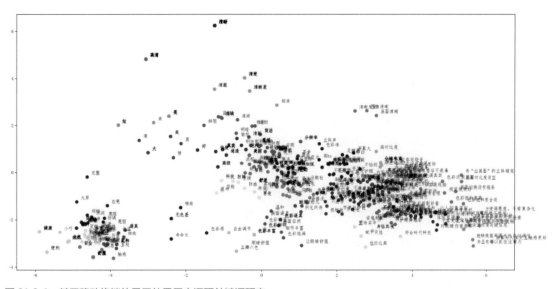

图 21.8-1　基于移动终端的显示效果用户调研关键词研究

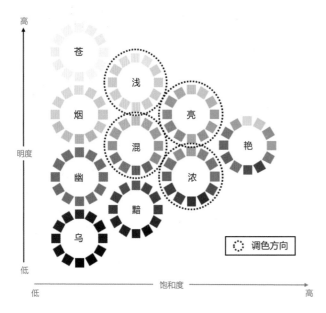

图 21.8-2 基于移动终端的显示色彩调色方向设计

了四种用户主观评价维度：真实、舒适、生动、鲜明。据此在 DCI-P3 标准OLED 移动终端显示屏中设计并实施了四种不同"明度+ 饱和度"调色倾向的色域映射算法。进一步，通过主观评价实验建立用户主观评价与屏幕客观参数之间的联系（图21.8-2）。

调色方案设计

基于"中国人情感色调认知"研究成果、基于移动端的中国人色调偏好研究，以及不同风格的经典色彩艺术作品的色彩表现，将调色色彩风格定位于"亮""浅""混""浓"四种不同"明度+ 饱和度"调色方向（图21.8-3、图21.8-4）：

（1）亮：提升明度，提升饱和度（亮+ 纯）；

（2）浓：降低明度，提升饱和度（暗+ 纯）；

（3）浅：提升明度，降低饱和度（亮+ 灰）；

（4）混：降低明度，降低饱和度（暗+ 灰）；

在调色方案的设计上，以重新分配 LCH 空间下不同色彩区域的像素密度为原理，并在 3D LUT 中标记肤色区域做子色域保护和过渡处理，提供了一种新的调色方法路径，为后期调色实验建立了调色基础，为调色算法优化创造了更多可能性。

色彩：艺术、科学与设计

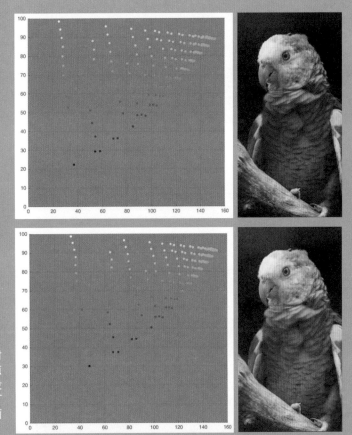

图 21.8-3 "亮"色调方案调色前后对比：DCI-P3 标准颜色空间下 LUT 节点（130°＜H＜135°部分）在 LC 色调平面的投影，及调色原图示例（上）；调色后的 LUT 节点（130°＜H＜135°部分）在 LC 色调平面的投影，及调色图示例（下）

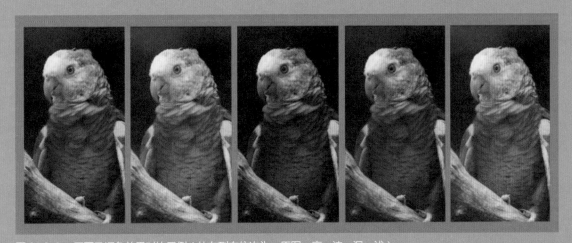

图 21.8-4　原图及调色效果对比示例（从左到右依次为：原图、亮、浓、混、浅）

实证探索

经用户主观评价实验研究发现，最受用户喜爱的调色方向为"暗+纯"的"浓"色调方向，"明+灰"的"浅"色调方向最不受喜爱。此外，关键词"舒适""真实""生动""鲜明"对用户偏好均有较高的解释力（图21.8-5）。

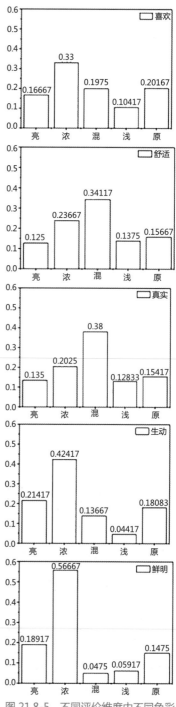

图 21.8-5　不同评价维度中不同色彩风格排第 1 位的频率

21.9　《黑瞎子岛乌苏大桥色彩设计》

黑龙江省抚远三角洲（民称黑瞎子岛），位于我国"金鸡"版图最东北部极角。乌苏大桥的建设源于我国黑龙江省抚远县黑瞎子岛的回归：2008 年10 月14 日，经《中俄国界东段补充协定》签订后，三角洲171 平方公里的土地回归祖国，黑瞎子岛"一岛两国"的格局正式形成。

乌苏大桥作为连接黑瞎子岛和祖国大陆的唯一通道，跨越黑龙江与乌苏里江汇合处的抚远水道，是重要的中俄口岸大桥，具有特殊的战略地位，也是中俄边界黑瞎子岛标志性建筑，被誉为中国"神州东方第一桥"。大桥主体设计为宝剑形状，寓意我国领土的不可侵犯。大桥主塔及主桥钢梁颜色为"中国红"，体现中华民族五千年的厚重文化底蕴，承载着两国人民期盼永久"和谐""吉祥"的深刻寓意。它是迄今为止国内建桥史上第一次以系统的颜色科学和理论作为依据，通过科学化、数字化管理分析，最终定位实现中国红色彩，并且给予推荐性施工工艺方法的科研项目

研究路径

乌苏大桥色彩方案，遵循符合历史、地理、人文、环境、政治、美学、科学等原则，既将"中国红"的定义和意义通过学术方式表达，又将"中国红"通过科学方法再现并实现数字化管理，兼具科学性与艺术性。

（1）乌苏大桥主塔色彩与自然环境关系分析：通过对黑瞎子岛当地自然环境特征研究，如四季色彩、日出日落光照条件、天空云量能见度等，从视觉上实现乌苏大桥与当地环境色的完美

融合。此外，也需考虑日照充足、四季分明、夏季潮湿、冬季干冷的自然气候对主塔颜色的涂装与维护的影响（图21.9-1）。

（2）乌苏大桥主塔色彩与人文环境关系分析：调研黑瞎子岛人文与历史沿革，选定"中国红"作为乌苏大桥主塔色彩，通过丰富的色彩文化含义的引申，昭示着中国领土的标志性和严肃性。

（3）"中国红"色彩文化研究：通过文献调研、专家调研从历史、文化、民俗等方面，对"中国红"的色彩观念与案例进行研究，并对"中国红"的样本进行采集和整理（图21.9-2）。

（4）"乌苏红"的筛选与基准色定义：从"中国红"106个初选颜色中筛选出符合要求的18个颜色，并对这些颜色在CIE色度空间中进行表达和定标，并通过算法计算出中国红定位基准点，以及与基准点相关的40个初选颜色，再从初选颜色中挑选出制作实物涂装样本基准色的10个红色和3个黄色（图21.9-3、图21.9-4）。

（5）"乌苏红"色板与色谱标定：对"乌苏红"基准色进行涂装实物色板样制作，通过材料与工艺的选择，达到与乌苏大桥实际施工材料最接近的效果，并在不同色温、不同视角下的标准光源环境中开展视觉比较分析，最终确定最佳乌苏大桥主塔红、三个备选红，以及与之搭配的黄色。进一步，采用分光光度计对选定色板进行反射谱和色度参数的标定和计算，获得数据化的色谱数据（表21.9-1）。

（6）乌苏大桥主塔模型涂装实验：为适应黑瞎子岛较为特殊的自然环境条件，考虑耐碱性、耐候性、附着力、抗渗透性等方面要求，对涂装工艺进行探讨和实验，完成主塔模型涂装。进一步在不同色温的标准光源箱，以及标准化的虚拟影像系统中，模拟其在不同时刻（清晨日出、正午，以及傍晚日落条件）和不同阳光照射条件下的效果（如正上方、背对阳光、正对阳光等不同视角）（图21.9-5、图21.9-6）。

（7）"乌苏红"涂装现场实验：确认选定的颜色在现场的实际环境和条件下施工工艺的可靠性，以及涂装完成后颜色的效果和与选定标准的符合程度，并考量在当地干燥、日照长、温度低的环境下，颜色经过半年的变化程度（图21.9-7）。

图 21.9-1　结合黑瞎子岛自然多变的四季色彩和日出夕阳，乌苏大桥桥体设计中采用的"中国红"元素依照色彩和谐的理论，从色相、彩度、明度等方面展开与当地的自然环境色彩谐调的分析

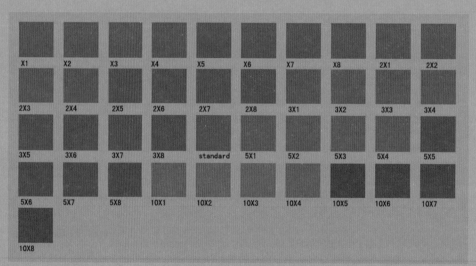

图 21.9-2　通过数学方法加权计算，在 CIE 颜色空间中取 40 个颜色色样效果图

图 21.9-3　定标的 40 个中国红颜色在 CIE 色空间的分布图

图 21.9-4　定标的 40 个颜色扇形评估效果图

样品名称：	乌苏红喷涂色板—1号											
色度学数据	X	Y	Z	L*	a*	b*	C*	h	x	y	主波长	纯度
	16.06	9.54	2.71	37.01	48.15	32.70	58.21	34.18	0.5672	0.3370	609.84	73.03

反射率曲线

反射率数值（10nm）	400-450nm	2.56	2.36	2.39	2.48	2.56	2.59
	460-510nm	2.56	2.51	2.49	2.52	2.55	2.60
	520-570nm	2.66	2.71	2.74	2.74	2.80	3.13
	580-630nm	5.50	16.84	30.60	37.51	39.97	40.45
	640-690nm	40.51	40.54	40.76	41.30	41.90	42.66
	700n	43.95					

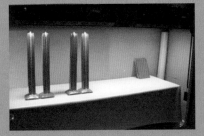

图 21.9-5　标准光源 D65 下的"乌苏红"色板及主塔模型（拍摄于清华大学色彩研究所心理物理实验室）

图 21.9-6　主色 1 号与辅助黄色在平均日光（D65）、日出（Horizon）光源和阴天日光（C）下的模拟效果

图 21.9-8　建设完工的乌苏大桥

图 21.9-7　混凝土主塔基座模型柱现场涂装实验

21.10 《准格尔旗大路新区色彩规划》

准格尔旗大路新区位于蒙中经济区和呼和浩特、包头、鄂尔多斯金三角的有机构成部分区域内，是我国重要的能源基地，也是国家西部经济开发战略实施的重点区域之一。在规划与建设初期，准格尔旗新区就将色彩规划视为城市景观建设的重要关注点。通过精心的色彩设计和规划，准格尔旗新区将能够展现其独特的自然特色和文化底蕴。这将有助于吸引投资、促进人才流动，并为居民提供宜居的生活环境，从而进一步增强城市的社会凝聚力和认同感。

规划目标

（1）总体城市色彩景观规划目标：在充分尊重、利用本地多元化自然、人文色彩景观资源的基础上，反映地域特色，同时兼具和谐美观、舒适高效的城市色彩景观形象。

（2）景深色彩景观规划目标：主要从人的视距角度出发，对大路新区远景、中景和近景三大视距景深予以立体化、综合性的色彩规划。

（3）轴线色彩景观规划目标：对大路新区主要景观街道道路两侧的主要建筑、广告、公共设施、雕塑、绿地、照明等景观构成要素给予统一性的色彩规划与设计，以便最大限度地彰显大路新区连续性的"线性"色彩景观风貌和魅力，同时也能够满足视觉同时观赏到道路两侧景观的生理特点。

（4）节点色彩景观规划目标：通过对大路新区主要景观节点的建筑、广告、公共设施、雕塑、绿地、照明等景观构成要素，给予统一色彩规划与设计。

研究程序与方法

（1）调查分析：对大路新区的自然环境、人文特点、城市定位、社会诉求、总规设想等内容实施综合调查（图21.10-1、图21.10-2）。

（2）明确目标：针对调查分析结论，讨论、制定出城市色彩规划方向。

（3）确定主题：为大路新区未来城市色彩景观规划制定一

（a） （b） （c）

图 21.10-1　色彩收集方法（a）、地貌色彩调查与分析（b）以及植物色彩调查与分析（c）

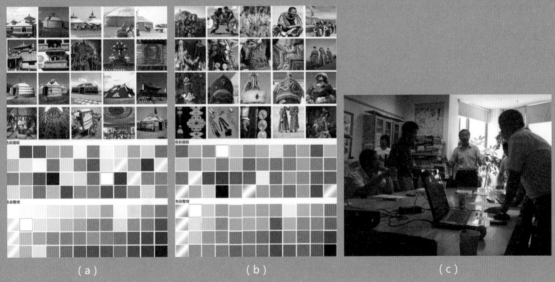

（a） （b） （c）

图 21.10-2　建筑色彩调查与分析（a）、服饰色彩调查与分析（b）、听取各方色彩建设建议（c）

个能够充分反映城市未来发展方向、适合于城市色彩景观总体建设目标及其符合色彩规划原理的主题概念。

（4）制定色系：制定城市建设专用色彩系统是指导城市色彩建设的核心内容之一。

（5）建立指南。该阶段主要是将大路新区色彩规划意义、体系制定、应用方法和管理模式等内容予以集中阐述。

（6）管理培训：对行政执行人员以及设计应用者等进行专项培训，帮助他们系统且准确地了解该规划各环节的制定意图与应用特点。

规划方案

在综合考量大路新区所具地理条件、文化传统、城市功能、总规设想、社会诉求、主题概念和色彩学原理等对该地区色彩规划形成能够产生直接影响因素的基础上，规划制定完成了以浓色调、黯色调、乌色调为主的总基调，营造活力而舒适、温暖而庄重的城市色彩（图21.10-3）。

建筑的立面和屋顶对于城市色彩基调的形成十分重要。本规划呈现的城市色彩基调，主要是通过城市建筑外墙面基调色与屋顶色彩的平面布局示意图形式被加以具体反映的。下图为大路新区中心区建筑色彩现状分布图以及改造方案示意图（图21.10-4）。

中心区中轴线北端以行政区为主的区域被规划为砖红色，体现出政府机构的庄重与亲民感觉（图21.10-5）。

中心区中轴线南端以商务为主的区域被赋予了蓝灰色调，体现现代、高档和科技感（图21.10-6）。此外，因在蒙古族文化有尚蓝传统，故此该色调也具有代表地域文化特色的意味。

中心区中轴线中段以文化区为主的区域被定位为中灰色，既是为了平衡与调和商务区的冷色和行政区的暖色之间的反差，同时也可以体现出文化区独有的内敛而平和的特点（图21.10-7）。

图 21.10-3 大路新区建筑外墙基调分布图（a）和大路新区建筑屋顶基调分布图（b）

（a）　　　　　　　　　　（b）

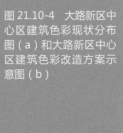

图 21.10-4 大路新区中心区建筑色彩现状分布图（a）和大路新区中心区建筑色彩改造方案示意图（b）

（a）　　　　　　　　　　（b）

图 21.10-5 公安局大楼色彩方案

（a）　　　　　　　　　　（b）

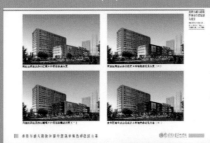

图 21.10-6 商业及办公楼色彩方案（a）和五星级酒店色彩方案（b）

（a）　　　　　　　　　　（b）

图 21.10-7 博物馆色彩方案（a）和图书馆色彩方案（b）

（a）　　　　　　　　　　（b）

21.11 《珠海创源办公空间设计》

珠海创源办公空间设计是为一家专注于全屋定制的设计公司进行的室内设计项目。该项目旨在创造一个合理分区、新颖且充满活力的工作环境。

设计要点

（1）品牌标识和装饰：在办公室内设置公司的品牌标识和装饰元素，以突出品牌形象和专业性。

（2）空间布局：利用色彩划分不同的区域，并综合考虑各功能分区的特点及人们对色彩情感的认知联系，进行合理的配色。

（3）样板间陈列：选择与全屋定制产品相协调的色彩方案，以展示产品的多样性和个性化。同时，考虑使用色彩来引导客户的目光和增强产品的吸引力。

（4）照明设计：选择恰当的照明方案，结合自然光和人工照明，为办公区和样板间创造舒适、温馨的氛围，提升空间的视觉效果和舒适度。

设计方案

一层以办公区域为主，主要包括入口接待区、员工办公区、总监室和财务室；二层为样板间，设有洽谈区、总经理室、儿童区、卫生间等区域（图21.11-1）。

一层入口区域采用烟色调，营造出幽静而高雅的情感意象，让人一进门就能感受到高级感和格调感。同时，该区域的色彩选择充分考虑与室外自然景物的色彩协调（图21.11-2）。

一层员工办公区域采用大胆的亮色调，通过运用中高明度和高饱和度的红色和绿色进行撞色，为该场所注入活力和张力（图21.11-3）。

二层的洽谈区位于楼梯西侧，同样采用烟色调，与一层入口区域形成呼应，同时营造出清净而淡雅的氛围，符合该区域作为商务洽谈场所的功能定位（图21.11-4）。

工艺展示区域采用黯色调，营造出深邃而贵重的氛围，能够更好地突显产品的品质（图21.11-5）。

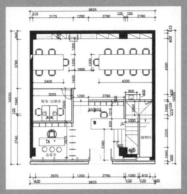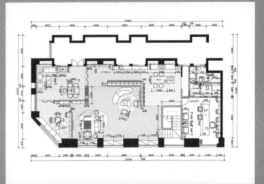

图 21.11-1　一层平面图（左）和二层平面图（右）

图 21.11-2　一层入口区域

图 21.11-3　一层员工办公区域

图 21.11-4　二层洽谈区

图 21.11-5　二层工艺展示区域

21.12 《室内色彩灵感搭配手册》

基于宏观趋势、室内设计趋势，结合色彩基调对比和统一的搭配原则，开发了空间色彩搭配色盘，为快速选择颜色及室内色彩搭配提供灵感。

研究方法 / 设计方案

（1）宏观趋势研究，结合社会、文化、消费趋势以及生活方式等的宏观趋势变化，确定出室内应用的设计主题（图21.12-1）。

（2）室内设计趋势，结合室内设计的产业用色特点，确定出主题及色调范围（图21.12-2）：

"宁之镜"，高明度，低饱和度，柔和、平静的色调带来视觉上的和谐与舒缓。淡泊、朴素、含蓄、幽静，以一种平易近人的调性，打造出空间中独特的内隐于心、追求细节的高级感。

"新世代"，高明度，中饱和度，一眼便知这是年轻的世界、活力的承载。新世代不安于仅仅用亮丽的表浅颜色为自己代言，更深爱有内容的低调色系，所搭配出来的色貌，展现出乐观的基调，又不失活力与热情。

"心之栖"，中明度，中饱和度的强弱适中的色调，一直是人类视觉最妥帖的符号：安全、平静和舒适。

"追旅思"，低明度，高饱和度的色调，充满浓厚的怀旧情结。浓郁、丰厚、充实、温暖，配合同样沉稳、从容的家居，营造出室内的故事感、稳重感。

（3）色彩和谐的应用，结合色彩和谐的统一与对比原则，进行不同主题的色彩搭配（图21.12-3）。

图 21.12-1　宏观趋势研究

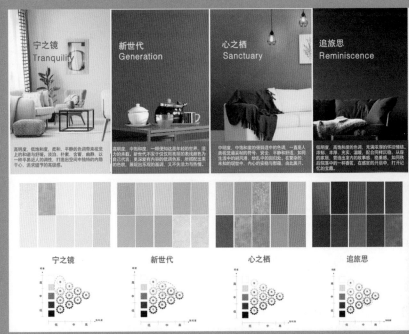

图 21.12-2　室内设计主题

图 21.12-3　基于色彩和谐的
室内搭配

21.13　《基于色彩和谐的配色色卡设计》

本设计旨在通过以色调为线索的排列方式，对色卡的数千种颜色进行有序排列，配合窗式取色工具选色，使家居设计、服装设计、工业设计等领域的色彩设计人员可以以一种简单、便捷、直观的方式获得色彩和谐的搭配效果。

设计要点

（1）将色扇区按照"苍-烟-混-浅-亮-艳-浓-黯-幽-乌-黑-灰-白"的色调顺序，分区并排列，便于按色彩情感进行选色（图21.13-1）。

（2）色卡单页从上到下包含10个矩形色块。每一行的色块位置依次对应"红-橙-黄-绿-青-湖蓝-蓝-紫-紫红"十种色相。暖色位于色卡扇面的外环，冷色位于色卡扇面的内环，由此便于不同色相的选择（图21.13-2）。

（3）由此，数千余种颜色按"色相-色调"线索排列，有逻辑、易查找，可以对颜色的色相与色调进行快速定位，也让每一页色卡都可以独立成为一页配色指南。相邻色卡页之间色调相似，由此将颜色的差异直观地呈现为色卡排列位置的远近，从而易于自由组合、形成和谐的色彩搭配。

设计方案

相同的色调可以使不同色相在相同的明度与饱和度中形成秩序感，调和不同色相形成统一的色彩基调。由此充分运用这一原理，按照清华大学色彩研究所"中国人情感色调研究"十大有彩色色调分类，对色卡的色彩排列方式进行了全新的设计，按照色调将色票进行分区排列扇面的前后顺序，按色相排列扇面的内外顺序。（图21.13-3）任意一个色票，其前后左右的颜色都与该色票色彩外观接近，由此易于产生色彩融合、获得色彩和谐的配色效果。

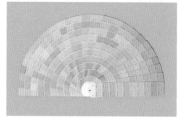

图 21.13-1　"浅色调"扇区，色彩统一在柔和的基调中

图 21.13-2　在色卡单页中，色相从顶端到底端依次渐变

图 21.13-3　按清华大学色彩研究所"中国人情感色调研究"十大有彩色色调分类，对色卡的排列方式进行了全新的设计

21.14 《中国传统节日色彩文化研究：中秋蓝》

本研究以中国传统文化中具有极高地位的节日——中秋节为例，探究中国消费者对于该节日的视觉表征倾向。

研究方法

首先采用大数据挖掘技术，自下而上地挖掘中国互联网用户对传统节日的色彩表征倾向。

通过对图片数据进行色彩采样和计数得出最常使用蓝色对中秋节进行视觉表征和传达（图21.14-1），其出现频率高达74%。此外，黄色成为仅次于蓝色的第二频繁出现的中秋节表达色，其出现频率为20%。

通过和上述同样的方法，分别得出春节（图21.14-2）和端午节（图21.14-3）的常用代表色彩是红色和绿色。

从中国传统节日描述语料中，进一步验证中秋节与蓝色的关联性。使用自然语言处理技术，搭建大型传统文化语料库，再在其中对节日相关数据进行分析（表21.14-1～表21.14-3）。

用唐诗数据分析中国传统节日常见意象　　表 21.14-1

字频	中秋节	春节	端午节
秋	2.2117	0.0533	0.1669
月	2.1485	0.16	0.3839
夜	1.5956	1.2397	0.3338
天	0.7109	0.4399	0.3839
光	0.6951	0.2133	0.0835

用宋词数据分析中国传统节日常见意象　　表 21.14-2

字频	中秋节	春节	端午节
秋	2.2747	0.0235	0.0421
月	1.8745	0.0029	0.0968
夜	0.7536	0.5667	0.021
天	0.674	0.1233	0.0253
光	0.4353	0.0529	0.0253

图 21.14-1　随机取样部分中秋节相关图片数据

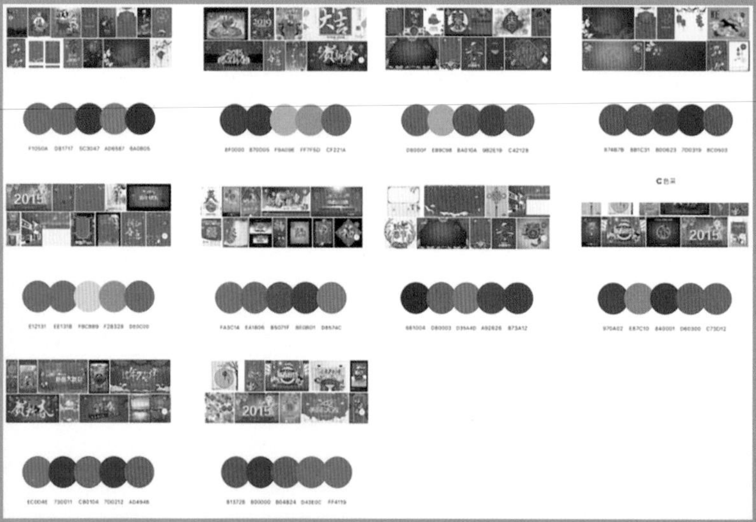

图 21.14-2　随机取样部分春节相关图片数据

图 21.14-3　随机取样部分端午节相关图片数据

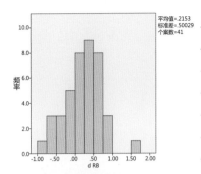

平均值 =.2153
标准差 =.50029
个案数 =41

图 21.14-4　春节—红色、中秋节—
蓝色内隐联想测试结果

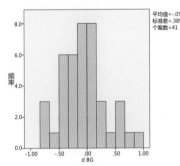

平均值 =-.0504
标准差 =.38979
个案数 =41

图 21.14-5　中秋节—蓝色、端午节—
绿色内隐联想测试结果

用元曲数据分析中国传统节日常见意象 表 21.14-3	
字频	中秋节
秋	1.3836
月	2.3059
夜	0.6918
天	0.9992
光	0.1537

从表 21.14-1、表 21.14-2、表 21.14-3 的结果可以看出，中国人更愿意运用大量蓝色和少量黄色来代表中秋节。

中秋节常用代表色彩心理物理学验证，采用内隐联想检验结果的有效性。实验结果通过SPSS 进行D 值分析（图21.14-4、图21.14-5），得出中国人具有春节—红色、中秋节—蓝色、端午节—绿色的联想。

中秋节蓝色色调的确定，进一步从文化上论证蓝色在中国历史文化中的地位，从色彩心理上论证中国人对蓝色的色调情感偏好。

从蓝色在中国历史文化中的表现，包括从传统工艺品的玻璃器、瓷器、珐琅器、书籍装帧以及服饰、绘画、建筑等方面（图21.14-6），论证了蓝色在中国历史文化中占有重要的地位。从中国人的色调认知情感出发（表21.14-4），"浓"色调的蓝色在视觉艺术中的运用是对中国传统文化的延续与升华。

图 21.14-6　中国历史文化中的蓝色

中国的传统节日色彩观念是基于审美和意喻表达的，国人更加注重色彩的美感及其背后深藏的文化意义。"浓"色调的蓝色具有神秘的灵性，传递出的宁静、深沉的情感意境，是中国传统节日中秋节的对应色相及色调

不同色调的蓝色对应的心理感受   表 21.14-4

蓝	心理感受
苍色调	清凉、清淡
烟色调	淡雅、柔和
幽色调	幽静、保守
乌色调	坚硬、深沉
浅色调	轻快、清爽
混色调	温和、温馨
黯色调	深沉、幽暗
亮色调	活泼、愉快
浓色调	传统、温暖
艳色调	热情、活力

21.15 《基于色彩文化的中国童装色彩设计》

为了给童装提供主观设计以外的依据，本课题展开了中国童装色彩研究，以"发现颜色背后的故事"为研究课题，为童装色彩战略提供色彩灵感来源、色彩和谐原则的研究成果支持。

研究内容

从行业调研、中国儿童肤色调研、色彩文化调研、社会趋势等方面展开研究，梳理不同地区市场的色彩特征等，由此探讨童装品牌色彩战略的发展方向。

经研究发现，北美市场销售良好、人气较高的童装，其色彩大部分集中在浅、亮、混、浓调子，色彩整体调性鲜亮、活泼；欧洲市场人气童装品牌，其色彩调性较广，有烟、幽、混、黯、亮、浓、艳等，色彩运用灵活、丰富；以日本为代表的东亚市场，销售良好、人气较高的童装，其色彩大部分集中在明度较高、饱和度较低的烟、苍、幽调子，色彩意向含蓄、淡雅。

而对中国市场中销售良好、人气较高的童装色彩进行整理则可发现，中国童装色彩特点更加倾向浅、亮、艳、浓色调，色彩氛围明快、有活力。

经过对中文语境中"儿童"相关关键词的分析，中国消费者对儿童形象有着"健康、活泼、稚嫩、可爱、聪明、有朝气"的期待（图21.15-1）。对照"中国人色调情感认知"研究成果可以发现，儿童服装色调可以相应的选择高饱和度、中高明度的艳、亮、浅、浓色调区域，突出儿童活泼可爱、朝气蓬勃的特点（图21.15-2）。这与中国童装行业调研中的色彩特征相一致。

肤色调研工作整理汇总了二十余年来的中国人肤色研究成果，提取了中国儿童的浅肤色与深肤色代表色（图21.15-3）。研究发现：服装的款式、图案设计、面料质地、肌理，以及配饰等因素均会影响最后整体效果；所有内搭、外搭颜色均适合浅肤色；对深肤色儿童而言，玫红色、紫色色相区域，以及明度偏高、饱和度过低的烟色调、混色调的服饰色彩适配度不高；浅粉、肉色系列不适合深肤色儿童的外搭服装；相比而言，冷色色相区（绿、蓝绿、蓝）更适合深肤色儿童。

此外，本课题还从中国传统童装色彩、经典动画文艺作品等方面开展色彩文化研究，探讨传统色彩文化对当代设计的借鉴（图21.15-4）。研究发现，民族文化中的儿童形象以及深受儿童欢迎的角色形象，都具有色彩鲜明、对比明朗、形象活泼的特点。色感饱满、吸引力强的"亮""艳""浅""浓"色调是体现这些特点的代表性色调。该结论与中国童装行业调研中的色彩特征也高度契合。

设计方案

进一步从服饰色彩与肤色的对比关系，以及色彩的文化背景出发进行探讨，从当代社会环境、大事件以及政治、经济、人文等角度分析对设计产业的影响，以及从中国传统童装、国潮风里寻求传统色彩对当代设计的影响，提取对童装色彩设计的借鉴，以"浅""亮""浓"色调为主要设计方向，为童装色彩设计了三个全新色彩主题：

（1）黄萼裳裳

"黄萼裳裳"出自乾隆诗《菜花》："黄萼裳裳绿叶稠，

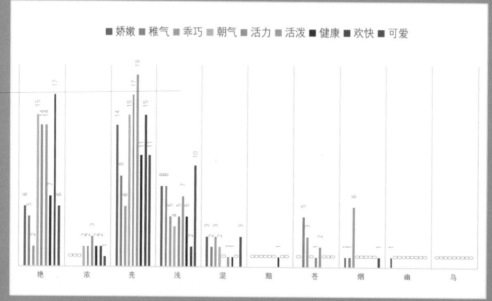

粉雕玉琢 品学兼优 朝气蓬勃 乖 天真烂漫 好奇 调皮捣蛋
虎头虎脑
粉嫩嫩 活力 稚气十足 懵懂 稚嫩 后生可畏 萌
冰雪聪明 呆萌 熊孩子 聪明伶俐 友善
奶声奶气 细嫩 活泼可爱 听话 过目不忘 俊
单纯 乖巧 虎头虎脑 胖乎乎 幼稚
纯洁无暇 好玩 生机勃勃 白净
聪明 率真 沉着 淘气 伶俐乖巧 漂亮 友爱
自信 可爱 有志气 孺子可教 活泼好动 年少志高
才气过人 娇气 活蹦乱跳 勇敢 伶牙俐齿 积极
懂事 自古英雄出少年
憨状可掬 天真无邪 古灵精怪 天资聪颖 机敏

中文语境"儿童"相关关键词分析

为了解消费者对于儿童形象的隐性心理预期，本研究以百度搜索引擎为主收集了中文互联网中与"儿童"、"幼儿"、"小孩子"、"小朋友"相关的形容词，并根据词性感情色彩筛选出其中的中性、正向形容词共计62个。

进一步，提取其中与色彩意向相关的关键词：
粉雕玉琢、天真、粉嫩嫩、稚嫩、稚气、活泼好动、幼稚、白净、可爱、细嫩、朝气蓬勃。

图 21.15-1　中文语境"儿童"相关关键词梳理

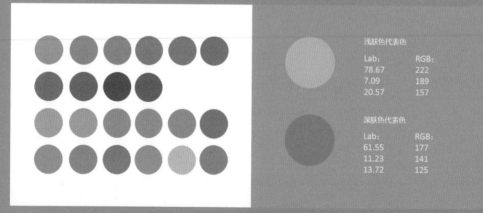

图 21.15-2　　"健康、活泼"等童装设计关键词对应的色调

浅肤色代表色

Lab:	RGB:
78.67	222
7.09	189
20.57	157

深肤色代表色

Lab:	RGB:
61.55	177
11.23	141
13.72	125

图 21.15-3　中国儿童和青少年（面部）肤色代表色选择

千村欣卜榨新油，爱他生计资民用，不是闲花野草流。"描绘了油菜花田盛开时花萼鲜明美盛、绿叶稠密、欣欣向荣的景象，并盛赞了油菜花对民生的价值。

"黄萼裳裳"色彩系列以黄、红暖色为主题。"浅""亮"色调的暖色，与舒适、环保、舒缓、柔和、关爱、健康等关键词相匹配。"亮""艳"色调的暖色，契合科技、运动、个性化、时尚感、国潮等关键词，同时体现秋冬季色彩特征（图21.15-5）。

（2）碧梧翠竹

"碧梧翠竹，福寿双全。椿萱并茂，松柏同春。"碧梧翠竹色彩系列以青绿色为主题。青绿色绿中带蓝，是极具东方风韵的色彩。梧桐、修竹，在中国传统文化中，一直以来都是品质高洁、君子之风的象征。青翠欲滴、碧色如茵的色彩意向，是充满生命力的坚韧与生机（图21.15-6）。

（3）青青子衿

"青青子衿"色彩系列以蓝色、群青、紫色等冷色为主题。蓝色是广受喜爱的色彩，浅色调蓝色给人带来清新、凉爽的心理感受，亮色调蓝色给人带来一种扑面而来的新鲜感、活力感，浓色调蓝色稳重、大方（图21.15-7）。

黄缎地祥云鹤纹对襟幼儿上衣
年代　清代
地区　北京
尺寸　通袖长 77 厘米　衣长 40 厘米　下摆宽 55 厘米

平针绣凤穿牡丹纹右衽上衣
年代　民国
地区　河北
尺寸　通袖长 70 厘米　衣长 60 厘米　下摆宽 52 厘米

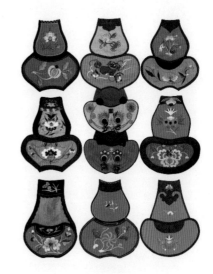

平针绣花卉纹套装
年代　民国
地区　河北
尺寸　通袖长 55 厘米　衣长 40 厘米
　　　裤长 35 厘米　裤口宽 12 厘米

平针绣粉缎地花卉纹套装
年代　民国
地区　北京
尺寸　上衣通袖长 60 厘米　衣长 42 厘米
　　　裤长 40 厘米　裤口宽 15 厘米

十式平针绣葫芦形肚兜

图 21.15-4　中国传统童装色彩分析

图 21.15-5 "黄莺裳裳" 主题色彩系列

图 21.15-6 "碧梧翠竹" 主题色彩系列

图 21.15-7 "青青子衿" 主题色彩系列

兼顾色相冷暖与色调深浅浓淡的三大色彩系列，结合中国童装市场色调特点、中国儿童肤色特点、并加入对色彩文化背景、中国传统色彩元素的考量，为童装色彩的文化性、丰富性、时尚感进行了探索，为品牌识别度增光添彩。

21.16 《元宇宙色彩设计及用户认知研究》

为美国邓恩涂料"元宇宙色彩胶囊"和"元宇宙色彩狂潮"两个主题展厅的色彩提供依据。

研究方法及展厅色彩设计

（1）设计关键词词频统计：对元宇宙相关资料进行词频统计，并提取词频较高的关键词。

（2）设计关键词确定：通过对词频统计采集到的关键词使用 BERT 模型进行词义聚类（图 21.16-1），得出可以传达出元宇宙理念和特点的设计关键词。

（3）设计关键词与色调认知匹配调研：通过社交媒体的调研结果显示，元宇宙色调主要分布在浅色调、亮色调、艳色调以及无彩色区域（图 21.16-2）。

（4）元宇宙色彩应用：利用研究结果和色彩和谐原则，对展厅的色彩进行设计，可以创造出与元宇宙理念相契合的视觉体验（图 21.16-3、图 21.16-4）。

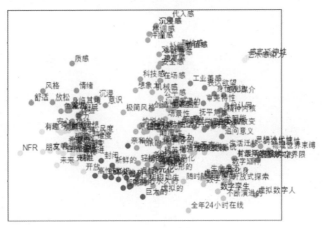

图 21.16-1　元宇宙设计关键词词义聚类

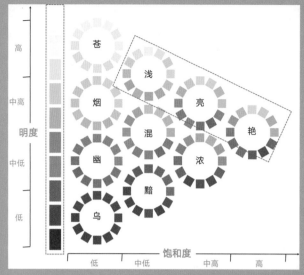

图 21.16-2　元宇宙色调

图 21.16-3　元宇宙色彩胶囊

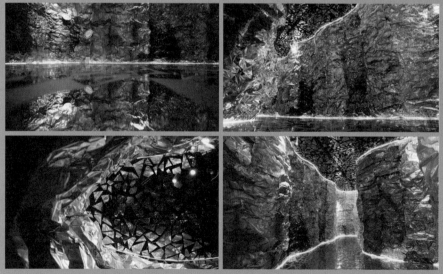

图 21.16-4　元宇宙色彩狂潮

教育篇

Education

色彩涉及科学、数学、历史、文化等多个学科领域，学习色彩需要学科知识的综合运用，需要综合素养和创新思维能力的激发与培养。

针对色彩研究学科交叉的性质，目前对于色彩领域的研究和教育重点在于如何将色彩综合性研究推动成为"科学＋艺术"协同发展的典范。

第二十二章

色彩研究相关院校

通过全书的梳理，色彩是艺术与科学的融合。一切应用的基石即是教育，色彩教育在全球范围已有成熟的体系。

约翰内斯·伊顿（Johannes Itten）被认为是当代色彩艺术领域中最伟大的教师之一。在包豪斯艺术学院任教之时，他总结了艺术学理论的实践硕果，对理性色彩的研究与实践奠定了现代设计的基础，提出色彩理论并通过绘画艺术作品举例进一步阐述色彩原理，这种方法也被应用在伊顿到后来的艺术色彩教学中。而伊顿的成就以及在艺术设计领域革命性的突破，不仅对包豪斯产生了巨大的影响，也使色彩基础设计课在设计教育领域被广泛接受。约瑟夫·阿尔贝斯（Josef Albers）被认为是色彩学界的20世纪艺术教育中的另一位色彩专家。与伊顿的方式相似，约瑟夫同样从教学与研究色彩的实验方法出发，主张"理论是实践的结果"，舍弃了对视觉光学和生理学的阐释，而是更多地通过实践的方式对色彩之间的相互影响的视觉感知的认识。

美国罗切斯特理工学院（Rochester Institute of Technology）的理学院设立了孟塞尔科学实验室（Munsell Color Science Lab）关注于从物理学、化学、生物学、数学和心理学等基础科学学科和应用领域的角度进行色彩研究。英国利兹大学（University of Leeds）设计学院开设色彩技术研究组，专注于设计和制造应用的色彩成像、色彩测量和色彩外观方面的研究，化学院设置有色彩与高分子科学领域研究。其他国家设计色彩领域研究的院校众多，如意大利米兰理工大学设计学院开设有色彩设计与技术专业、日本千叶大学工学院设有色彩实验室涉及色彩信息处理和色彩设计领域的研究等。

中国对于色彩的研究主要分布在理工类院校和艺术类院校中，分别进行色彩科学和色彩艺术方面的科研工作应用实践。例如清华大学艺术与科学研究中心色彩研究所（简称清华色研所），隶属于清华大学艺术设计研究院和艺术科学研究中心，是中国第一家集色彩艺术、色彩设计、色彩科学应用于一体的研究机构。中国科学院色谱与光谱学重点实验室：着重于研究色谱和光谱技术，包括光谱分析、色谱分离和质谱分析等方面。中国美术学院色彩研究所、浙江大学的联合创新中心色彩实验室、北京理工大学色彩科学与工程国家重点学科点专业实验室，都在各自的色彩研究领域取得丰硕成果；同时，北京大学、武汉大学、西安电子科技大学、华中科技大学、北京交通大学、北京航空科技大学等也开设色彩视觉、光学方面课程；天津工业大学、天津大学开设印刷色彩管理、计算机配色等方面课程；各大艺术类院校，如中央美术学院、重庆大学艺术学院、湖南大学、西北大学、东南大学、深圳大学等有开设色彩设计、色彩构成等课程；汕头大学长江与艺术学院、中国艺术研究院专注中国传统色彩的研究，并在每年召开中国传统色彩学术年会。

从整体上看，中国与欧美国家对于色彩领域的教育设置略有差异，具体体现在院系设置和专业设置中。英美国家部分综合性院校将色彩科学作为一门独立的专业设于艺术与设计学院或工程学院中。相比之下中国的院系设置中并没有将色彩科学归为单独的专业，色彩的科学与艺术研究知识体系往往被各自领域当作研究中的一个环节，如印刷学专业、光学专业、绘画专业等。针对色彩研究学科交叉的性质，目前对于色彩领域的研究和教育重点在于如何将色彩综合性研究成为"科学+艺术"协同发展的典范。

第二十三章

色彩研究机构

23.1　光学研究机构

光学和光子学被定义为科学和工程领域，涵盖与光的产生、传输、操纵、检测和利用相关的物理现象和技术。

CIE：国际照明委员会（International Commission on Illumination）是颜色标准制定的重要机构之一，也是研究光学、照明、颜色和色度空间等科学领域的国际权威组织，成立于1913年，下设7个部门：视觉与色彩；光与辐射的测量；室内环境与照明设计；交通照明与标志；外部照明与其他设备；光生物学与光化学；图像技术[109]。

IS&T：1947年，成像科学与技术学会（Society for Imaging Science and Technology）成立于美国，命名为摄影工程师协会，专注于成像科学技术领域的研究，包括数字印刷、电子成像、色彩科学、图像保存、照相洗印、印前技术、混合成像系统和卤化银等方面。1950年1月，该协会出版了第一期以科学论文为主的杂志《摄影工程》（*Photographic Engineering*）。该协会的会员包括贝尔豪威尔公司、伊士曼柯达公司、博士伦光学公司、Graflex公司和科尔摩根光学公司等18家企业。1957年4月，该协会更名为摄影科学家和工程师协会（SPSE）；1992年1月29日，该协会再次更名为成像科学与技术学会，即如今的IS&T[110]。

ICO：国际光学委员会（International Commission for Optics）成立于1947年源由光学科学家在Pierre Fleury的领导下创立，总部设在法国。如今作为国际科学理事会（ISC）的附属成员，拥有53个地区委员会成员和7个国际组织成员；ICO在国际范围内传播和发展光学和光子学科学及其应用的沟通交流，强调光学交叉学科领域的统一性[111]。

中国光学学会：中国光学学会于1979年12月10日在北京成立，由王大珩、龚祖同、钱临照等科学家发起并召开了成立大会。自从1987年起，中国光学学会成为国际光学委员会成员，并与国际光学工程学会等主要光学国际组织建立了密切合作关系。目前中国光学学会拥有25个专业委员会和10个工作委员会，个人会员数超过一万五千人，主办或联合主办了《光学学报》《中国光学》《光谱学与光谱分析》《*Light: Science & Application*》等专业期刊，关注领域涵盖光学材料、精密测试、发光与显示以及颜色科学与影像技术等光学发展的重要方向。

IES：北美照明工程学会（Illuminating Engineering Society) 于1906 年 1 月 10 日在纽约市成立。IES 照明工程学会的第一次完整技术会议于 1906 年 2 月 13 日在美国举行，概述了"照明科学和艺术的现状"。由该组织出版的《照明工程师》（*The Illuminating Engineer*）于1906 年 2 月出版，创始人之一E.Leavenworth Elliott 将其描述为"一份致力于使用人工照明的技术期刊"[112]。

OSA：美国光学学会（Optica，the Optical Society of America) 1915 年成立于纽约州罗切斯特，是一个光学和光子学领域的专业协会，联合众多光学科学家和仪器制造商。1918 年创刊了《美国光学学会会刊》（*Journal of the Optical Society of America*）；2021 年9 月，该组织的名称更改为Optica[113]。

IEIJ：日本照明工程研究所(Illuminating Engineering Institute of Japan)于1916年成立，由光电材料与器件研究专业组、光源及相关系统研究专业组、辐射及相关辐射测量研究专业组、光环境研究专业组、视觉感知研究专业组五个分支组成，是研究光学相关得专项研究委员会。

EOS：欧洲光学学会（European Optical Society）成立于 1991 年，是欧洲地区发展光学科学的科研组织。1984 年，欧洲光学委员会（European Optical Comitte，EOC)加入欧洲物理学会（EPS）创建了光学部门。1986 年，多个欧洲国家光学学会成立了欧洲应用光学联合会Europtica。1986 年12 月，EPS、Europtica 决定在欧洲联合组织一次重要的年度光学会议，促进欧洲地区光学领域的交流活动[114]。

同时还有不同地区间的光学研究机构，例如英国伦敦光学学会（Optical Society），美国光辐射测量委员会（Council for Optica Radiation Measurements，CORM），美国光电仪表工程师学会（Society of Photo-Optical Instrumentation Engineers，SPIE）等。

23.2　色彩研究机构

ISCC：成立于1931 年的跨社会色彩委员会（Inter-Society Color Council，ISCC) 是一个非营利性学术团体，ISCC 年会关注基础与应用色彩研究、色彩的工业应用，以及艺术、设计和心理学[115]。

ICC：国际色彩联盟（International Color Consortium）于 1993 年由Adobe、爱克发、苹果公司、柯达、微软、矽谷图形公司、升阳、Taligent 共八家行业供应商成立，是颜色标准制定的重要机构之一，重点研究跨平台的色彩管理系统架构和组件的标准化和发展，开发了 ICC 配置文件规范。International Color Consortium® 配置文件格式的目的是提供跨平台设备配置文件格式，将一台设备上创建的颜色数据转换为另一台设备的本机颜色空间[116]。

AIC：国际色彩协会（International Colour Accociation,）于1967 年6 月21 日CIE 第 16 届会议期间（Commission Internationale de l'Éclairage）在美国华盛顿特区成立，并在每四年组织一次国际色彩大会（International Colour Congress，ICC）[117]。2008 年，葡萄牙色彩协会主席 Maria Joao Durao 向"国际色彩协会（AIC）"提出了一项提案，在每年3 月21 号举办国际色彩日（International Color Day）。

AATCC：美国纺织品化学家和色彩师协会（Association of Textile Chemists and Colorists）于1921 年由洛厄尔纺织学院教授Louis A. Olney 在波士顿组织创建。如今AATCC 总部位于美国北卡罗来纳州，涉及遍布全球 60 个国家或地区的数千名成员提供染织领域测试方法开发、质量控制材料等。如今，AATCC 已制定约 200 多项纺织品相关标准，包括测试方法、评估程序和专著，这些标准每年都会在AATCC 技术手册中发布[118]。

SDC：英国染色师和着色师协会（Society of Dyers and Colourists）是一个国际专业协会，总部位于英国布拉德福德市，成立于 1884 年并于 1963 年成为皇家特许机构。1925 年，SDC 与美国纺织化学家和染色师协会一起出版了国际色彩索引（Color Index International），该索引被公认为着色剂的权威来源，多用于识别制造油墨、油漆、纺织品、塑料和其他材料中使用的颜料和染料[119]。

JCRI：成立于 1945 年的日本色彩研究所（Japan Color Research Institute）其创立之初为日本标准色协会，后改名为日本色彩研究所，日本色彩研究所参与成立工业产品标准委员会、色彩标准委员会和色彩教育研究会，并于1966 年开发并发布 PCCS 颜色系统并沿用至今[120]。

23.3　色彩趋势研究

色彩流行趋势研究对服装设计领域起着重要的作用，通过对本国和国际经济、政治、技术等方面的变化来判断流行色的走向，预测哪些色彩会变成未来流行色调。

CFC：法国的主要色彩趋势组织是法国色彩学院（Institut Français de la Couleur）。它由色彩专业人士和研究人员于 1986 年成立，其使命是促进色彩在各个领域的应用，包括设计、建筑、时尚和艺术。法国色彩中心（Centre Français de la Couleur）成立于1976 年，是一个交流的论坛，是国际色彩协会（AIC）的唯一法国代表，该协会汇集了38 个国家组织[121]。法国色彩委员会（Comité français de la couleu）关注色彩及其在各种经济领域的应用，例如时装、纺织品、美容护理、奢侈品、电话、汽车工业、室内设计、装饰、家庭艺术等方面；CFC 每年发布色彩流行趋势，这些成果指导并影响法国主要时装、纺织品和家居展览会和联合会、法国色彩委员会成员发布的色彩趋势的发展[122]。这些组织共同致力于促进色彩的使用及其在法国文化和工业的各个方面的重要性。

Promostyl：1966 年Promostyl 公司在法国巴黎成立，是一家为制造商和品牌创造系列的设计机构。[123] Promostyl 侧重于分析社会和文化的影响，创造并优化时尚趋势预测的决策工具；针对设计师和时尚领域专业人士提供咨询。

Carlin: 卡林对世界各地的消费者行为进行预测，以制定战略和创造产品。卡林于1947 年在巴黎成立，是国际知名的趋势机构。卡林着重于色彩管理领域的研究，并提供CMF 相关方面的咨询[124]。

CAUS：美国色彩协会（Color Association of the United States）其前身为美国纺织色卡协会（TTCA）于1915 年建立，并于1955 年更名为美国色彩协会。在 1914 年之前，美国纺织制造商承担了纺织行业颜色预测的工作，而第一次世界大战爆发后，制造商使用的信息和供应从欧洲尤其是法国被迫切断。这些颜色决策的纺织品制造商决定成立自己的委员会 TCCA，该委员会立即发布了标准色卡。如今CAUS 专注于颜色趋势研究和预测，每年两次以卡片形式发布色彩预测，为市场提供色彩趋势方向，并出版美国标准色彩参考（Standard Color Reference of America）部分实现了设定趋势和维护色彩标准[125]。美国色彩营销组（Color Marketing Group，CMG）由全球专业人士组成的非营利组织，专门研究和预测色彩趋势，由 20 个国家的成员组成，提前一到三年预测色彩相关产品和服务的色彩趋势[126]。

Intercolor：1963 年成立的国际流行色委员会 （Interatiomal Commission for Color in Fashion and Textiles）也是国际色彩趋势方面的领导机构，是影响世界服装与纺织面料流行色彩的最权威机构之一[127]。

ICA：国际色彩管理局（International Colour Authority）1968 年创立于美国，国际专家小组每年举办两次会议，发布有关下一季色彩趋势的预测，供行业设计师使用，该选择在零售销售旺季前 22 个月发布，因此构成了家具设计和纺织行业可获得的最早的色彩趋势预测。如今，ICA 与CMG 都是业内领先的色彩预测机构[128]。

Pantone：美国彩通作为全球最权威开发和研究色彩的机构之一，20 世纪50 年代创立于美国新泽西州，每年都会从专业色彩标准的角度对色彩进行预测，对许多行业提供包括印刷、颜色数位技术、纺织、塑胶、建筑以及室内设计等专业中色彩选择和精确的交流语言，也是重要的色彩预测机构之一[129]。

WGSN：世界时尚资讯网（全称）于1998 年在英国成立，作为全球性消费趋势预测公司，涉及时尚、设计和零售等领域的市场情报，提供包括色彩趋势在内的各种市场趋势信息。英国色彩趋势预测机构ColourHive 对色彩趋势、色彩标准、色彩设计提供咨询，每季会在自主出版物

MIX 杂志中发布四个设计方向，发布预测色彩趋势，并跟踪其成果在全球不同区域使用、轨迹和寿命，以提供从涂料到品牌的颜色咨询专业知识。

PeclersParis：贝克莱尔隶属于WPP 传媒集团，于1970 年在巴黎成立，是国际化的品牌与设计趋势咨询机构，也是全球色彩专家。致力于全球趋势研究、消费者美学与生活方式洞察、风格定位、流行色开发及CMF 指导等。其色彩团队为法国色彩委员会等具有公信力的协会主力成员，每年打造80 个全新流行色并为客户提供独家色卡，为不同产业的客户提供色彩搭配，解决色彩更新的难题。

亚洲地区，日本流行色协会（JAFCA）成立于1953 年，对日本色彩趋势的研究以及趋势的选择和交流，每一季JAFCA 都会出版色彩趋势期刊和调色板，提供产品色彩咨询和教育计划服务，并组织研讨会、论坛和其他与色彩相关的活动[130]。中国流行色协会于1982 年成立，是由中国从事流行色研究、预测、设计、应用等机构和人员组成的机构。

23.4 产业相关色彩研究机构

IACC：1957 年成立的国际色彩顾问协会（The International Association of Color Consultants and Designers）由来自12 个国家的建筑师、设计师、教育家、科学家和艺术家在荷兰希尔弗瑟姆成立，是专注于训练色彩功能应用和人类反应的色彩专业组织，并在北美（IACC-NA）、意大利（IACC Italia）等全球十个地区设有分会，IACC 也是对建筑、设计领域和色彩设计文化发挥作用的色彩规划师和顾问授权颁发 "IACC 合格色彩顾问/ 设计师" 国际文凭的协会[131]。

CSI：国际调色师协会（Colorist Soceity）成立于2016 年，注重艺术与科学中调色和色彩校正在工艺、教育和公众意识领域的发展。同时成立了国际调色师学院（The International Colorist Academy) 为广告、音乐和戏剧项目等领域提供色彩科学知识和调色师培训课程。

ICA-Belgium：比利时跨学科色彩协会（The Interdisciplinary Colour Association Belgium）成立于2016 年，提供了一个平台，鼓励跨学科的色彩研究，传播知识和研究，以促进科学、艺术、设计和工业领域与色彩有关的发展和挑战，通过组织研讨会、讲座、课程、论坛、研究小组和其他来实现这一目标[132]。

ECI：欧洲色彩倡议组（European Colour Initiative，ECI），于 1996 年 6 月由德国出版商 Bauer、Burda、Gruner + Jahr 和Springer 在汉堡成立，重点关注数字出版系统中色彩数据的夸媒体再现[133]。

CSA：澳大利亚色彩协会（Colour Society of Australia) 成立于1986 ~ 1987 年，是国际

色彩协会（AIC）的正式会员。目前CSA全国执行委员会由来自新南威尔士州、维多利亚州、西澳大利亚州和昆士兰州的办公人员组成，其成员背景涉及设计、艺术、科学、时尚和教育方面等领域。1987年至今，CSA大约每两年举行一次全国性会议，内容包括颜色的未来（2011年），空间时间颜色（2014年），颜色说（2016年），感知与颜色（2018年）、颜色连接（2021年）等[134]。

英国The Color Group成立于1940年，是一个跨学科的协会，月度会议主要在伦敦举行，通常从10月到次年5月举行，为信息交流和联系提供独特的论坛。The Color Group与AIC有密切的联系，其成员多关注色彩感知、色彩测量、色彩呈现和色彩艺术表现等方面。

色彩教育计划（Color Literacy Project）作为ISCC和AIC的联合组织，是一个全新的教育项目，旨在加强如今色彩教育中艺术与科学之间的桥梁，同时解决关于色彩的常见误解和错误信息。该项目的主要目标是建立一个色彩教育网站，为所有教育水平的教师提供有关色彩的艺术、科学和工业的基础性、先进性资源，为教师提供适合年龄的彩色课程和分享最前沿的资源以作为横跨色彩在科学、艺术和工业领域的知识架构[135]。

意大利色彩协会（Gruppo del Colore）在2004年10月1日于帕尔马举行的第7届比色法大会上，作为1995年成立的SIOF比色法和反射镜协会演变而来，其主要关注意大利地区色彩的多学科和跨学科合作和网络，从专业、文化和科学的角度解决色彩和照明方面的问题。

在亚洲地区的色彩研究机构还有亚洲色彩协会（The Asia Color Association，ACA），日本色彩科学协会（the Color Science Association of Japan），日本色彩研究所（Japan Color Research Institute，JCRI），韩国色彩学会（Korean Society of Color Studies，KSCS），泰国色彩研究中心（Color Research Center，CRC），台湾地区的中华色彩学会（Color Association of Taiwan）和台湾色彩协会（The Color Association of Taiwan，CAT）等。

以上整理总结了国际色彩机构，而各地方、国家色彩领域的相关组织远超过这些，本书中并不能做到囊括无疑。从以上机构可以看出色彩从教育、产业、应用、科研等领域都起到至关重要的作用。

参考文献

[1] Sharpe, Lindsay T., et al. "Opsin genes, cone photopigments, color vision, and color blindness." Color vision: From genes to perception 351 (1999).

[2] EAGLEMAN D M, JACOBSON J E, SEJNOWSKI T J. Perceived Luminance Depends on Temporal Context[J]. Nature, 2004, 428(6985): 854–856.

[3] VALDEZ P, MEHRABIAN A. Effects of Color on Emotions[J/OL]. Journal of experimental psychology. General, 1994, 123(4): 394-409.

[4] BIGGAM C P,WOLF K, eds. A Cultural History of Color: Volumes 1-6[M].Bloomsbury Academic, 2021.

[5] 彭德 . 中华五色 [M]. 南京：江苏美术出版社，2008.

[6] 曾启雄 . 绝色：中国人的色彩美学 [M]. 南京：译林出版社，2019

[7] 杨健吾 . 佛教的色彩观念和习俗 [J]. 西藏艺术研究，2005（02）：59-68.

[8] 肖世孟 . 先秦色彩研究 [D]. 武汉：武汉大学，2011.

[9] 饶丽丽 . 传统中国画色彩的当代审美 [D]. 武汉：华中师范大学，2013.

[10] 杨福亮 .《诗经》赤范畴颜色词研究 [J]. 甘肃理论学刊，2014（2）：177-182.

[11] 杨晶 . 赤类色彩词历史与现状研究 [D]. 南京：南京师范大学，2020.

[12] 张文翰 . 汉族裤装历史演变与创新应用 [D]. 无锡：江南大学，2014.

[13] 刘中华 . 宁波朱金漆木雕纹样文化考释 [J]. 文化学刊，2020（05）：21-26.

[14] 蒋淑斌 . 色彩情感表现在商业空间设计中的应用研究 [D]. 南宁：广西师范大学，2019.

[15] 张文翰 . 汉族裤装历史演变与创新应用 [D]. 无锡：江南大学，2014.

[16] 李玮奇 . 重塑现代城市色彩中的传统中国精神 [J]. 美与时代（城市版），2017（08）：82-83.

[17] 金鉴梅 . 中国传统印染艺术特征与应用研究 [D]. 北京：北京服装学院，2017.

[18] HAMILTON E, CAIRNS H. The collected dialogues of Plato, including the letters.[M]. New York: Pantheon, 1963.

[19] J. Barnes (ed.), The Complete Works of Aristotle, vol. I.[M]. Princeton: Princeton University Press, 1984.

[20] Alexander Raymond Jones. Ptolemy[OL](2023-06-20). https://www.britannica.com/biography/Ptolemy.

[21] R. Grosseteste. De Colore[M].1230.

[22] von Freiberg F K D. Philosophie, Theologie, Naturforschung um 1300[J]. Fr.(am M.): V. Klostermann, 2007.

[23] A. Storr, Isaac Newton. BMJ 291, 1779. https://doi.org/10.1136/bmj. 291.6511.1779.

[24] Roque G. Chevreul, Michel Eugène[J]. Encyclopedia of Colour Science and Technology. New York: Springer, 2016.

[25] JACOBS M. The Art of Colors[M]. Doubleday, Page & Company, 1923.

[26] Max Becke «Colorsystem. https://www.colorsystem.com/

[27] 陆鸿年 . 中国画壁制法点滴 [J]，文物，1956（2）：7.

[28] 周大正 . 敦煌壁画与中国画色彩 [M]. 北京：人民美术出版社，2000.

[29] 仇庆年 . 传统中国画颜料的研究 [M]. 苏州：苏州大学出版社，2015.

[30] 郭廉夫 . 中国色彩简史 [M]. 重庆：重庆大学出版社，2021.

[31] 盖特雷恩 M，王滢 与艺术相伴 [M]. 北京：世界图书出版公司，2011.

[32] Jalil N.A., Yunus R.M., Said N.S. Environmental colour impact upon human behaviour: A review. [J]. Procedia-Soc. Behav. Sci. 2012;35:54–62.

[33] Kwallek, N., Soon, K. and Lewis, C.M. Work week productivity, visual complexity, and individual environmental sensitivity in three offices of different color interiors[J/OL]. Color research and application, 2007, 32(2): 130-143.

[34] 宋文雯 .CMT, 空间设计中的颜色、材质和纹理 [J]. 设计，2020，33（19）：85-88.

[35] [美] 米勒，室内设计色彩概论 [M]，杨敏燕，党红侠译，上海：上海人民美术出版社，2009.

[36] 林林 . 大连城市色彩意象的构成模式研究 [D]. 大连：大连理工大学，2020.

[37] Lenclos J P, Lenclos D, Barré F, et al. Colors of the world: the geography of color[M]. New York: W. W. Norton & Company 2004.

[38] [日] 吉田慎悟著 . 胡连荣，申畅，郭勇译 . 环境色彩规划 [M]. 北京：中国建筑工业出版社，2011：80。

[39] LANCASTER M. Colourscape[M].1996.

[40] Lois Swironff. The Color of Cities: An International Perspective[M]. New York: W. W. Norton & Company, 2003.

[41] Gareth Doherty. New Geographies 3: Urbanisms of Color[M]. Cambridge, MA: Harvard University Press, 2010.

[42] 中华人民共和国住房和城乡建设部、中华人民共和国国家发展和改革委员会 . 住房和城乡建设部 国家发展改革委关于进一步加强城市与建筑风貌管理的通知 [Z].2020，4，27.

[43] 朱正高 . 色彩在建筑设计中的运用策略探析 [J]. 中国住宅设施，2023（01）：19-21.

[44] Serra, Juan. Three color strategies in architectural composition[J/OL]. Color research and application, 2013, 38(4): 238-250.

[45] 吕帅，宋立民 . 白色在现代建筑与室内空间中的发展线索研究 [J]. 家具与室内装饰，2022，29（01）：96-100.

[46] Malpa.P. Capturing Colour. London: Routledge. 2021.

[47] Leiter S, Kozloff M. Saul Leiter[M]. Gottingen: Steidl, 2008.

[48] PÉNICHON S. Twentieth-Century Color Photographs: Identification and Care[M]. Los Angeles: Getty Conservation Institute, 2013

[49] [英] 帕梅拉 · 罗伯 . 百年彩色摄影 [M]. 杭州：浙江摄影出版社，2011.

[50] [英] 雷纳逊 . 电影导演工作 [M]. 周传基，梅文，译 . 北京：北京电影学院，1979.

[51] 霍廷霄 参电影色彩之道 [J/OL]. 北京电影学院学报，2012（2）：66-73.

[52] 李江月 电影《蓝色》的色彩表现及其蕴涵 [J/OL]. 电影评介，2006（15）：34-29.

[53] 林晓春 . 寺山修司电影中的超现实主义色彩美学 [J]. 流行色，2022，No.436（11）：117-119.

[54] 杨洪娟 中西电影中黑色和白色的文化含义探析 [J/OL]. 视听，2019（2）：73-74.

[55] Adelson R. Hues and views: A cross-cultural study reveals how language shapes color perception[J]. Journal of Experimental Psychology: General, 2005, 36(2): 26-36.

[56] Deutscher, G. Through the language glass: Why the world looks different in other languages[M]. New York: Metropolitan Books/Henry Holt and Co, 2010.

[57] MIT NEWS OFFICE A T. Analyzing the Language of Color[EB/OL](2017–09–18). https://news.mit.edu/2017/analyzing-language-color-0918.

[58] EVANS G. How Language Changes the Way We See Color[Z](2017)[2023–03].

[59] 廖宁放 高等色度学 [M]. 北京：北京理工大学出版社，2020.

[60] Jones F N, Nichols M E, Pappas S P. Organic coatings: science and technology[M]. Hoboken: John Wiley & Sons, 2017.

[61] ASTM D523.

[62] Mahnke F H. Color, environment, and human response: an interdisciplinary understanding of color and its use as a beneficial element in the design of the architectural environment[M]. Hoboken: John Wiley & Sons, 1996.

[63] 原田玲仁，郭勇 每天懂一点色彩心理学 [M]. 西安：陕西师范大学出版社，2009.

[64] Staples R, Walton W E. A study of pleasurable experience as a factor in color preference[J]. The Pedagogical Seminary and Journal of Genetic Psychology, 1933, 43(1): 217-223.

[65] Odbert H S, Karwoski T F, Eckerson A B. Studies in synesthetic thinking: I. Musical and verbal associations of color and mood[J]. The journal of general psychology, 1942, 26(1): 153-173.

[66] Wexner L B. The degree to which colors (hues) are associated with mood-tones[J]. Journal of applied psychology, 1954, 38(6): 432.

[67] Adams F M, Osgood C E. A cross-cultural study of the affective meanings of color[J]. Journal of cross-cultural psychology, 1973, 4(2): 135-156.

[68] Soriano C, Valenzuela J. Emotion and colour across languages: implicit associations in Spanish colour terms[J]. Social Science Information, 2009, 48(3): 421-445.

[69] Ou L C, Yuan Y, Sato T, et al. Universal models of colour emotion and colour harmony[J]. Color Research & Application, 2018, 43(5): 736-748.

[70] Jonauskaite D, Abu-Akel A, Dael N, et al. Universal patterns in color-emotion associations are further shaped by linguistic and geographic proximity[J]. Psychological Science, 2020, 31(10): 1245-1260.

[71] Wilms L, Oberfeld D. Color and emotion: effects of hue, saturation, and brightness[J]. Psychological research, 2018, 82(5): 896-914.

[72] 侯艳红 . 色彩信息的心理语义特征及 "隐性" 色彩信息对情绪和认知的影响研究 [D]. 西安：第四军医大学，2007.

[73] 李霞 . 园林植物色彩对人的生理和心理的影响 [D]. 北京：北京林业大学，2012.

[74] 王子梦秋，李侃侃，窦龙，徐钊，刘建军 . 植物色彩对大学生负向情绪的恢复作用 [J]. 西北林学院学报，2018，33（03）：290-296.

[75] 乔捷，段怡婷 . 基于情感探究的纹理和颜色对人在大型医疗设备上的影响 [J]. 流行色，2020（08）：67-71.

[76] 张明 解读缤纷的色彩世界 色彩心理 [M]. 北京：科学出版社，2007.

[77] PARK Y, GUERIN D A. Meaning and Preference of Interior Color Palettes Among Four Cultures[J/OL]. Journal of interior design, 2002, 28(1): 27-39.

[78] Cheung, Yuan Li, Westland, Stephen and Cassidy, Tracy Diane (2009) Colour Preferences for Logo Design. In: Association Internationale de la Couleur AIC2009, 28th September - 2nd October 2009, Sydney, Australia.

[79] 张腾霄，韩布新 . 中国人对基本色的心理感受和偏好 [C]// 心理学与创新能力提升——第十六届全国心理学学术会议论文集，2013：

123-124.

[80] 孙青青，陈本友，赵伶俐. 颜色偏好研究进展 [J]. 心理科学，2011，34（6）：1332-1337.

[81] 石东玉. 图说中国绘画颜料 [M]. 北京：中国科学技术出版社，2019.

[82] Fitzhugh E W, Zycheman L A. An early man-made blue pigments from China-Barium copper silicate[J]. Studies in conservation, 1983, 28(1): 15-23.

[83] Berke, Heinz ; Wiedemann, Hans G. The Chemistry and Fabrication of the Anthropogenic Pigments Chinese Blue and Purple in Ancient China. East Asian science, technology, and medicine, 2000-06, Vol.2000 (1), p.94-119.

[84] 刘忠玉. 纺织品数码印花色彩管理系统的探讨 [J]. 纺织导报，2012，No.824（07）：139-140.

[85] 梁金星，万晓霞，孙志军. 敦煌壁画色卡数字成像色彩管理应用研究 [J]. 文物保护与考古科学，2019，31（02）：37-45. DOI:10.16334/j.cnki.cn31-1652/k.2019.02.006.

[86] Nayatani Y, Takahama K, Sobagaki H. Formulation of a nonlinear model of chromatic adaptation[J]. Color Research & Application, 1981, 6(3): 161-171.

[87] Nayatani Y, Hashimoto K, Takahama K, et al. A nonlinear color-appearance model using Estévez-Hunt-Pointer primaries[J]. Color Research & Application, 1987, 12(5): 231-242.

[88] Luo MR, Hunt RWG. The structure of the CIE 1977 colour appearance model (CIECAM97s) , Color Res. Appl. 23,138-46,1998.

[89] 郑晓红. 色彩调和论研究 [D]. 苏州：苏州大学，2013.

[90] Berson D M,Dunn F A, Takao M. Phototransduction by retinal ganglion cells that set the circadian clock[J].Science, 2002, 295(5557): 1070-1073.

[91] Carlos F D, Michelle F P, Lorenzo L O, et al. Light affects mood and learning through distinct retinabrain pathways[J]. Cell, 2018,175(1):71–84.

[92] Küller R, Lindsten C. Health and behavior of children in classrooms with and without windows[J]. Journal of environmental psychology, 1992, 12(4): 305-317.

[93] Hsieh M. Effects of illuminance distribution, color temperature and illuminance level on positive and negative moods[J]. Journal of Asian Architecture and Building Engineering, 2015, 14(3): 709-716.

[94] Wood B, Rea M S, Plitnick B, et al. Light level and duration of exposure determine the impact of self-luminous tablets on melatonin suppression[J]. Applied ergonomics, 2013, 44(2): 237-240.

[95] 王伟，刘红. 光对人生理心理的影响和幽闭环境中的光策略 [J]. 收藏，2018，3.

[96] Kozaki T, Kitamura S, Higashihara Y, et al. Effect of color temperature of light sources on slow wave sleep[J]. Journal of physiological anthropology and applied human science, 2005, 24(2): 183-186.

[97] Küller R, Ballal S, Laike T, et al. The impact of light and colour on psychological mood: a cross cultural study of indoor work environments[J]. Ergonomics, 2006, 49(14): 1496-1507.

[98] 张腾霄，韩布新. 照明与心理健康 [J]. 照明工程学报，2013，24(S1): 27-29.

[99] 原琳. 视觉特性下的办公空间健康照明设计研究 [D]. 沈阳航空航天大学，2021.

[100] 季晨. 博物馆陈列用光研究 [D]. 南京师范大学，2014.

[101] 宋文雯. 寻求设计背后的色彩依据——中国人情感色调认知探究 [J]. 设计，2019，32（24）：105-108.

[102] 斯库利 K，科布 D J，伊 C. 色彩预测与流行趋势 [M]. 北京：中国青年出版社，2013.

[103] 史林 服装创意设计教程 [M]. 北京：人民美术出版社，2022.

[104] 舒华，张亚旭 心理学研究方法 实验设计和数据分析 [M]. 北京：人民教育出版社，2008.

[105] 朱滢 实验心理学（第5版）[M]. 北京：北京大学出版社，2022.

[106] 张厚粲 现代心理与教育统计学（第3版）[M]. 北京：北京师范大学出版社，2009.

[107] VALDEZ P, MEHRABIAN A. Effects of Color on Emotions[J/OL]. Journal of experimental psychology. General, 1994, 123(4): 394-409.

[108] 宋文雯. 全产业链中的色彩科学理论与色彩设计应用 [J]. 装饰，2020（05）：46-57.

[109] Guimarães I A B, Moraes A O, Barbosa D S. Financial Analysis of an Illumination Retrofit for Regional Aircraft[J]. Journal of Aerospace Technology and Management, 2021, 13.

[110] CIE | International Commission on Illumination / Comission Internationale de l' Eclairage / Internationale Beleuchtungskom mission. https://cie.co.at/.

[111] INTERNATIONAL, INC. A S. iMIS - Welcome to the World of iMIS[EB/OL]. http://www.imaging.org/site/IST/About_Us/About_imaging_org/.

[112] About – ICO[EB/OL]([no date]). https://www.e-ico.org/blog/about/.

[113] History - Illuminating Engineering Society(2016–07–27). https://www.ies.org/about/history/.

[114] About | Optica.https://www.optica.org/about/

[115] About EOS. https://www.europeanoptics.org/pages/about/.

[116] Inter-Society Color Council. https://iscc.org/.

[117] About ICC. https://www.color.org/abouticc.xalter.

[118] DIDIER E. 2011, Année Internationale de La Chimie (AIC 2000)[J/OL]. Diplômées, 2011, 237(1): 88. http://dx.doi. org/10.3406/femdi.2011.9493. DOI:10.3406/femdi.2011.949

[119] AATCC(2023–05–16). https://www.aatcc.org/.

[120] History - SDC(1961–04–28). https://sdc.org.uk/about-us/history/.

[121] Japan Color Research Institute. https://www.jcri.jp/JCRI/.

[122] Accueil. https://centrefrancaisdelacouleur.fr/.

[123] Comité Français de La Couleur[EB/OL]. https://www.comite francaisdelacouleur.com/index.php.

[124] https://promostyl.com/

[125] https://en.carlin.co/

[126] Color Association of the United States.https://www.color association.com/

[127] Color Marketing Group.https://colormarketing.org/about/

[128] Intercolor - International and Interdisciplinary Platform of Color Experts. http://intercolor.nu/.

[129] International Colour Authority - Wikipedia[EB/OL](2016–10–24). https://en.wikipedia.org/wiki/International_Colour_ Authority.

[130] Pantone. https://www.pantone.com/.

[131] JAFCA,https://www.jafca.org/

[132] International Colour Congress.https://www.iaccna.com/

[133] MISSION[EB/OL](2016–06–02). https://ica-belgium.org/mission/.

[134] En:Start [ECI European Color Initiative][EB/OL]. http://www.eci.org/doku.php?id=en:start.

[135] The Colour Society of Australia[EB/OL](2023–03–26). https://coloursociety.org.au/.

[136] Colour Literacy Project. https://colourliteracy.org

后　记

色彩学有艺术与科学两条研究探知路径，艺术求美，科学求真。艺术界用情感认知解读色彩，充满感性的人文情怀；科学界以理性分析方式建构色彩体系，体现缜密的逻辑思维。艺术家与科学家研究色彩，分别在各自领域做出了伟大的成果与贡献。17 世纪以前的色彩研究大多属于主观判断，伴随现代科学技术与思想的不断发展，产生了一系列色彩的科学研究成果，牛顿运用光学原理谱写了色彩科学的新篇章，哈里斯的色彩自然系统起到承上启下的作用。19 世纪后，色彩学经过一众专家学者的发扬光大，逐渐形成了较完善的现代色彩学研究体系。

色彩艺术与科学的交汇早在 19 世纪中叶已初露端倪，画家开始使用人工合成的色彩染料，不仅是艺术家，其他领域如心理学家、生物学家、建筑学家也都越来越主动吸纳色彩科学的研究成果，推动色彩科学与艺术结合的进程，这一结合为各领域的创新发展带来充分的可能性。色彩成为多学科沟通互动的交汇点，色彩研究逐步贯穿至产业的每一个流程。国外在 20 世纪 30、40 年代就成立了色彩研究的跨学科组织，例如跨社会色彩委员会（Inter-Society Color Council, ISCC）、英国色彩协会（The Color Group）、比利时跨学科色彩协会（ICA-Belgium）等组织，还产生了如美国潘通 Pantone 等权威的色彩研究机构。他们多围绕色彩研究主题，集结设计学、艺术学、心理学、社会学以及建筑学等各学科专家与技术人员，通过多理念、多方法、多途径等方式进行跨学科研究。

色彩艺术与科学相互影响、促进，科学为色彩研究提供量化工具，色彩艺术家、设计师以及教育者推动色彩向多学科交叉研究的方向发展。19 世纪 80 年代包豪斯艺术学院的伊顿同时借鉴科学与艺术创建色彩教育课程，他被认为是最早引入色彩体系的教师之一。艺术与科学融合仍是现代色彩教育与研究的主题。目前色彩研究已成为国外院校教育的重要组成部分，例如英国利兹大学（University of Leeds）设计学院的色彩技术研究、美国罗切斯特理工学院（Rochester Institute of Technology）的色彩科学研究、日本千叶大学的色彩信息处理与设计研究等。

目前国内院校从学科与专业特色出发，即艺术学科的艺术视角与理工学科的科学视角，平行式开展色彩研究。其中理工学科的印刷学、光学、信息科学等多以光学理论为研究基础，通过实验测量技术方法进行科学研究，而艺术学科的设计学和美术学专业，多结合艺术作品实例，通过人文学科方法研究色彩。这两种色彩研究方向虽然都分别取得显著的成果，但无法从整体上认识到色彩研究的全貌。所以，色彩研究具有综合、整体、交叉的特性，亟需将色彩从学科内置于学科之外，摆脱学科与专业划分的壁垒，"艺术＋科学"即是色彩研究的关键出路。

清华大学艺术与科学研究中心色彩研究所（TASCII）多年来在"艺科融合"视野下，推崇"有依据的设计"，为色彩在实践应用中提供专业的实证方法支持。兼顾艺术与科学的色彩设计方法论，为色彩在产业实践、教育教学、学术研究提供新范式；搭建了清华美院设计学科的色彩实践基地，开拓与清华大学各相关院系的科研合作，为培养色彩跨学科高级复合型人才提供平台。

2019 年，我与清华大学艺术与科学中心色彩研究所几位同事，共同合作申请了清华大学文科双高课题《基于设计学科的色彩艺术与科学应用研究》，经过答辩，我们成功申请到了这一课题。其实，我们对色彩艺术与科学的思考很早就已经开始了。在乌苏大桥色彩设计与应用项目中，我们根据自然环境与大桥的色彩关系，结合色彩科学界定实验以及色彩实施条件、物理因素等多方面的考量，从而确定大桥主塔和主桥钢梁"中国红"色彩及其配色的标准值。在之后的诸多项目如波音（中国）BR&T 机舱空间与光源色彩研究、华为手机影像效果固化（风景类）技术合作项目、广汽汽车内饰 CMF 设计等项目中，都将色彩艺术感知与科学研究相结合，完成特定设计并将之运用与设计学科教学实践中。

纵观世界，色彩研究是涵盖了物理学、化学、哲学、生物学、语言学、人类学以及美学等多学科的综合领域。色彩研究是多学科交叉研究的重要主题，也是各领域建立互动关系的共同基础。关于色彩研究，未来还有很长的路要走，很多要探讨和解决的问题。

宋立民

2023 年 9 月 10 日

图书在版编目（CIP）数据

色彩：艺术、科学与设计 / 宋立民，宋文雯编著．
—北京：中国建筑工业出版社，2024.1
ISBN 978-7-112-29444-2

Ⅰ.①色… Ⅱ.①宋… ②宋… Ⅲ.①色彩学 Ⅳ.
① J063

中国国家版本馆CIP数据核字（2023）第244460号

责任编辑：吴　绫
文字编辑：陈　畅　李东禧
责任校对：李美娜

色彩：艺术、科学与设计
宋立民　宋文雯　编著
＊
中国建筑工业出版社出版、发行（北京海淀三里河路9号）
各地新华书店、建筑书店经销
北京海视强森文化传媒有限公司制版
建工社（河北）印刷有限公司印刷
＊
开本：787毫米×1092毫米　1/16　印张：17¼　字数：251千字
2024年12月第一版　2024年12月第一次印刷
定价：**198.00**元
ISBN 978-7-112-29444-2
　　（42119）